Einleitung

zur

allgemeinen vergleichenden Geographie,

und

Abhandlungen

zur Begründung einer mehr wissenschaftlichen Behandlung der Erdkunde

von

Carl Ritter.

Berlin; 1852.

Druck und Verlag von Georg Reimer.

Vorwort.

Die Veranlassung zum wiederholten Abdruck der in diesem Bändchen enthaltenen Aufsätze gaben die vielen Nachfragen nach denselben, ohne daß diese befriedigt werden konnten, da jene theils gänzlich vergriffen waren, theils so zerstreut in den schwerer zugänglichen Bänden der Schriften der Berliner Akademie vorkamen, daß man sie nur selten einmal zusammenfinden konnte. Neues ist in diesem Bändchen also nicht zu suchen, wol aber manches Alte, was noch immer der Beherzigung der Freunde und Bearbeiter einer geographischen Wissenschaft werth sein möchte, die nach ihrem Umfange viel schnellere und glänzendere Fortschritte macht, als nach ihrem Inhalte. Diesen letztern zu fördern, wurden die hier zusammengestellten Abhandlungen in den verschiedenen Jahren von 1818 bis 1850 bei verschiedenen Gelegenheiten geschrieben; sie haben daher wol verschiedene

Formen, aber dieselbe gemeinsame Richtung, und machen daher doch ein Zusammengehöriges aus, das mit dem Fortschritt der Zeit auch manche weitere Entwicklung gewann. Da die Geographie ihrer historischen Natur und Entstehung nach eine erst werdende Wissenschaft ist, die noch vieler Fortschritte bedarf und zu keinem Abschluß gekommen ist, so wurden die Jahreszahlen der Publikation jener einzelnen Abhandlungen auch beibehalten, denen sich für die Zukunft noch andere anreihen können.

Die Abtheilungen 1 und 2 sind nur wiederholte Abdrücke der Einleitung und einiger Vorbemerkungen zu dem ersten Bande der allgemeinen vergleichenden Erdkunde, welcher Afrika in der zweiten Auflage, 1822, enthält, der aber schon seit einer Reihe von Jahren ganz vergriffen war, ohne daß der Verfasser Muße und Kraft zu einer dritten Auflage und Bearbeitung im Geist der indeß auch in diesem Erdtheile fortgeschrittenen Wissenschaft hätte gewinnen können, da seine ganze Thätigkeit auf die Vollendung der Bearbeitung von Asien concentrirt bleiben mußte, welche gegenwärtig den funfzehnten Band erreicht hat. Da aber jene Einleitung nebst den Vorbemerkungen nicht blos Afrika, sondern auch Asien und auch der weiteren Ausarbeitung der allgemeinen Erdkunde als maaßgebendes Regulativ zum Grunde liegt, so war es vielen Käufern der zweiten und folgenden Theile des Werkes wünschenswerth, diese Prolegomenen ebenfalls zu besitzen, wenn sie auch den ersten Band entbehren mußten; und diesen glaubte der Herr Verleger hiedurch entgegen kommen zu müssen.

Die dritte Abtheilung des gegenwärtigen Bändchens enthält die fünf in den Schriften der Berliner Akademie der Wissenschaften in verschiedenen Jahrgängen zerstreut vorkommenden Abhandlungen, die alle das Ziel jener beiden ersten Abtheilungen, die Förderung einer geographischen Wissenschaft und ihrer methodischen Behandlungsweise, verfolgen. Auch ihre besonderen Abdrücke waren meist vergriffen und die Bände der Akademischen Schriften, denen sie angehören, weniger verbreitet und schwer zugänglich; doch sind sie nicht ohne vielfach anregenden Einfluß geblieben und können nun auf bequeme Weise für Lehrende und Lernende fruchtbarere Anwendung gewinnen.

In den Bänden der Erdkunde von Asien wird man viele Belege als Beispiele zu den in vorliegenden Abhandlungen gegebenen Hindeutungen auf eine wissenschaftlichere Behandlungsweise der geographischen Thatsachen vorfinden. Die darin enthaltenen, zerstreut vorkommenden Monographien aus der Produktenkunde sollen auf den oft wiederholten Wunsch der Freunde der Naturforschung in einem zweiten, diesem folgenden Bändchen, nach ihrem mineralogischen, botanischen und zoologischen Inhalt besonders zusammengestellt, im Drucke erscheinen, da sie als selbständige, für sich abgerundete Abhandlungen dort nur als gelegentliche Zugabe zu dem heimathlichen Vorkommen ihres Gegenstandes dienen sollten, um von einem höhern, allgemeinern Standpunkte aus die lokale Erscheinung in ihrem Causalzusammenhange zu vergegenwärtigen.

Mögen diese wie alle andern etwa noch nachfolgenden Beiträge des Verfassers dazu dienen, den Titel der allgemeinen Erdkunde „im Verhältniß zur Natur und zur Geschichte des Menschen" fortwährend zu rechtfertigen.

Berlin, den 18. März 1852.

C. Ritter.

Inhalt.

I.

Einleitung

zu dem Versuche

einer allgemeinen vergleichenden Geographie.

Einleitung zu dem Versuche einer allgemeinen vergleichenden Geographie.

(Im Jahre 1818 geschrieben.) [1]

Die Einleitung zu einem Versuche, die Gesammt-Erdkunde in einem innerlich verbundenen, mehr wissenschaftlichen Ganzen darzustellen, kann, ehe sie zur Mittheilung des Planes, der Methode und zu den Quellen der Arbeit selbst sich wendet, nicht wohl den menschlichen Gesichtspunct umgehen, um dessentwillen überhaupt sie nur als wünschenswerth erscheint.

Dieser soll daher, in wiefern er das Verhältniß der Natur zur Geschichte, des Vaterlandes zum Volke und überhaupt des einzelnen Menschen zum Erdganzen betrifft, hier nur kurz berührt werden, um die Aufmerksamkeit auf den letzten Zweck des Unternehmens zu leiten.

Wenn es anerkannt ist, daß jeder sittliche Mensch zur Erfüllung seines Berufes, und ein Jeder, dem das rechte Thun in etwas gelingen soll, das Maaß seiner Kräfte im Bewußtsein tragen und das außer ihm Gegebene oder seine Umgebungen, wie sein Verhältniß zu denselben, kennen muß: so ist es klar, daß auch jeder menschliche Verein, jedes Volk seiner eignen innern und äußern Kräfte, wie derjenigen der Nachbaren, und seiner Stellung zu allen von außen herein wirkenden Verhältnissen inne werden sollte, um sein wahres Ziel nicht zu verfehlen.

[1] Abdruck aus dem ersten Bande der Erdkunde. — Ein halbes Jahrhundert später würde sich gegen den damaligen Zustand der Wissenschaft ein schon bedeutender Fortschritt auf eine lehrreiche Weise in Vergleich stellen lassen.

Das blinde Streben und das bewußtlose Wollen geben dem Menschen bei aller Spannung und Thätigkeit nicht diejenige Kraft, welche zum rechten Sein und Thun führt; es muß das entwickeltere Streben, das bewußtvollere, der Kraft entsprechende Wollen sein, welches, wo Klarheit sich zur Wahrheit gesellt, in schönen und großen, denkwürdigen Thaten hervortritt, die der Ewigkeit angehören. Nicht die verwirrte Vielartigkeit zügelloser Gewalten, sondern die Anschauung von dem Maaß und dem Gesetz in der unendlichen Fülle und Kraft ist es, was uns auch schon in der sinnlichen Natur mit der Ahnung des Göttlichen unwiderstehlich durchschauert.

Aber der rechte Wille des Menschen und die Erkenntniß des seiner eigenthümlichen Kraft Entsprechenden in dem außer ihm Gegebenen, so wie die gegenseitige Durchdringung und Steigerung von beiden, diese gehen nur aus dem ernsten Ringen nach der tiefern Erkenntniß des eignen Selbst hervor, und aus der Betrachtung des Menschlichen und alles dessen, was in der Geschichte der Menschheit sich offenbart hat.

Wie nun jeder einzelne Mensch vermöge seiner eigenen Weise nicht jeglichem Unternehmen gewachsen und zu jedem berufen ist: eben so wenig jedwedes Volk zur Erreichung jedes Zieles im bunten Kranze des Ruhms und des Glücks. Es gehört zum Characteristischen der menschlichen Natur, daß jedem einzelnen Menschen eine nur ihm angehörige Eigenthümlichkeit einwohnt, durch deren Entwickelung er zu einem vollkommneren wird, und so und nicht anders wiederholt sich dies in jedem Volke. In der vollendeten Ausbildung dieser Eigenthümlichkeit liegt die sittliche und mit ihr jede andere Größe des Menschen, wie die Volksthümlichkeit und Nationalgröße der Völker. Sie erwärmt und erleuchtet die Gegenwart, wie die Zukunft, nicht nach ihrer zeitlichen und räumlichen, sondern nach ihrer geistigen Größe, und wirft ihre glänzenden Strahlen weithin durch das ganze Gebiet des gegenwärtigen Völkerlebens und der kommenden Geschichte.

Eigenthümlichkeit gehört aber nicht zu demjenigen, was das Volk sich selbst geben kann, so wenig, wie der einzelne Mensch dergleichen vermag; beide können nur die Selbständigkeit einer solchen Eigenthümlichkeit bewahren. Sie selbst aber geht von einer höhern Macht aus, als die des verschwindenden Menschen ist. Nur in seiner Macht und mehr noch in seinem Berufe liegt es, sich ihrer bewußt zu werden im Leben; denn ohne dieses Bewußtsein kann ihm sein Thun nicht gelingen.

Die Eigenthümlichkeit des Volks kann nur aus seinem Wesen erkannt werden, aus seinem Verhältniß zu sich selbst, zu seinen Gliedern, zu seinen Umgebungen, und weil kein Volk ohne Staat und Vaterland gedacht werden kann, aus seinem Verhältniß zu beiden, und aus dem Verhältniß von beiden zu Nachbarländern und Nachbarstaaten.

Hier zeigt sich der Einfluß, den die Natur auf die Völker, und zwar in einem noch weit höhern Grade, als auf den einzelnen Menschen, ausüben muß, weil gleichsam hier Massen auf Massen wirken und die Persönlichkeit des Volkes über die des Menschen hervorragt.

Dieser Einfluß ist anerkannt und von jeher ein wichtiger Gegenstand der Untersuchung für Völker-, Staats- und Menschen-Geschichte gewesen; auch in unsern Tagen ist er laut zur Sprache gekommen.

Es wirkt aber die Natur überall nur allmählig, und mehr noch im Verborgenen, als am hellen Tage. Das Saamenkorn keimt unter der Erde, und in der verhüllten Knospe ist schon wieder die Schöpfung eines neuen Geschlechts vorbereitet. So sind ihre Verhältnisse und Einwirkungen überall tiefer, als sie erscheinen, einfacher, als sie in der ersten Mannichfaltigkeit aussehn, und zum Erstaunen weit sich verbreitend und folgenreich. Ja die stille Gewalt, die sie ausübt, bedarf einer gleich stillen Seele, in die ihre Erscheinungen eingehen, um in ihrer Gesetzmäßigkeit ungestört bis zum Mittelpuncte zu dringen.

Es bedarf, um eine ähnlich gebildete Seele zu begreifen, oft nur eines äußern Zeichens, des rechten Blickes, des innigen Wortes, weil das Gleiche das Gleiche versteht. Aber die Natur steht dem Menschen jetzt wenigstens nicht mehr so nahe; sie ist ihm ein geheimnißvolles Wesen geworden, und nur im großen Zusammenwirken ihrer Kräfte, im Zusammenhange ihrer Erscheinungen, will sie betrachtet sein. Dann erst wirft sie und strahlt sie Licht und Leben aus auf alle Wege, welche der menschliche Eifer zu betreten wagt; ja ihr Glanz wird dann ein blendendes Gestirn, dessen ganze Fülle er doch nicht aufzufassen vermag. Dann hellt sie alle Verhältnisse der Schöpfung, die wir belebte und unbelebte Natur zu nennen pflegen, auf, giebt über alles, worüber wir sie befragen, die ersten Aufschlüsse und vor allem auch über den Menschen.

Sollte es sich nicht der Mühe verlohnen, um der Geschichte des Menschen und der Völker willen, auch einmal von einer minder beachteten Seite, von dem Gesammtschauplatze ihrer Thätigkeit aus, der Erde in ihrem wesentlichen Verhältniß zum Menschen, nämlich der Oberfläche der Erde, das Bild und Leben der Natur in ihrem ganzen Zusammenhang so scharf und bestimmt, als einzelne Kräfte es vermögen, aufzufassen und den Gang ihrer einfachsten und am allgemeinsten verbreiteten geographischen Gesetze in den stehenden, bewegten und belebten Bildungen zu verfolgen?

Von dem Menschen unabhängig ist die Erde auch ohne ihn und vor ihm der Schauplatz der Naturbegebenheiten; von ihm kann das Gesetz ihrer Bildungen nicht ausgehen. In einer Wissenschaft der Erde muß diese selbst um ihre Gesetze befragt werden. Die von der Natur auf ihr errichteten Denkmale und ihre Hieroglyphenschrift müssen betrachtet, beschrieben, ihre Construction entziffert werden. Ihre Oberflächen, ihre Tiefen, ihre Höhen müssen gemessen, ihre Formen nach ihren wesentlichen Characteren geordnet, und die Beobachter aller Zeiten und Völker, ja die Völker selbst müssen in dem, was sie ihnen verkündigten, und in dem, was durch sie von ihr bekannt wurde, gehört und verstanden werden. Die daraus hervorgehenden oder längst schon überlieferten Thatsachen müssen in ihrer oft schon wieder zurückgedrängten und vergessenen Menge, Mannichfaltigkeit und Einheit zu einem überschaulichen Ganzen geordnet werden.

Dann träte aus jedem einzelnen Gliede, aus jeder Reihe

von selbst das Resultat hervor, dessen Wahrheit sich in den localisirten Naturbegebenheiten und als Wiederschein in dem Leben derjenigen Völker bewährte, deren Dasein und Eigenthümlichkeit mit dieser oder jener Reihe der characteristischen Erdbildung zusammenfällt. Denn durch eine höhere Ordnung bestimmt, treten die Völker wie die Menschen zugleich unter dem Einfluß einer Thätigkeit der Natur und der Vernunft hervor aus dem geistigen wie aus dem physischen Elemente in den alles verschlingenden Kreis des Weltlebens. Gestaltet sich doch jeder Organismus dem innern Zusammenhange und dem äußern Umfange nach, und thut sich kund in dem Gesetz und in der Form, die sich gegenseitig bedingen und steigern, da nirgends in ihm ein Zufall waltet.

Nicht nur in dem beschränkten Kreise des Thales, oder des Gebirges, oder eines Volkes und eines Staates, sondern in allen Flächen und Höhen, unter allen Völkern und Staaten greifen diese gegenseitigen Bedingungen in ihre Geschichten ein, von ihrer Wiege bis auf unsere Zeit. Sie stehen alle unter demselben Einflusse der Natur, und wenn auch nur in dem einen oder dem andern Puncte dieser sich auszudrücken scheint, oder ausgesprochen ward: so ist es doch eben so gewiß, daß dieser überall und zu allen Zeiten tiefer im Verborgenen wirkte, gleichwie der einst unbekannte Gott in einer höhern Welt, der doch auch vordem schon immer und überall gegenwärtig gewesen war.

Wie man diesen anfangs nur in seinen einzelnen Wirkungen erkannte und verehrte, ohne daß ihn selbst noch das sterbliche Auge erblickt hatte, so löset sich auch wol einmal noch der Widerstreit tausendfältig zerspaltener Naturkräfte, der ihre Einheit für unsern Blick einstweilen verhüllende Nebel verschwindet, und diese Einheit tritt in den Gesichtskreis menschlicher Weisheit.

Mit diesem Glauben kann jedes Streben nach Uebersicht der Naturwirkungen in ihrem Zusammenhange, wie schwach es auch sein mag, wenn es nur von dem Geiste der Wahrheit geleitet wird, ersprießlich werden, und in dieser Hinsicht nur kann ein Versuch, wie der gegenwärtige, von den Zeitgenossen mit Liebe aufgenommen werden, wodurch sein Inhalt erst lebendig gemacht wird.

Nicht die Sache des einzelnen Menschen ist es, eine solche Aufgabe zu lösen, zu deren Ergründung mehr oder weniger jeder tiefere Mensch durch sein Leben selbst seinen Beitrag für das Wohl des nachfolgenden Geschlechtes abgiebt. Nur an diese sich anzuschließen vermag er mit der ihm verliehenen Kraft, und im Gange treuer historischer Entwicklung der Einheit des Gesetzes in der Mannichfaltigkeit der Erscheinungen nachzuspüren.

Die Palme des Ruhms ist denjenigen Forschern als den Heroen der Historie zuerkannt, die, selbst ausgerüstet mit tiefgreifender Seelenkraft und großer Characterstärke, aus der Verwicklung der einzelnen Begebenheiten, aus dem Gedankengange und der Geschichte des einzelnen Wesens, oder des einen Volkes, oder der Völkervereine, im Stande waren, die menschliche Natur von ihren bewußtlosen Tiefen bis zu ihren schwindelnden Höhen in ihren Thaten zu beleuchten und darzustellen, und durch ihre Nachweisung über den eigenthümlichen Entwicklungsgang zur Erreichung der größten nationalen und sittlichen Höhe für alle Völker der Erde zu unsterblichen Lehrern zu werden.

Vielleicht rückt einst die Zeit heran, in welcher gleichstarke Naturen, indem sie mit ihrem Scharfblick zugleich die natürliche wie die sittliche Welt umspannten, aus der Totalität der welthistorischen Begebenheiten vorwärts und rückwärts blickend, im Stande wären, aus diesem allgemeinen Gegebenen den selbst zu setzenden, nothwendigen Entwicklungsgang jedes einzelnen Volks auf der bestimmten Erdstelle vorherzuweisen, welcher genommen werden müßte, um die Wohlfahrt zu erreichen, die jedem treuen Volke von dem ewig gerechten Schicksale zugetheilt ist.

Um einem so vielfach nachgestrebten und wahrhaft großen Ziele, der höchsten Aufgabe der Staatsweisheit, das in seiner ganzen Größe nur in den Gesängen der Propheten mit dem begeisterten Blick in die Natur und in die Geschichte aus einer dunkeln Vorwelt zu uns herüberleuchtet, um einem solchen verlornen Ziele uns wieder anzunähern, kann eine der Vorbereitungen im Gebiete der Wissenschaften auch dieser Weg sein, welcher hier mit seinen Resultaten vor Augen gelegt wird.

Zwar anfangs, wie es scheint, weit umherschweifend, führt er doch von derjenigen Stelle, von welcher er ausgeht, menschlicher Weise zu sprechen, ziemlich gerade in die Richtung seines Gesichtspunctes, und wenn auch nicht hier bis zum letzten Ziele, so scheinen die Aussichten und Erkenntnisse, die bei dem Fortschritte auf ihm gewonnen werden können, nicht unerheblich zu sein. Ohne in das Endlose der einzelnen Erfahrungen abzuirren, führt er nur schrittweis von specieller zu specieller Erfahrung, und wird so selbst zur Curve, die das allgemeine Gesetz ausspricht, durch welches die Mannichfaltigkeit der Erfahrung oder des Materiellen beherrscht und für den höhern Zweck gehandhabt werden kann.

Aber nicht nur das allgemeine Gesetz einer, sondern aller wesentlichen Formen, unter denen die Natur im Größten auf der Oberfläche des Erdballs, wie im Kleinsten jeder einzelnen Stelle derselben erscheint, sollte Gegenstand der Untersuchung auf diesem Wege sein: denn nur aus dem Verein der allgemeinen Gesetze aller Grund- und Haupttypen der unbelebten, wie der belebten Erdoberfläche kann die Harmonie der ganzen, vollen Welt der Erscheinungen aufgefaßt werden.

Und wenn die Idee des ganzen Menschengeschlechtes durchaus ohne den Erdball gar nicht gedacht werden kann: so können auch der einzelne Mensch, ja das ganze von der Erde noch weit minder unabhängige Volk, wie der an die Landesnatur gefesselte Staat, ohne das Bewußtsein der rechten Stellung zu ihr nie zum vollen Einklange mit sich selber gelangen.

Oder mit andern Worten, nur dieser Einklang zwischen Volk und Vaterland, zwischen Stellung des Staats zur Natur wie zum Menschenleben, oder zur Physik und Politik hat eben von der einen Seite her in der Weltgeschichte das Blühen der Völker und Staaten bedingt und gefördert.

Und wo dieser Einklang nicht mehr, wie vielleicht in einer jugendlichern Periode der Vorzeit, bewußtlos zugleich mit der organischen Entwicklung der Völker hervorquillt, da muß, wie in unsrer Gegenwart, das Gesetz dieses Einklangs, die ewige Tetractys, als der unsterbliche Quell aller Harmonie durch ernste Wissenschaft erforscht und in das Bewußtsein eingetragen werden.

Plan zu einer allgemeinen vergleichenden Geographie.

Jede Betrachtung über den Menschen und über die Natur führt uns von dem Einzelnen zu seinem Verhältnisse mit dem Ganzen, von dem scheinbar Zufälligen zu dem wesentlich Gesetzmäßigen. Aus dem Einzelnen geht die volle Erkenntniß des Ganzen nicht hervor, wenn nicht auch dieses zugleich erkannt ist. Wie durch das Ganze erst der Theil gebildet wird, so löset sich auch in der Betrachtung durch das Gesetz erst das Besondere ab, und wird zum Einzelnen oder zum Individuum.

So konnte auch erst aus dem Begriff des Sonnensystems der kosmische Lauf der Erde, und erst aus dem Begriff der Erde als Planet und als Kugel, die Anordnung ihrer Theile und deren gegenseitiges Verhältniß verstanden werden.

Wo eine solche Einheit im Begriff sich zur Klarheit im Bewußtsein erhebt, da geht aus ihr die Ordnung im Mannichfaltigen hervor; wo hingegen nur ein Streben darnach vorhanden ist, oder nur vorhanden sein kann, da steht auch die Anordnung des Mannichfaltigen noch unter der Bedingung des Unbestimmten auf der Stufe der Unvollendung da.

So führte die Feststellung des Gleichgewichts der anziehenden und abstoßenden Kräfte des Erdballs in der Richtung der Erdaxe eine solche Naturordnung in Beziehung auf den Norden und Süden der Erde ein, die sich bald auch mathematisch begrenzen ließ und in den Gegensätzen von beiden zur Anerkennung eines Gegensatzes aller irdischen Thätigkeiten in der leblosen und belebten Natur hinleitete. Es schien dieser Einfluß sammt seiner

Ausgleichung characteristisch und überall hervorzutreten, doch überwiegender immer auf der rein physischen Seite und auf den niedern Stufen der Entwickelungen, dagegen mehr zurücktretend, doch immer noch und überall waltend auch in dem, was geistiges Leben hat auf Erden.

In der andern Richtung nach Osten und Westen hin sehen wir noch nicht, daß diese Erdkräfte zu derselben Art der Ausgleichung oder Feststellung im Physischen, noch nicht zu einem ruhenden Osten und Westen gelangt wären. Dahinwärts scheinen sie noch mehr im Zustand der Entwickelung, im Werden begriffen zu sein, von da aus im beständigen Umschwung sucht die Erde vielleicht selbst im Weltraum erst noch ihr Gleichgewicht, ihren endlichen Ruhepunct.

Unter diesen Einfluß des periodischen Wechselns und Werdens, das sich am scheinbarsten in der täglichen Erdumkugelung zeigt, ist aber zugleich alles Andere mit gestellt, was auf Erden besteht und vergeht. Nur ist dieser Einfluß minder scharf als der des Südens und Nordens begrenzt, weil er überwiegender vorherrscht auf der intellectuellen Seite und in seinen Gegensätzen als Orient und Occident mehr auf den höher entwickelten Stufen der Schöpfung erscheint als in der unorganischen und unentwickelten Natur, aber doch auch da noch immer waltend, zumal in den noch nicht erstarrten flüssigen Formen der Elemente.

Eben weil hier kein Beharrliches im Raume, wie im Norden und Süden, und ein immer Werdendes sich zeigt, in dessen Entwickelungsprozeß, wie es der Orient zu lehren scheint, das Menschengeschlecht selbst mit befangen war, eben darum könnte und möchte auch hier wol ein nach Zeitverhältnissen und Umständen immer wandelnder und wechselnder Gegensatz im Orient und Occident auftreten.

Noch sind wir nicht zu der Erkenntniß gelangt, ob diesem im Wechsel Erscheinenden dennoch nicht schon in der physischen Welt, obwol uns unsichtbar, der Anfang eines Beharrlichen zum Grunde gelegt ist, dessen weitesten Umfang etwa die beiden großen Landvesten auf beiden Erdhalben bezeichnen möchten, und dessen vorherrschende Naturthätigkeit wir dann im asiatischen Orient zu suchen haben würden, von dem die frühere und höhere Entwickelung des Erdenlebens ausgegangen zu sein scheint.

Seitdem aber die Auffindung der Neuen Welt auf der Westhalbe der Erde dem alten Continent, das sich bisher in den Osten und Westen geschieden hatte, seinen wahren Gegensatz auf dem Erdganzen kund that, seitdem mußte das menschliche Streben eine ganz veränderte Richtung nach Totalität des Erkennens nehmen, was denn von nun an auch in die wissenschaftliche Betrachtung des Erdganzen übergehen konnte.

Wenn freilich auch die physische Welt vom Anfang an immer schon als ein Ganzes bestanden hatte, das in einer gewissen wechselseitigen Spannung der Kräfte zwischen einem Norden und Süden, einem Osten und Westen, sein Dasein gefunden: so konnte sie doch nun erst von dem Menschen als solches aufgefaßt werden. Nun erst konnte auch im Gegensatz der Neuen Welt im Westen, die Alte im Osten in ihrem gegenseitigen Verhältnisse, und wiederum jede in ihrem eigenthümlichen begriffen werden.

So stellten sich nun dem überschauenden Blicke bald die großen Erdtheile als so viele von der Natur mehr oder minder gesonderte Ganze dar, die wir hier als die großen Individuen der Erde im allgemeinen betrachten dürfen. Unser Blick wird aber mit Recht zuerst auf die Alte Welt gerichtet sein.

Da geht in Osten die Sonne auf und beschreibt im königlichen Laufe den strahlenden Bogen durch den Mittag bis zum fernen Westen, und so bezeichnet hier vom Anfang an schon dieses große kosmische Verhältniß, von der Sonne, dem Quell alles irdischen Lebens, aus betrachtet, die erste Natureintheilung der Erdoberfläche.

Dort Asien der Erdtheil, dessen wesentlicher Character in dem Namen des Orients im weitesten Sinne ausgesprochen ist; hier in Europa sein Gegensatz in dem Occident, der durch alle Theile der Natur wie der Geschichte, durch alle Zeiten hindurch characteristisch bezeichnet ist, wenn auch für beide in der weitern Betrachtung ein Ineinandergreifen als eine untergeordnete, obwol immer bedeutende Abtheilung sich nachweisen lassen wird. Nicht nur diese Länder und ihr Himmel, ihre Gewächse und ihre Thiere sagen dieses; auch die Stimmen aller Völker drücken es im Gang ihrer Culturgeschichte, in ihren Gesängen, Religionen, Philosophien, Sprachen aus.

Sehr wahr sagt ein geistreicher Mann: „Die orientalischen und occidentalischen Völker sind von einander abgewendet, jene mit dem Antlitz gegen den Aufgang, gegen Morgen, diese mit dem Antlitz gegen den Niedergang, gegen Abend; jene den unvergänglichen Sitz uralter Vergangenheit treu bewahrend, diese durch beständigen Wechsel aller Formen des Daseins eine bedeutungsvolle Zukunft suchend."

Aber zwischen beiden, auf der Südseite, dem hellen Mittag zugekehrt, liegt Afrika, der Sudan der Erde, über welchem die Sonne gleichmäßig vom Anfang bis zum Ende des Jahres hinschwebt, ohne so vorherrschend mit jenen wechselnden Wundern des Abend- und Morgenlandes, ohne mit der überwiegend sich einander widerstreitenden Mannichfaltigkeit der Jahreswechsel vom Frühling zum Winter, ohne mit dem contrastirenden Steigen und Versinken aus Vergangenheit in Zukunft, weder die Natur zu erfüllen, noch die menschliche Phantasie auf diese Weise, durch die Wirkung der Gegensätze in der Natur und im Menschen, zur Ahnung einer Ewigkeit und einer höhern Welt aufzuregen und zu erschüttern.

Wenn bei uns schon der freundliche Morgen- und Abendgruß jedem einzelnen, auch dem ermüdetsten Lebenspilger, ein Herzensbedürfniß ist, das um die gleichförmige, hoffnungsarme Mittagsstunde jeden Tag schon wieder verschwindet, so scheinen aus ähnlichem Grunde alle Völker des Sudans, in dem ruhigen Besitze des hellen Mittags, nur an die Gegenwart gefesselt zu sein, die keine Sage des grauen Alterthums verschönert, keine Sorge für die Zukunft quält und keine Hoffnung für sie auf den Flügeln der Phantasie in die Unendlichkeit trägt.

Dort aber, wo kein täglicher Auf- und Niedergang ist, wo nicht, wie da im Süden, ein heller, warmer Mittag in behagliche Ruhe versenkt, oder die Hitze zur brennenden Leidenschaft aufregt, dort lagert sich unter dem Polarstern rund um den eisigen Pol in weiter, flacher, vielfach durchschnittener Scheibe der Norden der Erde an, und erinnert an das Gebiet der Nacht, die mit allem ihrem Dunkel wie mit ihrem Glanze hier die Welt wie die Phantasie des Menschen füllt und schmückt. Hier verschwindet gleichsam der Tag mit all seinem begleitenden bunten Gefolge ganz, und erscheint nur auf eine Zeitlang als das größte Meteor der langen Nacht.

Auf ähnliche Art wiederholt sich dasselbe kosmische Gesetz auf der Westhälfte des Erdballs, im weiten oceanischen Gebiete der Neuen Welt, nur wieder ganz anders gestaltet, weil dort die Atmosphäre — aus welcher hier auf unsrer Ost-Halbe der Erde, der continentalen, wegen ihrer größern Trockenheit die schärfste Characteristik hervorgehen mußte — über dem weitern Gebiete der Oceane schwebend auch mehr mit Wassertheilen, wenigstens zunächst an der Erdrinde, geschwängert ist. Das Wasser als Element auf der Erde verwischt aber überall die Individualität, und so treten dort schon im Ganzen der Erdformen nicht nur minder scharfe, sondern auch weniger Gegensätze hervor, und die ganze Masse des Continents fällt dort mehr in eine uniforme Gruppe zusammen. Deren Wesen kann jedoch nur erst später aus dem Gegensatze mit der Alten Welt vollkommen klar werden, weil diese so früh und so gewaltig mit ihrer geschaffenen Cultur in das Getriebe der Natur dort theils hemmend, theils beschleunigend eingegriffen hat.

Indem wir nun mit der Betrachtung der Individualität dieser Erdtheile, oder der Aufsuchung ihrer Grundgestaltung beginnen und zu ihrer eben dadurch von der Natur selbst ausgesprochenen Stellung zur Welt fortschreiten, wird es dem Gange der natürlichsten Entfaltung mannichfacher Verhältnisse am gemäßesten sein, von dem einförmigern zum vielfachern überzugehen. Durch diesen Gang fällt in die Natur, zuweilen selbst in ihre verborgensten Labyrinthe, dem Forscher ein erleuchtender Lichtstrahl.

Wie in der Betrachtung der unorganischen Natur erst das

Wesen der Centralattraction als das einfachere im Gegensatz der polarischen, der Aggregatzustand im Gegensatz der chemischen Verwandtschaft von den Meistern verfolgt worden; wie in der Vegetationswelt die Untersuchung cryptogamischer Bildungen, in der Thierwelt die der Polypen und anderer noch einfacherer Organisationen der Entwickelung mehr zusammengesetzter, in dem Lebensprocesse die Untersuchungen über das Wesen einfacherer Thätigkeiten den verwickelteren, belehrend vorangeschritten: so kann auch hier in dem Felde der durch die äußere Form bedingten Erdbeschreibung die einfachste der zusammengesetzteren vorangehen.

Da nun in Afrika, dem compactesten Continente (κατ᾽ ἐξοχὴν), in dem Sudan der Erde, welcher im gleichförmigen Mittage liegt, auch gleichermaßen in der Küstenbegrenzung die einfachste Form gegeben war, wie in der gleichmäßigen Vertheilung des Hoch- und Platt-Landes und in der geringern Ungleichartigkeit ihrer Oberflächen, und darum auch nach allen übrigen Richtungen hin, bei aller innerlich untergeordneten Mannichfaltigkeit, doch dieselbe grandiose Einförmigkeit in der Natur, in der Pflanzen-, Thier- und Menschen-Welt bedingt ist: so eröffnet dieser Erdtheil mit Recht die Reihen der Betrachtungen, welche der Individualität der Erdtheile gewidmet sind.

Erster Theil.

Die festen Formen oder die Erdtheile.

Diese Reihe macht den ersten Theil der allgemeinen vergleichenden Erdbeschreibung aus, in welcher zuerst Afrika, Asien, Europa, dann die übrigen Erdtheile folgen. Von dem zusammenhängenden Erdganzen gehen wir aus, und zwar von dem Hochlande, das, wie eine Ruine der Urwelt, obwol im Innern noch geschlossen durch die Kraft, die sie erbaute, in der Mitte jedes Continents als mehrere isolirte oder als ein großes Plateau hervorragt und dem ganzen Erdtheil seinen Character giebt, als wäre dessen tiefere Oberfläche rundumher nur mit ihren gesonderten Gliedern versehen und mit losen Trümmern überstreut. Die Ströme der Erde in ihren Systemen und Hauptwasserzügen leiten uns von ihnen durch große Mittelstufen, die durch Cataracten, Stromschnellen und Flußengen auf das bestimmteste über die ganze Erdfläche begrenzt und von der Natur und Cultur gleichbegünstigt sind, herab zu den Flachländern der Erde.

Diese lagern sich in weiten Erstreckungen, als die Vermittler der Hochländer und der Oceane, in mannichfaltigen Ausdehnungen und Absenkungen umher, und sind wieder, auf eine jeder Grundform eigenthümliche Weise, bald durch Ketten und Gruppen von Gebirgen und Höhen dem Plateau ihres Continents, bald durch feuchte Tiefen, Sandbänke, benachbarte Inselketten und Inselgruppen mehr der Herrschaft des Oceans unterthan.

So ergeben sich aus diesen drei Hauptformen und ihren Combinationen, die mit der ängstlichsten Genauigkeit in ihren horizontalen und perpendiculairen Dimensionen wie in ihren characterisirenden Qualitäten auf das bestimmteste zu begrenzen und zu verfolgen sind, die Hauptgestalten der Erdtheile.

Deren Verhältnisse und Lineamente, wie sie die Naturplastik gemodelt hat, zur Anschauung in uns zu erheben, wird das höchste Bedürfniß sein, wenn wir sie uns als das Substrat der ganzen belebten Schöpfung vergegenwärtigen wollen.

Eben darum werden sie hier in dieser Reihe nicht blos vorgeführt in ihrer äußern geographischen Begrenzung, deren Kenntniß, als durch viele treffliche Vorarbeiten erörtert, vorausgesetzt wird, sondern in ihrer characteristischen Stellung zum Erdganzen, das ist zur Natur und zur Menschengeschichte. Darum treten sie in dieser Reihe als der Sudan der Erde, als das Morgenland, als das Abendland, als der Norden der Erde, als die Neue Welt auf, mit deren Entdeckung die ganze alte Welt gleichsam wiederum ein Orient für dieses neue Abendland geworden ist.

Wenn unter dem Sudan der Libyer und Aethiopen heut zu Tage nur die eine größere Hälfte von dem Erdtheile, den wir jetzt Afrika nennen, verstanden wird: so ist es doch gerade diejenige, welche in der Geschichte der Erde und der Menschencultur die überwiegende Hälfte des großen Erd-Individuums ausmacht, von welchem hier gehandelt wird; und eben so verhält es sich mit den characterisirenden Benennungen der übrigen Erdtheile.

So schließt sich das Characterisirende der geographischen Natur unmittelbar an das Wesentliche der historischen Natur dieser Erdtheile an, und beide fallen eben darum als natürlich nothwendige Einheit (wie sich in dem Erfolge ergeben wird) und nicht durch Zufall in dem Schauplatze der Geschichte und der Alten Welt auf einem und demselben Erdgrunde zusammen.

Der Name der Alten Welt im eigentlichsten Sinne fällt nur auf diese beschränkten Erdräume, und gehört ihnen mit Recht an, weil auf ihnen das Größte und Höchste, was wir in der Menschengeschichte kennen, sich gestaltet hat, von der uralten Weisheit der Inder an bis zu der jüngsten Volkserhebung germanischer Stämme.

In sofern alles, was außerhalb dem Schauplatze der großen historischen Weltbegebenheiten gelegen, auch sehr spät erst dessen Bewohnern zur Kunde gelangte, wie die nördlichen, südlichen und östlichen äußersten Glieder des Alten Continentes, so gehört diesen im Grunde in der Weltstellung so gut der Name der Neuen Welt an, als jenen oceanischen Ländern der Westhalbe der Erde. Nur die Uebertragung des Begriffs vom bekannten Alten zum unbekannten Neuen, das blos im äußern Landzusammenhange mit jenem stand, machte, daß man auch dieses bald als der Alten Welt rein angehörig betrachtete, im Gegensatz der zu gleicher Zeit neu aufgefundenen, aber auch äußerlich durch Meere von der Alten abgetrennten Neuen Welt.

Da aber Meere nicht selten weit enger die Erdräume verbinden als Landstrecken: so wird sich auch daraus im Verlaufe der Untersuchung ergeben, wie aus der reinen Bedingung durch die Natur der Begriff der Neuen Welt bald verengert, bald erweitert auch in die Alte Welt eingreift, und diese dagegen, wo die Natur ihr die Stelle nur bereitete, auch in die Neue Welt schon übergeschritten ist oder doch überzuschreiten scheint.

So wird also der Schluß dieses ersten Theiles der gegenwärtigen Arbeit, nach einer Characterisirung jedes Erdtheiles durch seine wesentlichen Grundformen und ihre Einwirkungen auf Natur und Geschichte, die Combinationen und Wechselverhältnisse, die aus der Weltstellung sich ergeben, in kurzen, bestimmten Umrissen zur Uebersicht der unendlichen Mannichfaltigkeit und des großen Ganzen aufzustellen haben.

Zweiter Theil.

Die flüssigen Formen oder die Elemente.

Die scharfe Individualisirung der Naturgegenstände verschwindet in diesem zweiten Theile zwar nicht ganz, aber es treten dagegen in desto allgemeinern Verhältnissen die Formen der flüssigen Elemente auf.

Diese Benennung ist hier, im Felde räumlicher Thätigkeiten, nicht im wissenschaftlichen chemischen, sondern im Sinne des gemeinen Lebens, oder, wenn man lieber will, der ältern Sprachweise genommen, den der Naturblick gelehrt oder aufgefaßt hat. In den flüssigen, wandelnden, verallgemeinernden Formen ihrer Elemente wollten die ältesten Physiker freilich wol nur die Repräsentanten der Wirkungsart der Naturkräfte aufstellen, wir aber betrachten sie hier selbst in ihrer characterisirenden, einförmigen Verbreitung, und in ihrer Werkthätigkeit, wie sie als Wasser, Luft und Wärme oder Feuer auf minder scharf begrenzte Gebiete der Erdoberfläche angewiesen sind.

Sie wirken nach den mechanischen Gesetzen der Expansion, des Stoßes, der Gravitation in uranfänglicher Weise fort und fort, und sind als die immer nachgiebig erscheinenden, tausendarmigen, handfertigen, unermüdet geschäftigen Träger und Beweger in der Haushaltung der Natur zu betrachten, welche die Tiefe der Erde mit der Oberfläche, und ihre Oberfläche mit der Himmelshöhe, den Süden mit dem Norden, den Osten mit dem Westen befreunden, und die ernste Scheidung der scharfbegrenzten Erdtheile durch ihre Zwischensprache zur Weltgeselligkeit hinkehren.

Sie sind das Wasser in den Oceanen, Meeren, in den Strömen und Lüften; die Luft als allgemeine Erdhülle oder Atmosphäre, wie auch als der von der Erd- und Meeresoberfläche insbesondere modificirte Theil derselben, wo sie mit ihr in Berührung und Wechselwirkung tritt, die Werkstätte des Clima. Zu ihnen gehört drittens das Feuer im Schooße der Erde, das immer lebendig und sein eignes Wesen von Geschlecht zu Geschlecht fortpflanzend, in seinen Wegen zunächst unter der Erdenrinde geheimnißvoll fortgräbt, aber in ihnen nur kaum noch belauert werden kann, da es hingegen bei dem Hervortreten seiner eignen oder seiner Diener Gewalt durch Erschütterungen und Auswürfe nur zu oft zugleich Verderben und den Tod bringt.

Alle drei Elemente in unaufhörlicher Bewegung, in scheinbarer Regellosigkeit den Erdball umkreisend, und doch durch die größte Gesetzmäßigkeit bei aller Freiheit in den wunderbarsten Schranken gehalten, können jedes nur in ihrem großen Erdzusammenhange betrachtet werden.

Dann nur können die bestimmtesten Bahnen ihres nur scheinbar schwankenden oder zufälligen Laufes verfolgt, und ihre ununterbrochene Einwirkung auf die unbelebte und lebendige Natur aufgefaßt werden.

Dieses stille, stetige, oft unsichtbare und geheimnißvolle Wirken der Elemente ist ohne Vergleich tief eingreifender in alle Wesen und ein nothwendigerer und würdigerer Gegenstand der Naturbetrachtung im Großen, als die gleichsam leidenschaftlichen und seltnern Momente ihres furchtbaren Tobens bei aufgehobenem Gleichgewicht, die allerdings in der Gegenwart erschüttern und in ihren Folgen das Gemüth rühren, aber weniger die Aussicht in das Innere der Werkstätte der Natur eröffnen.

Gerade die allgemeinen und den ganzen Erdball in der Tiefe und Höhe umkreisenden Formen der flüssigen Elemente verkünden ihre hohe Bedeutung für das Ganze. Doch ist diese mehr im Allgemeinen ausgesprochen als einzeln durchgeführt worden, von den am tiefsten stehenden Bildungen hinaufwärts bis zur hohen Stufe des cultivirten Menschen. Und doch hat diese letztere Nachweisung schon im Alterthum Hippokrates in der Wechselwirkung des Clima und der Staatsverfassung, durch Naturblick und Erfahrung darauf geführt, mit vieler Klarheit in Hauptzügen gegeben.

Zugleich sind diese Elemente durch ihre rastlose Bewegung, in den größten wie in den kleinsten Theilen, die Vermittlerinnen der unorganisirten und organisirten Naturkörper; so erscheint auch das Wasser, nicht nur in der Geologie und Vegetation, sondern auch in der Geschichte der Thiere und der Völker als der Anfang der Steigerung der Culturen, aus Stromländern, Meeresküsten, Mittelmeeren bis zur Weltverbindung durch Oceane.

Dritter Theil.

Die Körper der drei Reiche der Natur.

Dieser dritte Theil der allgemeinen vergleichenden Erdbeschreibung ist den Hauptformen unter den zahllosen Gattungen der Körper in den drei Reichen der Natur, in sofern jene die einflußreichsten auf das Ganze der Erdoberfläche sind, gewidmet. Nach ihren Geschlechtern werden sie erst aus dem Mineralreiche, dann aus dem Pflanzenreiche und zuletzt aus dem Thierreiche in beziehungsvollen Reihen aufgeführt.

Wenn in dem ersten Theile alles, was von diesen angeführt werden mußte, nur zur Characterisirung jener stehenden Grundformen, der Continente, oder der localisirten Elemente gesagt war: so treten sie dagegen nun hier, in so weit sie der allgemeinen Erdbeschreibung angehören, selbständig als eigenthümliche Formen auf, und zwar nothwendig in ihrem dreifachen Verhältnisse zur Organisation überhaupt, zur Erdoberfläche insbesondere und zur Menschengeschichte.

Einmal werden sie betrachtet in ihrer Gestalt und in ihrem Bau als Haupttypen in Beziehung auf irgend eine von der Natur individualisirte Erdstelle, und so erscheinen sie als die Repräsentanten der bestimmten Localitäten der Erde.

Zum zweiten wird ihre natürliche Heimath oder die Regel ihres geographischen Vorkommens über die ganze Erde aufgesucht, und die weite oder enge Sphäre ihres Naturlebens, ihre Zone, genau zu begrenzen sein.

Drittens soll die Herrschaft, welche die bewegenden Kräfte der Natur und der Mensch sich über die Naturkörper durch Verminderung und Vermehrung, Umänderung und Ausbreitung zu erwerben wußten, geographisch und historisch angedeutet sein.

So fügt sich bei jeder Characterform der drei Naturreiche das Einzelne zum Ganzen; es wird der früher schon bereitete Boden mit lebenden Gestalten sich füllen, denen eben dieser, als sie selbst characterisirend, wie eine Folie unterliegt. Gleichermaßen wird, da die speciell entwickelte so wichtige Lehre der Climate vorangegangen, sich in jeder dieser Gestalten jedesmal ein ihr entsprechendes Clima zurückspiegeln, so daß nun für jeden Punct der Erde dadurch seine individualisirte Stelle zur belebten Natur erscheinen kann.

Führen diejenigen Zonen, welche die Verbreitung der unorganisirten Körper des Mineralreichs angeben, zu gewissen allgemeinen geologischen Phänomenen, und da wo sie von den Menschen benutzt werden, in die Kunstgeschichte wie in die älteste Culturgeschichte festsitzender Völkerstämme zurück: so scheinen dagegen die Lebensgürtel, welche die Heimath der nutzbarsten Gewächse und Thiere bezeichnen, über die frühere Entwickelungsgeschichte der Völkermassen einiges Licht zu verbreiten, mit denen sie zuweilen auf ihren Zügen wanderten, wie jene von Station zu Station sich veränderten, ihre geographische Sphäre erweiterten, und selbst wol, wenn die Völker auch vom Schauplatz der Geschichte abgetreten waren, ohne weitere Pflege und Schutz von Menschenhand, ihr neugewonnenes Naturleben für jüngern Völkeranflug fortsetzten.

So ergeben sich diese und andre Resultate über den innigsten Zusammenhang der Völkergeschichten mit der lebenden Natur, indem von der einen Seite eine unabwendbare Abhängigkeit von derselben sich zeigt, die um so fesselnder ist, je näher der Mensch noch dem bewußtlosen Zustande steht und die Völker als Horden leben. Von der andern Seite dagegen zeigt sich ein immer fortschreitendes Freiwerden der Culturvölker von den in gleicher Progression immer mehr und mehr zurücktretenden Bedingungen der vaterländischen Naturen. Indeß die Bewohner der Weltstädte dann, durch die künstliche Befriedigung aller Bedürfnisse, gänzlich aus der Natur heraustreten, weiß sich der einzelne Mensch an jeder Stelle über dieselbe zu erheben, wenn ihm das Ideal des ächten Weltweisen im Leben gegenwärtig ist, das uns der göttliche Platon im Theätetos vor Augen gestellt hat.

So erhalten hier die Begriffe von Vaterland und Volk, in ihrer bestimmten Individualität und Mannichfaltigkeit von der Seite der Natur aus betrachtet, einige Nachweisungen.

Auch hier muß die Vielartigkeit durch den angebahnten Gang sich zu einer größern Einheit zusammenordnen, wenn auch sie selbst in ihrer Klarheit nie entschleiert werden wird.

Der Mensch

ist das Höchste in der Natur, durch dessen Anerkennung derselben sie selbst erst zum Dasein und zu ihrer hohen Bedeutung für uns gelangt. Darum geht er auch hier als leitender Gedankenfaden durch alle drei Theile hindurch, und tritt am Schlusse jeder Hauptform insbesondere auf, als ein lebendiger Spiegel der Natur, von welchem ihre Geheimnisse zu seines Gleichen noch einmal wiederholt und verständlicher ausgesprochen werden.

Auf diese Weise kommen nach und nach alle wesentlichen Naturverhältnisse zur Sprache, in welche die Völker auf diesem Erdenrunde gestellt sind, und es sollen aus diesen alle Hauptrichtungen ihrer entwickeltern Zustände, welche die Natur bedingt, hervorgehen.

Wäre dieses Ziel dann wirklich erreicht: so würde eine Seite der Historie im Allgemeinen einen Fortschritt gewonnen haben, indem das erregende Wesen der Antriebe der äußern Naturverhältnisse auf den Entwickelungsgang der Menschheit, welche den Forschern der Alten schon mehr als der Neuern Geschichte manche

Aufschlüsse gegeben haben, dadurch zu größerer Klarheit gekommen sein müßte. Es bliebe ein anderes Gebiet, das der innern Antriebe der von dem Aeußern unabhängigen rein geistigen Natur in der Entwickelung des Menschen, der Völker und Staaten, zur vergleichenden Untersuchung übrig, als würdiger Gegenstand einer leicht noch glücklichern Betrachtung und nicht minder lohnenden Forschung.

Methode der Anordnung.

Der Titel der gegenwärtigen Arbeit zeigt an, daß sie in das Gebiet der historischen oder Erfahrungswissenschaften fällt, deren Vervollkommnung nur in gleichem Schritte mit der Summe der wichtigen Erfahrungen wachsen, und daher jedem folgenden Geschlechte in immer veredelter Gestalt überliefert werden kann.

Aus welchen Hauptquellen diese Summe der Erfahrungen abgeleitet wurde, soll der folgende Abschnitt andeuten, der gegenwärtige aber einige Hauptzüge über die Methode ihrer Verbindung darlegen.

Die Methode, nach welcher dieser specielle Theil beobachtender Naturwissenschaft angeordnet wurde, ist diejenige, welche sehr bezeichnend die reducirende, als die objective, genannt worden ist, die den Haupttypus der Bildungen der Natur hervorzuheben und dadurch ein natürliches System zu begründen sucht, indem sie den Verhältnissen nachspürt, die im Wesen der Natur selbst gegründet sind.

So mußte die ganze Anordnung völlig abweichend werden von denjenigen trefflichen frühern Arbeiten, welche dieselbe Wissenschaft, unter dem Namen von Geographie oder physicalischer Erdbeschreibung, nach der classificirenden oder subjectiven Methode, für das Bedürfniß anderer Wissenschaften und zu besonderen Zwecken, vortrugen.

Wenn daher Eratosthenes der Cyrenäer zuerst die astronomische Geographie, Herodot und Strabo gewissermaßen die erste geographische Historie und historische Geographie u. s. w., unter den Neuern Cluver die erste alte Geographie, J. Bergmann die erste geographische Physik, Büsching die erste geographische Staatenlehre, Andere die Länderkunde anordneten: so wurde es nach solchen Vorarbeiten und den anderweitigen Fortschritten der Zeit in der Himmels=, Erd= und Natur=Kunde erst möglich, die ersten Grundideen der physicalischen Erdbeschreibung zu erforschen. So wurden z. B. zuerst die Thatsachen über den Bau des Erdgrundes von Werner in ihrem Umfange zur Sprache gebracht, das Verhältniß der Elemente zu der Erdhülle überhaupt durch H. de Saussure, de Luc und A. v. Humboldt, das der ganzen belebten Natur zur unbelebten durch den Grafen von Büffon. E. A. W. v. Zimmermann war es, der zuerst das allgemeine Verhältniß der Thiere zur Erdoberfläche aufsuchte, und J. F. Blumenbach führte die Betrachtung der Menschenrassen nach ihren physischen Verhältnissen in das Gebiet der Erdkunde ein.

So konnte erst die Anordnung einer solchen physicalischen Geographie möglich werden, welche hier versucht worden ist, die aber, um alle Kraft für das ihr Eigenthümliche zu sparen, ganz auf die in sie bisher fremdartig mit eingeflochtenen kosmischen, statistischen und politischen Verhältnisse des Erdballs Verzicht leistet, welche in eignen Werken durch Meister erforscht worden sind.

„Physicalisch" wird diese Wissenschaft genannt, weil in ihr von den Naturkräften die Rede ist, in sofern sie im Raume wirken und bestimmte Formen bedingen und Veränderungen hervorbringen. Indeß kann hier nicht blos von den Wirkungen mechanischer und chemischer, sondern auch von organischen und minder berechneten Kräften und Wirkungen die Rede sein, die nur in der Zeit sich offenbaren und auch in verständige und sittliche Naturen eingehen. Darum ist der herkömmliche Ausdruck, physicalische Geographie, als eine zu enge Sphäre des Begriffs, der ungebräuchliche sich ihr mehr annähernde, physiologische Geographie, als zu fremdartig und vielsinnig weggelassen, das Wesen derselben aber durch zwei bezeichnende Ausdrücke angedeutet worden.

„Allgemein" wird diese Erdbeschreibung genannt, nicht weil sie Alles zu geben bemühet ist, sondern weil sie ohne Rücksicht auf einen speciellen Zweck, jeden Theil der Erde und jede ihrer Formen, liege sie im Flüssigen oder auf dem Festen, im fernen Welttheil oder im Vaterlande, sei sie der Schauplatz eines Culturvolkes oder eine Wüste, ihrem Wesen nach mit gleicher Aufmerksamkeit zu erforschen bemühet ist: denn nur aus den Grundtypen aller wesentlichen Bildungen der Natur kann ein natürliches System hervorgehen.

„Vergleichend" wird sie zu nennen versucht, in demselben Sinne, in welchem andre vor ihr zu so belehrenden Disciplinen ausgearbeitet worden sind, wie vor allen z. B. die vergleichende Anatomie.

Wir stehen in unserer Kenntniß der einzelnen Stellen des Erdenrunds wenigstens schon hie und da auf demjenigen Puncte, von welchem aus die Vergleichung analoger Formen und Wirkungsarten derselben möglich und rathsam ist. Der anschauungsreiche, vielgewanderte Herodotus war es, der diese Idee für die Geographie zuerst angedeutet (II. c. 33) und an derselben Stelle auf das großartigste zur Vergleichung von Libyen und Europa durch den Niger und den Ister angewendet hat.

Mehr belehrend kann so die Anordnung auch des Wenigern werden, als die rastlose Zusammenraffung des Einzelnen, Unverbundnen, das unser Gedächtniß nicht mehr zu behalten vermag, wenn es sich nicht gegenseitig durchdringend in großen Gesetzen und Gruppen, zu Ideen und Anschauungen zusammendrängt. Welcher Gewinn hieraus für die Wissenschaft nach allen Richtungen hervorgehen kann, hat in vielen derselben der Weltbeobachter A. v. Humboldt gezeigt, der neue Begründer der vergleichenden Erdbeschreibung. Mit ihr ist für diese Wissenschaft überhaupt ein neues Feld eröffnet, das hier nach schwachen Kräften anzubauen versucht wird. Die spät erst reifende Frucht kann die Universalgeographie sein.

Die Anordnung aller in diesem Werke versammelten Thatsachen muß, um methodisch zu heißen und zu einem natürlichen Systeme zu führen, einen Haltungspunct, einen idealen Hintergrund haben. Nur durch ihn kann das Empirische zu einem Zusammenhange, das Mannichfaltige zur Einheit gelangen, welche selbst der todten Natur fehlt. Ohne diesen idealen Hintergrund, Hypothese, Theorie, oder wie man ihn sonst bezeichnen will, komme er zum Bewußtsein oder nicht, wird wol von menschlicher Seite nie ein Ganzes zu Stande kommen. Denn selbst die festeste Ueberzeugung, ohne alle Beihülfe eines solchen bei der Forschung zu Werke zu gehen, ist in der That, wie schon Playfair sagt, an sich die erste Theorie. Mangel einer ausgesprochnen Theorie führt also darum nicht eher zur Wahrheit, und schützt eben so wenig vor Unpartheilichkeit. Nur Kenntniß der Geschichte der Philosophie und der Wissenschaften, die Behutsamkeit in der Anwendung des Gedachten und das aufrichtige Streben nach Wahrheit können der menschlichen Schwachheit in diesem Puncte zu Hülfe kommen, um wenigstens den Ausdruck: „unbefangne Ansicht der Thatsachen", dessen jeder aufrichtige Forscher sich so gern bedient, zu rechtfertigen.

Der ideale Hintergrund, aus welchem dem Verfasser in diesem Werke „die unbefangene Ansicht der Thatsachen" zur Anordnung auf diese specielle Weise hervorgegangen scheint, liegt ihm nicht in der Wahrheit eines Begriffes, sondern im Gesammtinhalte aller Wahrheiten für ihn, also im Gebiete des Glaubens. Er beruht auf einer innern Anschauung, die sich aus seinem Leben in der Natur und der Menschenwelt gebildet hat. Durch das Zwiegespräch mit einem großen Manne des Jahrhunderts gelangte sie zum Bewußtsein, und wurde von der einen Seite als Grundidee in dieser Wissenschaft so aufgestellt, daß, wenn das Rechte vollführt wäre, sie aus allen Theilen derselben zurückstrahlen und sich in andern ähnlichen Naturen wiedererwecken müßte. Darum läßt sie sich nicht von vorn herein definiren oder in ihrem Wesen begrenzen, sondern kann nur durch das Ganze hindurchspielend sich mit dem Schlusse in ihrer Vollendung gestalten.

Hier sei es nur im Uebergange zu den einzelnen Grundregeln gesagt, wie es in dem Wesen der Anschauung, im Gegensatze des scharfen und sondernden Begriffes, zu liegen scheint, daß sie mehr als jener zum Combiniren und Aufbauen sich hinneigt, wodurch die ganze Form der gegenwärtigen Arbeit bedingt wurde.

Einige einzelne Regeln der Anordnung können nun desto bestimmter angegeben werden, um das weitläuftige Gebäude prüfender zu durchschauen.

Die Grundregel, welche dem Ganzen seine Wahrheit sichern soll, ist die: von Beobachtung zu Beobachtung, nicht von Meinung oder Hypothese zu Beobachtung fortzuschreiten. So schwer und öfter in der That unmöglich es auch sein mag, dieser auf das Haar getreu zu bleiben: so wird man sich doch der Consequenz in ihrer Anwendung immer um so mehr nähern, je mannichfaltiger die Zahl und Art der treuesten Beobachter, und zwar der verschieden gebildeten aus den nahesten und entferntesten Ländern und Jahrhunderten ist. Daher hier wo möglich die bewährtesten Zeugnisse aller Völker und Zeiten für jedes einzelne Factum und jeden Punct desselben dicht zusammengedrängt, wenn nicht zur Vereinigung doch zur Vergleichung (und zwar in den ihnen eigenthümlichen Ausdrücken, die gewöhnlich individualisirend sind), stehen sollten. Was so durch Vielfarbigkeit und Umständlichkeit auf der einen Seite verloren geht, wird im Ganzen immer wieder an Wahrheit gewonnen werden. Dann schließt sich an die specielle Ansicht und selbst an den Ausdruck über jedes Factum, an seiner historischen Stelle jedesmal die specielle Theorie an, welche ja nicht selten auch schon der beflügelte Genius der weitern Forschung geworden ist. Auch wol die Hypothese wird da im Vorbeigehn ihr Plätzchen finden, die ja dann und wann einmal, freilich nur wenn sie von einem Halley, Leibnitz, Lucas oder von einem Franklin ausgeht, ihrem Jahrhundert, oder von einem Pythagoras, wie die des Sonnensystems, ihrem Jahrtausend vorausspringen kann.

Die Grundregel, welche der Darstellung ihren Character giebt, ist diejenige, welche das Räumliche bestimmt. Einmal nämlich der Länge und Breite nach, welche man hier die geographische, und zweitens der Tiefe und Höhe nach, welche man hier die physische Dimension mit Recht nennen könnte. Jene wird durch die

Gestirne, diese durch die Atmosphäre am bequemsten und auf das genaueste regulirt. Wenn diese physische Dimension, was sehr zu beklagen, in den frühern Zeiten im Gegensatze der ersten, die freilich mehr mit dem Kosmischen wie mit dem Politischen zusammenhängt, völlig aus der Acht gelassen worden, und auch heut zu Tage nur auf wenigen Erdstrichen mit mathematischer Genauigkeit verfolgt werden konnte: so hat ihre Beachtung doch erst die vergleichende physicalische Geographie möglich gemacht, und von ihr geht daher auch jedesmal die Untersuchung aus. Eben so sehr wie die Stereometrie von der Longi- und Planimetrie abweicht, so verschieden muß auch die gegenwärtige Gestaltung unsrer Wissenschaft von ihrer frühern sein.

Die Grundregel, welche dem Ganzen seinen Fortschritt und jedem Einzelnen sein Resultat sichert, ist die vom Einfachern zum Zusammengesetztern, von den einzelnen Seiten zur Mitte oder zur Einheit, und von der Regel zu den Ausnahmen überzugehen, und zwar nach allen hier im Gebiete der räumlichen Verhältnisse liegenden Richtungen. So z. B. hier von den Höhen zu den Ebenen, von den Quellen zu den Mündungen, von der Wasservegetation zur Vegetation der Länder; oder von der kalten und warmen Zone zur gemäßigten, vom mechanischen, chemischen, organischen Einfluß zum Gesammtleben, von der Natur zum Menschen, und wieder vom generell zum speciell Characterisirten, von dem Allgemeinen zum Individuum, von der Allgemeinheit zur Eigenthümlichkeit.

Eine untergeordnetere Regel bei der Ausarbeitung zur Beförderung der Klarheit ist die Gruppirung des Gleichartigen und Verwandten; eine andere, die zur Verständigung der so mannichfaltigen Benennungen und Begriffe der verschiedensten Zeiten, Sprachen und Ansichten, liegt in dem Bestreben, sie jedesmal in ihrem Ursprunge und Fortgange historisch aufzusuchen, zu entwickeln und geographisch auseinander zu falten; eine dritte ist die des Hervorhebens der intensiven Größe jeder Erscheinung über die extensive oder die Beförderung der nothwendigen Unterwerfung des Materiellen unter das allgemeine Gesetz.

Wo gegen diese insgesammt, so wie gegen manche andere, die hier nicht weiter anzuzeigen sind, gefehlt wird, da ist dieses wol einmal auf den Mangel der Quellen, häufiger auf die Rechnung ihres Bearbeiters zu schreiben, nicht aber auf den innern Character der Methode, die, bei vielen sicher vorhandnen Schwächen in der Ausführung, doch wol noch Einiges von dem leisten wird, was sie verspricht.

Literarische Quellen.

1. Anzeige der Quellen.

Es sollen nicht alle die einzelnen Werke hier aufgeführt werden, welche bei der gegenwärtigen Arbeit benutzt worden sind; sie prangen in den Bibliotheken, und das Urtheil der gelehrten Welt ist über sie schon größtentheils festgestellt; auch würde ein eigner Band kaum für eine noch so kurze Würdigung und Characteristik, die von den Vorgängern mitgetheilt ist, hinreichen.

Die gewissenhafteste Anzeige ihrer Benutzung in einem Zweige der historischen Wissenschaften, die noch fast aller Critik ermangelt, ist indeß, so unbehülflich es erscheinen mag, im Werke selbst unerläßliche Pflicht. Nothwendig wird sie, zumal bei einer Bearbeitung, in welcher die Angaben in einer andern Verbindung, in einem andern Lichte erscheinen können. Nur durch diese Anzeige wird öfter die Verweisung einzeln oder allgemein gebräuchlicher oder neu aufgestellter Annahmen und Vorstellungsweisen, als unbestimmt, oder den Naturwahrheiten widersprechend, aus dem Gebiete der Geographie gerechtfertigt werden.

Weil wir uns hier nicht mit individuellen Erdansichten begnügen mochten, sondern der Thatsachen der Natur selbst in unserm Bewußtsein uns bemächtigen wollten, so wird, wo möglich, kein einziges Glied in der zusammenhängenden Erfahrungskette aufgenommen sein dürfen, ohne die Nachweisung, woher ein jedes genommen und auf welcher Autorität seine Haltbarkeit zum Ganzen beruhe.

Hierdurch nur allein wird es möglich werden, nach und nach die mehr und minder schadhaften Glieder, deren Zahl größer ist, als wir uns träumen lassen, ohne Zerstörung des Uebrigen, durch kräftigere zu ersetzen, und die Kette für allen Andrang undurchbrechbar zu einem unveräußerlichen Eigenthum der Wissenschaft zu machen, oder durch Critik den Mangel ihres innern Zusammenhalts aufzudecken, und so die ganze Kette ebenfalls zum Vortheil der Wissenschaft aufzulösen, und hierauf bezieht sich der Spruch, welchen diese Arbeit an der Stirne trägt.

Nicht selten wird es, wie oben schon angedeutet wurde, wichtig sein, bei zweifelhaften oder bestrittenen Puncten alle bedeutenden Zeugnisse anzuführen, um des Ursprungs herrschender Ansichten willen. Denn so viele Irrthümer sich in den geographischen Wissenschaften auch eingeschlichen haben mögen, so daß der mit der Wahrheit Aufgewachsene sich zuweilen höchlich über die gelehrten Fabeln zu verwundern hätte — wie dies einst den kenntnißreichen habessinischen Abba Gregorius in einer hochgelahrten Versammlung in dem Herzen von Deutschland zum lauten Lachen und zu dem bedenklichen Wunsche brachte, daß doch lieber gar nichts gedruckt werden möchte als der größten Zahl nach (über sein Vaterland meinte er) nur Lügen — so sind dies in der That doch nur äußerst selten reine Unwahrheiten.

Meistens sind es nur ungeschickte oder unvollständige Mittheilungen einseitiger, von einem speciellen oder beengten Standpuncte ausgegangener und eben so oft wiederum von der Gegenparthei falsch verstandener und schiefbenutzter Ansichten. Diese können alle subjectiv im hohen Grade den Stempel der Wahrhaftigkeit tragen, und daher reiche Quellen für dieselbe sein, dürfen aber nur nicht mit dem Maaßstabe objectiver Realität gemessen werden. Darum ist es nicht gleichgültig zu wissen, ob es Tacitus ist, der das Land der Germanen schildert, Aeneas Sylvius und Petrarca, oder ob ein A. Reißner und G. v. Frundsberg, Sebastian Frank oder M. Quaden v. Kinkelbach in „Teutscher Nation Herrlichkeit" sein Vaterland beschreibt.

Eben so nothwendig wird dies zu wissen sein, wenn ein Venetianer Marko Polo, ein Armenier Haiton, ein Byzantiner Procopius, ein Perser Scherifeddin, ein Araber Ebn-Haukal, ein Bewohner Indiens Abu Fazil, ein chinesisches Corps von Gelehrten in Kaiser Kang-hi's chinesischer Geographie, neben einigen neu-europäischen Zeugnissen und den Historien der Alten, als die Hauptautoritäten der Natur des asiatischen Hochlandes erscheinen.

Nicht gleichgültig ist es zu wissen, ob ein See- oder ein continentaler Mann, ob ein Platt- oder Hochländer, ein wissenschaftlich gebildeter mit Erfahrung, oder auch mit Theorien und Glaubensvorurtheilen der Zeit ausgerüsteter Mann, oder ob nur ein solcher, dem der schlichte Menschenverstand überall zu Gebote stand, diese oder jene Thatsache aufgefunden und mitgetheilt hat. Denn nur wenige unter allen besitzen diejenige Gabe der treuen Ueberlieferung, der scharfen Sonderung und der kindlichen Anspruchslosigkeit in der Mittheilung, welche den Vater dieser Wissenschaft, Herodotus, zugleich zum Muster aller Berichterstattung erhoben hat.

2. Natur der Quellen.

Doch die Natur der Quellen, aus welcher uns die Thatsachen zugekommen sind, ist noch in anderer Hinsicht von mannichfaltigerer Art, in sofern sie aus eigenen Naturbeobachtungen fließen, oder durch Anderer Untersuchungen und Berichte mitgetheilt, oder aus den Resultaten dieser Berichte, zu denen auch Zeichnungen und Landkarten gehören, geflossen sind.

Ohne alle eigene Ansicht der Erdoberfläche und der Erkenntniß ihrer bedeutendsten Hauptformen, würde diese Arbeit nicht ausgeführt worden sein. Da jedoch die Umstände dieselbe begünstigten, so konnten viele Thatsachen über die wesentlichsten geographischen Naturverhältnisse des deutschen Vaterlandes und seiner Bewohner von der Oder bis zum Rhein und zur Donau durch mancherlei eigene Beobachtungen unterstützt werden. Das wasserreiche Gebiet eines Hauptstromes von Europa, des majestätischen Rheins, war von seinem Quelllande bis gegen sein Delta hin durch vieljährige Wanderungen in dem größten Theile seines Geäders ein Gegenstand der Aufmerksamkeit. Ein Hauptsee von Europa, der Lemanische, konnte in allen Jahreszeiten nach allen Richtungen hin in seinen allgemeinen Verhältnissen zur Natur und ihren Wirkungen mit Muße betrachtet werden. Eben so wurde die Natur des weitläuftigen Alpengebirgs-Landes, welches dem ganzen Occident seinen Character giebt, in seinen Hauptgruppen in drei verschiedenjährigen, vielfach veränderten Reisen nach allen Richtungen durchzogen. Durch mehr als jahrelangen Aufenthalt am Fuße seines höchsten Gebirgsstocks, wie durch mehrere Monate langen an seinen eisigen Höhen, konnte der mächtige Einfluß einer solchen Riesenform, die vom Montblanc bis zum Brenner in ihrem unendlichen Reichthum erblickt war, selbst in weite Fernen hin und auf die ganze Natur zur lebendigen Anschauung gebracht werden.

Dagegen lehrte der Besuch in dem reizenden Italien bis in seine Südspitze gegen Sicilien hin das Gebiet und das Leben vulkanischer Thätigkeit kennen, und regte alle die Gefühle auf, welche auf diesem classischen Boden einen Repräsentanten des Grundtypus, des Cultur-Climas und der allgemeinen Küstennatur des Mittelländischen Meeres ahnen lassen. Und so wurden auch hie und da einige Verbindungen des Meeres und des Landes, und der Körper der drei Naturreiche und der Völker auf ihrem Boden und in ihrem Naturzusammenhange aufgefaßt.

Ueber diesen verhältnißmäßig sehr unbedeutenden Erdstrich werden daher die Quellen zuweilen eigene Beobachtungen sein, sie werden sich an fremde, oft mündlich, zuweilen schriftlich mitgetheilte Berichte von trefflichen Augenzeugen anschließen, und nicht selten überhaupt auch zu den aus eigener Ansicht geschöpften, von Anderen bewährten und daher am sichersten erscheinenden Vergleichungspuncten für andere Erdstellen dienen.

Besonders geht aus einer solchen Naturanschauung das wahre

Verhältniß hervor, nach welchem Landkarten als Quellen für physicalische Erdkunde benutzt werden dürfen.

Sie sind überhaupt nur selten aus eigenen Anschauungen und den Resultaten mit Critik versammelter Beobachtungen hervorgegangen, ungeachtet sie immer in dictatorischer Form auftreten müssen. Zu jenen seltneren zählen wir, um nur die Idee derselben zu vergegenwärtigen, La Condamine's und A. v. Humboldts Karten von Peru und Mexico, Rennells Atlas von Bengalen, v. Hermelins Atlas von Schweden, Cassini's Karten von Frankreich, Rizzi Zannoni's Meisterblätter von dem Küstenlande Campagna Felice, Peter Anichs erste Karte von Tyrol, oder als Meisterstück aller Specialkarten im Kleinen die Carte de Chasse von Ludwig XIV., und im Großen Greens Werk über Bayern, Ammans und Bohnenbergers Werk über Schwaben, le Coq über Westphalen, und viele andere mehr. Zu denjenigen, welche specielle Naturformen mit einer gewissen Vollständigkeit nach eigener Anschauung und Erforschung darstellten, gehören A. v. Humboldts Musterblatt der mexicanischen Hochebene, Lichtensteins Versuch über die Terrassenform von Südafrika, Marsigli's und v. Wiebekings Stromkarten der Donau und des Rheins, v. Riedls Flußkarte von den Bairischen Flächen, Moosen und Seen, J. T. Reinke's Mündungskarte der Elbe und Weser; vom Meeresboden W. Heathers Karte von der Ostsee und Nordsee; vom Vulkanboden, Bory's Karte der Insel Bourbon und Freycinets von Isle de France; von einem Alpengebirgslande die Hauptblätter der J. H. Weißischen Schweizerkarte. Die neueste Zeit hat Meisterstücke von solchen Karten für die Form eines Gebirgsstocks geliefert durch die Blätter von Salzburg und Kärnthen, welche einem deutschen Erzherzog ihr Dasein verdanken, und für die submarine Küstenform in den gleich bewundernswürdigen Blättern der peripherischen Karte Australiens von Flinders.

Diese und ähnliche, nur freilich immer seltene Erscheinungen, die an sich selbst schon zum tiefern Studium auffordern, müssen hier in jeder Hinsicht als die trefflichsten Quellen genannt werden. Viele ausgezeichnete Blätter und Arbeiten, wie die eines

D'Anville, Arowsmith, Lapie, Sotzmann, Mannert, Streit, Reimann, Reichard, Schmidt, Klöden und Anderer, welche durch astronomische und historische Forschungen angeordnet und mit bewundernswürdigem kritischem Fleiß, aber ohne eigene Naturanschauung des Landes, das sie darstellen, ausgeführt werden konnten, haben ihre anderweitigen, hier nicht zu würdigenden Verdienste, aber für die physicalische Erdkunde müssen sie als abgeleitete Quellen nur mit Vorsicht benutzt, und das, was sie darstellen, nur als symbolisch, oft hieroglyphisch angedeutet gedacht werden, wie dieses denn zuerst in Hinsicht des ganzen Landkartenwesens überhaupt, in Beziehung der daraus hervorzugehenden Erkenntniß, vortrefflich von Gutsmuths ausgesprochen ist.

Wenn in der Zeichnung der Welt- und Länderkarten die Landesnatur dargestellt wird, so sollte dies immer nur mit Bewußtsein der bestimmten Hypothese geschehen, wie dies absichtlich von einem Buache, Gatterer, v. Zimmermann, Fr. Schulz, Reichard, und nicht ohne Nutzen für die Wissenschaft, durchgeführt und von Zeune nach allen Seiten beleuchtet ist. Aber durch das in seiner Thätigkeit ohne Bewußtsein, nur blind folgende Heer der Nachahmer geht auch dieser Nutzen wieder verloren, und es tritt statt des Bildes der Natur ein Zerrbild hervor, welches die physicalische Erdkunde eben so als Quelle verwerfen sollte, wie die Physiognomik schon unrichtig gezeichnete Schattenrisse keiner Aufmerksamkeit würdig hält.

Aber auch die besten Landkarten verhalten sich zum Studium der allgemeinen vergleichenden Erdkunde, wie die Präparatensammlungen zur Physiologie, die, wie der Meister es lehrt, für sie von unschätzbarem Werthe sind, so lange der Physiologe in ihrem aufgetrockneten Bau, in den mit Wachs gleichzeitig ausgespritzten Herzkammern, in den getrennten Theilen nur die leblose Natur erblickt. Wollte der Geograph seinen Landkartenschatz bei der Demonstration seiner ganzen Wissenschaft als erste Quelle gebrauchen, wie dies bei so vielen geographischen Systemen wirklich geschehen: so mußte er in noch größere Irrthümer gerathen, als der Physiologe, der in der Anatomie der Leiche den lebendigen

Zustand des Herzens, oder die Angel und das Wesen des Lebens suchte, da jenem nur die verzerrte und verkleinerte Zeichnung der todten Masse zu Gebote steht.

Wenn viele der aus gegenwärtiger Erdbeschreibung hervorgehenden Resultate entweder mit demjenigen nicht stimmen, oder geradezu demjenigen widersprechen werden, was dem Heere unserer Karten in Beziehung auf Abbildung der Erdoberfläche als Uniform dient: so erklärt sich dieses daraus, daß von ihm großentheils noch immer J. Ludolfs Vorwürfe gelten, welche dieser kritische, weltgelehrte Mann den Landkartenfabrikanten machte, als er vor einem vollen Jahrhundert die erste und beste berichtigte Karte von dem unbekannten habessinischen Lande seinen Zeitgenossen mittheilte.

Wenn wir nun in der Anzeige der Quellen zum zweiten Haupttheile derselben fortgehen, und aus dem ersten die Armuth der eigenen Beobachtungen für das Weltganze sich ergeben mußte, so wird in diesem, in den Beobachtungen und Berichten Anderer, der außerordentliche Reichthum in der That die Wissenschaft selbst in ein frohes Erstaunen setzen.

Obwol nicht aus allen lauteres Gold fließt, in vielen ungemünztes verborgen liegt und nur in wenigen eine ganze Herrlichkeit von Schätzen aus dem Füllhorn der Natur aufgefangen ist: so wird doch mit dem größten Danke gegen die Vorfahren anzuerkennen sein, daß auch das achtzehnte Jahrhundert ganz besonders ausgezeichnet an Männern gewesen, welche für diese Zweige der Wissenschaften wahrhaft begeistert Gut und Blut daran gesetzt, ihren Wuchs in das Freie, in die Weite und Höhe zu fördern, ihre Blüthen und Früchte auch zur Erquickung für die kommenden Geschlechter zu hegen und zu pflegen.

Ja es hat sich vollkommen bewährt, was zu einer ärmern Zeit, vor einem Jahrhunderte, der erste neuere Physico-Geograph, der kraftvolle Scheuchzer (in seiner Helveliae histor. natur. Zürch 1716. 4.) weissagend verkündigte: „Und fänget man erst seit einigen Jahren an, auf diesem rechten Weg der Observationen einherzugehen, so wird auch verhoffentlich die gelehrte Welt hieraus, nach Verlauf von funfzig und hundert Jahren, mehr Nutzen schöpfen, als vorher durch den Ablauf etlicher tausend." Er lieferte selbst mit zuerst einen Schatz in der Alpennatur gemachter Beobachtungen, und als einem thätigen Mitgliede der Londner Societät schwebte ihm die hohe Wichtigkeit der Erforschung der Gesetze in der ganzen Welt der Erscheinungen vor. Er sah den Zusammenhang, den jede einzelne Erfahrung mit dem Ganzen, und das Gesetz des Ganzen mit jedem abgeleiteten auf dem Erdball für alle Wissenschaften habe, sehr wohl ein, wenn er in specieller Beziehung auf die Barometermessungen so vortrefflich sagte: „Es schimmert jede Wahrheit mit ihrem besondern Glanz, und doch spielet je ein Licht gegen das andere, je eine Wahrheit giebt der andern einen Schein: je eine fließt aus der andern und wiederum in andere. Die Urwahrheit ist eine reiche Quelle, aus welcher andere fließen, und ist wiederum eine jede besondere Wahrheit gleich einem wasserreichen Fluß, der sich in unzählige kleine Rünse austheilen lässet (ebendas. I. p. 15)."

Die größte Zahl isolirt stehender physischer Wahrheiten findet sich unstreitig in dem Archiv der über ein Jahrhundert fortlaufenden Verhandlungen der Londner Societät der Wissenschaften, in ihren Philosophischen Transactionen (seit 1660), so wie in den Memoiren der Pariser Academie. Diese, so wie diejenigen in den reichhaltigen Acten der Turiner, Petersburger, Berliner, Stockholmer und anderer gelehrten Gesellschaften, konnten hier nach dem getreuen Wegweiser des Reußischen Repertoriums mit sorgfältiger Vollständigkeit benutzt werden, da, durch die nicht dankbar genug anzuerkennende Unterstützung ihrer Pfleger, die ausgewählteste und vollständigste Bibliothek zum bequemen Gebrauche eine längere Zeit hindurch offen stand.

Im Anfange des achtzehnten Jahrhunderts waren in demselben Jahre (1707) für die Naturwissenschaften zwei unsterbliche Männer geboren worden, Linné und Büffon, die ihr Leben ganz demselben Studium mit universalhistorischem und philosophischem Sinne, obwol in entgegengesetzter Form und eben darum wol mit desto ersprießlichern Wirkungen für das Ganze, widmeten, und so seit der Mitte des Jahrhunderts, von manchen Gefährten unterstützt, der Naturforschung ein höheres Leben vorbereiteten. Es traten nun mit dem Anfange der zweiten Hälfte des Jahrhunderts die naturwissenschaftlichen Bestrebungen dichter zusammen, und derselbe Geist weckte drei große, von einander unabhängige Hauptunternehmungen in derselben Reihe von Jahren nach den verschiedensten Richtungen auf, die für die physicalische Erdkunde zu lange fließenden Quellen geworden sind.

Die immer denkwürdigen, seit den siebziger Jahren viele Jahrzehende hindurch fortlaufenden naturhistorischen und geographischen Reisen der Petersburger Academiker durch das weite russische Reich, von der Ostsee bis zur Nordwestküste Amerika's und von dem Eismeere bis zum Kaukasus und Altai, auf welchen die unermüdlichen Gmeline, Pallas, Georgi, Steller, Güldenstädt u. a., meistens Deutsche, nebst andern Neuern mancherlei Schätze sammelten und die Natur des Nordens der Erde enthüllten.

Zu gleicher Zeit umforschte J. Cook, der Entdecker genannt, in den Jahren 1768 bis Anfang 1779 dreimal das Gebiet des Erdballs, und erweiterte die Kenntniß desselben, als wäre er überall seine Heimath gewesen, nach allen Richtungen hin. Durch ihn und seine Begleiter, einen Banks, Solander, Sparrman und die Forster, Vater und Sohn, wurde uns die Natur der oceanischen Welt zur Anschauung gebracht.

In denselben Jahren hatten A. G. Werner (1774) im sächsischen Berglande und H. de Saussure (1772 — 79) durch das Studium des Alpengebirgs in seinem Vaterlande den Boden und die Wurzel zu einem ganz neuen Hauptstamme der Erdkunde gefunden, der, noch im jugendlichen Wuchs, jetzt schon mit Früchten prangt, einst aber als ein königlicher Baum aus der Tiefe der Erde zum Himmel seine Krone erheben wird.

Es wetteiferten nun die gebildetsten Nationen Europa's nebst den gelehrten Vereinen in Indien (Asiat. Research. Calcutta 1778) und Nordamerika (Transact. of the Americ. Soc. of Philadelphia und Mem. of the Americ. Acad.) in der Förderung des Entdeckten.

Zu Gute gemacht wurde dieses theils von vielen Einzelnstehenden, mehr noch durch die gleichmäßig nach Wahrheit strebenden und freundschaftlich verbundenen Männer. Was physische Erdkunde in dieser Hinsicht J. Banks, dem Greise, verdankt, ist ausgezeichnet. Wie er in Großbritannien und dessen weitem Gebiete, so wirkte in Deutschland ihm ähnlich J. F. Blumenbach durch seine Sammlungen, Schriften und mehr noch durch das lebendige Wort in seinen Schülern, Andere in Braunschweig, Wien, Berlin auf ähnliche Weise; für Frankreich in gewissen Hinsichten Delametherie und Cuvier, für das südliche Europa aber Bonnets und Saussure's vielerfahrener Jünger, Gefährte und Freund, der in seinem Vaterlande hochverehrte edle M. A. Pictet.

Die Summe der bewährten Thatsachen aus diesem Quellenreichthum wächst an intensiver Größe durch die specielle Nachweisung derselben in den einzelnen Gebieten. Aber auch hier kann nur an die Haupt- und ersten Quellen erinnert werden, aus welchen die wichtigsten geschöpft wurden, indeß alle anderen jede an ihrer befruchtenden Stelle hervortreten werden. Ja, indem wir oft nur den Zusammenhang der die Masse regulirenden Ideen verfolgen, bezeichnen wir zugleich die Arbeiten und Werke, von welchen diese nur abstrahirt sind, und vermeiden so an dieser Stelle die unnütze Weitläuftigkeit, welche daraus entstehen würde, die Titel der Bücher, die ohne das schon mehr als ihr wesentlicher Inhalt für die Geographie bekannt geworden sind, der Reihe nach aufzuführen.

a) Bildungen der Erdrinde.

Werner erfand durch die Aufstellung der äußerlichen Kennzeichen der Fossilien die erste allgemein verständliche Sprache für das zahllose Heer der vom dunkeln Schooße der Erde umschlossenen Naturkörper. Aus der Annahme verschiedener früherer und späterer, allgemeiner und partieller Wasserbedeckungen und der daraus durch eine Präcipitationshypothese hervorgehenden gleich- oder ungleichförmigen Ablagerungen des Festen, suchte er die bis dahin chaotisch und regellos liegenden Erdmassen zu gewältigen.

Er führte nach allen den Thatsachen, welche sich ihm, dem Manne des Erzgebirges, in dessen Tiefe wie auf seiner Oberfläche in der Anschauung, und als dem großen Lehrer seiner Zeit aus fernen Ländern in Berichten und Mustern darboten, die Idee der Gleichartigkeit in der Succession, in die Genesis der Gesammterdmasse ein, und so entwarf sein Geist den ersten Plan zur Entzifferung des Erdbaues. Durch die zahlreichen Schüler des großen Mannes wurde sein Gedanke über den bekannten und unbekannten Erdkreis verbreitet, und fast alle neuen Thatsachen über denselben in seiner Sprache mehr oder weniger ausgesprochen.

Indessen hatte auch der heitere de Saussure das weithingelagerte Alpengebirge, dessen Bau am Tage wie aufgeschlossen erschien, nach allen Richtungen hin über seine Natur befragt und große Reihen räthselhafter Antworten über die Art und den Bau seines Körpers, über die Zahl, die Richtung und die Kraft seiner Glieder erhalten, deren gewaltigen Inhalt weder das früher festgestellte System, noch sein eigener Naturgenius zu entziffern vermochte. Doch hatte er, indem er der physicalischen Erdkunde den ganzen Schatz seiner gewonnenen Thatsachen in seinem Meisterwerke mit der höchsten Treue vermachte, zugleich die Sprache zur allgemeinen Verständigung über die frei gen Himmel gekehrte Erdoberfläche gefunden, und in dieser belehrt jetzt die Wissenschaft die Menschen.

Von nun an erst lernten sich beide Schwestern verstehen und verkündeten bald ihren Lieblingen immer mehr und mehr den Sinn ihrer ehrwürdigen Mutter, der Erde.

A. v. Humboldt suchte zuerst die Spur der Einwirkung kosmischer Kräfte, die Polarität der Gebirgsarten im Ganzen geltend zu machen und deutete auf ein Streichungsgesetz im Großen des Erdbaues hin. Er erweiterte die Kenntniß von dessen ganzem Gebiete, indem er die Analogie in den Erdbildungen hervorhob und diejenigen der neuen Welt an die der alten, vieles neu schaffend und berichtigend, anschloß.

L. v. Buch führte die Idee von localen und allgemeinen Gebirgsformationen in die Wissenschaft ein, wußte die früher bekannten nach allen Seiten bestimmter zu begrenzen, zu characterisiren, ihr Wesen zu enthüllen und mit ganz neuen zu bereichern. Er betrachtete jedes Locale nach seinem Aeußern und Innern, nach seiner Individualität und im Verhältniß zum Ganzen. Er wußte im Bau der Erdoberfläche, nach der physischen Dimension hin, fast auf jedem Schritte von Stufe zu Stufe eine merkwürdige Thatsache in der Natur aufzudecken, und dieser gegenwärtige Versuch verdankt seinen belehrenden Mittheilungen, seiner Theilnahme manche Berichtigung und zum Theil auch den Muth, in seiner noch so unvollkommenen Gestalt öffentlich zu erscheinen.

Durch die vereinten Bestrebungen beider genannten Freunde wurden die geognostischen Verhältnisse der Erdrinde in der Richtung der Parallelkreise, durch v. Humboldt unter den Tropen, und in der Richtung der Meridiane in der Nordhalbkugel durch v. Buch, von der Südspitze Italiens durch das Herz von Europa bis zum scandinavischen Nordcap genauer durchforscht und der Anfang zu einer Vergleichung von beiden möglich gemacht. Beide bereicherten ihre Wissenschaft, zum großen Vortheil der Erdbeschreibung, mit der vergleichenden Methode. Welcher Gewinn würde für sie noch daraus hervorgehen, wenn diese Naturforscher, auf dem Hochlande Asiens zusammentreffend, ihre Beobachtungen und Forschungen über das Erdganze wiederholen und mittheilen könnten.

Indessen wußte auch der dritte Mann des frühgeschlossenen geognostischen Bundes, J. C. Freiesleben, in dem mehr räumlich beengten Felde seiner practischen Wirksamkeit durch seine Arbeit über das Kupferschiefer-Gebirge der Thüringer Landschaft, wie früher schon der ehrwürdige Heim in seinem Werke über das Thüringer Waldgebirge, ein Muster für Erdforschung und Mittheilung der Thatsachen der Natur in ihrem Zusammenhange aufzustellen. Es bewährte sich in den Wirkungen dieser Drei, wie auch das reinwissenschaftliche Streben durch Jugendfreundschaft nicht nur an sich schon gesteigert wird, sondern auch jedesmal im Erfolg für die Welt einen höheren Einfluß gewinnen muß.

J. G. Ebel hatte indeß in seinem classischen Werke über die Schweiz, das dort an jeder Stelle wie ein weiser Freund zu dem einsamen Wanderer spricht und im Lande zum Volksbuche wurde, die ganze Fülle der Natur des Alpengebirges in Thatsachen mitzutheilen gewußt, weil in ihm selbst ein reiches Leben waltet. Dadurch hatte er, und mit Absicht, einen ersten Schritt zur Volksbildung im Großen durch Belehrung und Erhebung auf dem erhabensten Schauplatz in der Natur und der Geschichte gethan. Auch der bessere Theil der reisenden verfeinerten und großen Welt von Europa, die jährlich diesem anziehenden Lande zuströmt, um sich an seiner Herrlichkeit zu erbauen, wurde so noch mehr durch seine Hinleitung zur Natur und zu ihren Wirkungen in der feierlichen Stille der glänzenden Alpenhöhen humanisirt. So hier, wie überall auf die ihm eigene Weise für das höhere Leben begeistert, rastlos wirkend, führte er durch ein zweites Werk in die Wissenschaft, durch die Combinationen der mannichfaltigsten Thatsachen, welche die Natur ihm darbot, die Idee der Gleichzeitigkeit in der Schichtenbildung und der Regeneration ihrer Urformationen ein, welche durch J. F. L. Hausmann zu gleicher Zeit im Norden entdeckt ward; er wies auf den überall verbreiteten Zusammenhang in der Natur hin, leitete von einer neuen Seite auf die Ansicht eines Gebirgsganzen, auf seine zertrümmerten Glieder und deren Formen, und erinnerte so an den bestimmten Begriff eines Hochlandes der Erde, den A. v. Humboldt auf der anderen Erdhälfte in seinen großen Verhältnissen ausmaß und in die physicalische Geographie einführte. Die gegenwärtige Arbeit verdankt dem mehrjährigen Umgange mit diesem Edeln bei ihrem ersten Entstehen das, was sie an Wärme und Leben besitzen mag.

Schon vor diesen unter freiem Himmel thätigen Männern wußten zuerst der Schwede Gahn und dann Hauy mit dem ihnen eigenen mathematischen Scharfsinn die Gesetze der durch polarisch einwirkende Kräfte dargestellten Crystallisationen zu verfolgen.

Die neuern Chemiker aber wurden in der Atmosphäre und im Laboratorium durch die mannichfaltigsten Wege in das innerste Verhältniß der geheimnißvollsten Freundschafts- und Blutsverwandtschaften der Substanzen eingeweiht, dessen Gesetzmäßigkeit zuerst Berzelius selbst der mathematischen Formel unterwarf.

Nun konnte erst durch die Anschauung der bildenden Thätigkeit in der anorganischen Natur, aus dem Auflösungs- und dem sich gegenseitig im Wesen und in der Form bedingenden Mischungs-Verhältniß, sammt der diesem entsprechenden Crystallisirung, die Idee einer anorganischen Species und aller davon abhängenden Verhältnisse entstehen. Diese führte Hausmann durch das ganze anorganische Reich hindurch, bis zu ihren äußersten Grenzen. Es entwickelte sich aus dieser Ansicht eine reiche Fülle von Wahrheiten und Aufschlüssen für alle Zweige der Erd- und Naturkunde. Die Benutzung einiger derselben, wie sie die mündliche Mittheilung des edeln Freundes gab oder erregte, in sofern sie in den Zusammenhang gegenwärtiger Arbeit gehören, möge für manche ihrer übrigen Unvollkommenheiten entschädigen, und dem unermüdeten Forscher nach Wahrheit, dem begeisterten Lehrer sei damit hier nur ein Wort des innigsten Dankes gesagt.

b) Bildungen der Oceane.

Die außerordentlichen Fortschritte in der Kenntniß der Meere und der oceanischen Bildungen lernen wir fast nur allein aus den zahllosen und an einzelnstehenden Beobachtungen so reichen nautischen Werken der Briten kennen. Was bis jetzt darin von anderen Völkern, den Portugiesen und Spaniern früherer Zeit, die Küsten entlang, oder innerhalb der Tropen, und unter den Franzosen Marchand, Fleurieu, La Perouse ausgenommen, gethan worden, ist im Ganzen leichter zu übersehen; selbst v. Krusensterns Weltumsegelung ging aus der englischen Schule hervor. Die Nordamerikaner, obwol sie zu Rivalen der Meerherrschaft heranwachsen und ihre Handelsflotten selbst schon das weite Südmeer unzählbar durchschwärmen, haben, so viel wir wissen, bis jetzt leider mehr für ihren eigenen Gewinn auf ihrem Elemente gesorgt, als für die wissenschaftliche Kenntniß desselben, als hätten sie diese Schuld mit dem einen großen B. Franklin abbezahlt.

Die Briten dagegen haben, um nur die Grenzen zu nennen, beide Pole durch J. Cook und den Nordpol insbesondere noch durch C. Phipps für die Wissenschaft zu erforschen gesucht; zuerst den jüngsten Erdtheil nicht nur durch eine lange auf einander folgende Reihe von Seemännern, deren Fahrten in v. Zimmermanns Australien zu übersehen sind, ganz von neuem entdeckt und berichtigt, sondern auch dessen Landveste durch C. Flinders mit der höchsten nautischen Genauigkeit rund um seine Küsten zuerst untersucht. So hat die Natur der Meere in der That durch sie eine ganz neue Stellung auf der Erdoberfläche gewonnen.

Durch Naturforscher, nämlich durch die Untersuchungen der Algo- und Zoologen, eines Ellis, Lightfoot, Turner, Mertens u. a., eines Donati, Forskal, O. Fr. Müller, De Bosc, Peron, Tilesius, ist das Leben und Weben in ihren Tiefen an das Tageslicht gekommen. Nur allein von Capt. Baudins unglücklicher Expedition nach Australien brachte Peron durch seine und seiner Freunde Thätigkeit eine Zahl von 18414 Naturkörpern mit, unter denen, nach den Angaben der Pariser Gelehrten, 1400 neue Species aus der oceanischen Zoologie sich befinden sollten. Noch merkwürdiger wären Beobachtungen über das Leben der oceanischen organisirten Bildungen, deren Tilesius auf seiner Erdumsegelung so viele sammelte. Nach seinen mündlichen Belehrungen können diejenigen, welche über den Haushalt der Meere Aufschlüsse geben, an ihrer Stelle mitgetheilt werden.

Die Bemerkungen eines Peyssonel, B. Franklin, J. Cook, Ch. Blagden, P. J. Bladh und Marchand über die localen Bewegungen des Meeres erregten die Aufmerksamkeit der Seefahrer. La Place vollendete die Theorie der allgemeinen Meeresschwankungen; Lametherie entwarf eine Hypothese für die localen Strömungen, die Romme gesammelt hatte. Aber Fleurieu, Rennell, A. v. Humboldt und v. Krusenstern bereicherten diese Lehre mit den bestimmtesten Thatsachen, zeigten ihre Wechsel, ihre Begrenzungen an und berechneten das Mittel ihrer Geschwindigkeiten. Rennell und v. Humboldt machten sie zum besonderen Gegenstand ihrer Aufmerksamkeit zum Besten der Sicherung des Menschenlebens und wegen ihres historischen Einflusses auf die leichtere Verbindung seefahrender Völker.

Sie führten zuerst Franklin auf die Untersuchung der Meerestemperatur, welche seitdem in den Tiefen und an der Oberfläche zu den merkwürdigsten Thatsachen geführt hat. Durch die Messungen von Irving und J. R. Forster an den Nord- und Südpolen, durch Peron, A. v. Humboldt und Horner in den Aequatorialmeeren hat die Lehre von der Verbreitung der Bewohner der Oceane in ihrem Auf- und Absteigen und Hin- und Herwandern einiges Licht erhalten.

c) Die Atmosphäre.

In dem Gebiet der Atmosphäre, auch abgesehen von allem Kosmischen und Chemischen, sind die Bemühungen der Beobachter von der letzten Hälfte des verflossenen Jahrhunderts an sehr merkwürdig gewesen und ihre Arbeiten, als fast jedesmal von Thatsachen ausgehend, immer reiche Quellen für die allgemeine vergleichende Geographie geworden.

Nicht nur der Höhe nach haben Astronomen, wie La Place, Olbers, Brandes, Benzenberg, durch Beobachtungen und Berechnungen über die Brechung der Lichtstrahlen und die Curven der Atmosphärilien, Lichtschnuppen u. s. w. die obere Grenze derselben zu bestimmen gesucht, sondern auch durch Besteigung der höchsten Erdgipfel nach dem Vorgange de Saussure's, de Lucs, A. v. Humboldts und Anderer, wie durch das Eindringen in die Flächen und Tiefen der Erde, hat man ihre physische Dimension überhaupt zu erforschen sich bemüht. Ja durch Luftschifffahrten haben Andere, wie auch schon Robertson, Jungius, Gay Lussac und Biot, wenigstens die Werkstätte des Climas durchdringen wollen, die der Erde gleichsam nur wie ein dünnes Gewand umgehängt ist.

Aber vorzüglich wichtig sind die Thatsachen geworden, welche sowol die Barometerbeobachtungen, mehr noch die Bestrebungen, mit dem Barometer genaue Höhenmessungen anzustellen, gelehrt haben. Selbst Pascal, der es zuerst (1648) am Puy de Dome einsah, daß ein leerer Raum, der Torricellische, in der Natur von der größten Bedeutung für die vergleichende Bestimmung auch der entferntesten Niveaus sei, konnte so wenig als Scheuchzer, der zuerst (1709) die Anwendung davon in einer Reihe von obwol noch sehr unvollkommenen Beobachtungen im Alpengebirge machte, es ahnen, zu welchen mannichfaltigen Resultaten die nun gleichsam vollendete Quecksilberwage, durch Mathematiker, Physiker, Naturforscher und Künstler, in ihrer Construction und Benutzung führen würde. Ohne sie würde die allgemeine vergleichende Erdkunde noch in ihrer ersten Unbestimmtheit, die Lehre von der Vegetation und die von den Climaten ganz isolirt dastehen, die gegenwärtig, unterstützt vom Hygro- und Thermometer, in ihren einzelnen Wurzeln gegenseitig eine Lehre in der andern, gleichsam ihre Exponenten, gefunden haben, so daß wenigstens die runde Summe der Mannichfaltigkeiten in beiden in ihre Hauptfactoren zertheilt werden könnte.

Jeder einzelne Fortschritt in der Entwickelungsgeschichte dieses sonderbaren Instruments ist durch gleichzeitige Enthüllung der Begebenheiten in den Erd- und Luft-Geschichten, wie jener Künstler das Leben in der Atmosphäre bezeichnete, an Thatsachen quellenreich für physicalische Erdbeschreibung geworden.

Die Mariottischen und Boyleschen, durch Townley angestellten Untersuchungen über die Barometerschichten führten auf das verschiedene Verhältniß der Dichtigkeiten der Luftschichten, welche Halley zur Entwickelung der Barometerformeln benutzte.

Seit J. A. de Lucs Alpenreise (1795) wurden Reisebarometer zuerst und durch seine Correctionen der Barometerformel die Lehre der atmosphärischen Temperatur ergiebig für das Allgemeine in der Natur.

Durch M. A. Pictets erste, jahrelang fortgesetzte vergleichende Versuche (zu Cartigny 1778) zwischen der Erd- und Lufttemperatur unmittelbar über der Erdoberfläche, in Stationen von wenigen Linien und von 5 zu 5 Fuß bis zur senkrechten Erhebung von 75 Fuß, wurden die wichtigsten Lehren für die Vegetation im Allgemeinen, nämlich die von der Ausdünstung, der Thau- und Nebelbildung, der directen und zurückstrahlenden Sonnenwärme in den Ebenen und am Erdboden, überhaupt ihr Verhältniß zum Schatten erläutert, und der erste Aufschluß über das merkwürdig ungleiche und doch constante Verhältniß der Wärme- zur Lichtvertheilung, in den Tages- und Dämmerungsperioden jeder einfachen Erdumkugelung aufgehellt. Dem Umgange mit diesem practischen trefflichen Manne in den Alpenthälern und seinem mündlichen Unterrichte verdankt diese Arbeit manchen wichtigen Beitrag.

Durch de Lucs gleichzeitige Beobachtungen des Barometerstandes auf den 15 Stationen des Salève und G. Schuckburghs und de Roy's weitere Anwendungen wurden die so wichtigen Lehren von einer mittleren Temperatur für die Vegetationswelt überhaupt, von der Ausdehnung der Luft durch die Wärme für das Verständniß der Windbewegungen und anderer Erscheinungen, in die allgemeine physicalische Geographie eingeführt, und durch de Saussure's Anwendungen nach allen Seiten hin mit Thatsachen bereichert.

Ramonds scharf ausgeführte, gleichzeitige Barometer-Beobachtungen, auf den 6 Stationen verschiedener absoluten Höhen in geringen horizontalen Distanzen, führten zuerst gleichsam zur mathematischen Gewißheit eines mittleren Barometerstandes, und trugen mit anderen dazu bei, um die Verhältnisse absoluter Höhen zum gleichen Niveau der Küstenmeere und des Oceans genauer zu erforschen.

M. A. Pictets erste gleichzeitige Barometer-Beobachtungen in größeren horizontalen Distanzen, aber in gleichen absoluten Höhen, welche späterhin durch den scharfsinnigen Wahlenberg allgemeiner und mit der scrupulösesten Genauigkeit zwischen Wien, Käsmark und auf den Karpathen tiefer verfolgt und in ihr wahres Licht gesetzt wurden, die J. F. Pictet durch graphische Zeichnungen zu erläutern suchte, C. G. Pfaff aber durch ihre Anwendung im Großen für die Lehre von den Climaten höchst fruchtbar zu machen wußte, diese führten zuerst zu den merkwürdigen Aufschlüssen über die Gleichzeitigkeit und Succession allgemeiner, über ganze Erdstriche, ja Erdtheile sich verbreitender meteorischer Begebenheiten.

Die successiven Barometerbeobachtungen an demselben Standpuncte lehrten durch die bewundernswürdigste Genauigkeit der

Curventafeln eines Studer in Bern (ein Menschenleben hindurch fortgesetzt), durch die Arbeiten so vieler Academien und ihrer Vergleichungen durch la Cotte, Gronau u. a. das nicht Cyclische weder im Viertel- noch im vollen Jahrhunderte, und es zeigte sich hier, wie der aprioristische Begriffsmensch bei geschlossenem Blick in die Natur von seinem egoistischen Standpunkte aus oft große, aber nichtige Schritte thun kann. Indeß wurden ganz unerwartet die kleinsten unmerkbarsten Schritte in der Natur durch die Beobachtungen der französischen Akademiker in den Höhen von Quito, der Engländer in den Ebenen Bengalens, durch Mutis und A. v. Humboldt an den Küsten von Caraccas entdeckt, die allgemeinen täglichen Schwankungen in der Atmosphäre der Tropenländer, welche durch Chiminelli in Padua, Ramond in Auvergne, L. v. Buch in Deutschland, für die gemäßigte Zone, und durch Horner auf den Oceanen bestätigt wurde. Ja Flinders fand durch das Barometer auf den Rundfahrten um den australischen Continent das Gesetz über den Einfluß der See- und Landwinde auf den Druck der Gesammtatmosphäre so auf, daß er dadurch für den Seemann eine Scale über die Annäherung aus dem Ocean zum Continent entwerfen konnte. So wurde diese Quecksilberwage ein Instrument zum Orientiren auf den Oceanen, wie sie es auf dem Continent in der physischen Dimension in jeder Hinsicht gewesen ist.

Denn durch sie erst wurde der wichtige Unterschied absoluter und relativer Höhen, und später auch Ebenen, in der Erdkunde aufgefaßt, obwol in der Geographie selbst wenig beobachtet, da man überhaupt, wie überall, erst das Auffallendste in den Dingen und Wissenschaften anstaunte, und so sich mehr mit der Bewunderung der gemessenen Höhe der höchsten Berggipfel begnügte.

Welche außerordentliche Menge von Anstrengungen mußte vorhergehen, um die Reihe von Thatsachen in Zahlen über die Berghöhen aufzustellen, die in der inhaltreichen genauen Miltenbergischen Sammlung zuerst vollständig übersehen werden können. Nur derjenige, welcher eigene Versuche der Art auf Alpengebirgen gemacht hat, weiß die Verdienste jedes einzelnen der dort aufgeführten Namen zu würdigen.

Für die geographische Wissenschaft aber wurden diese Zahlenreihen erst durch H. de Saussure, A. v. Humboldt, L. v. Buch und ihre Schüler fruchtbar gemacht, nämlich zur Vergleichung allgemeiner, climatischer, geologischer und Vegetations-Verhältnisse, und dem letztern gebührt das Verdienst, durch sie zuerst nach de Saussure's Vorgang das Phänomen der Gebirgspässe nach allen Richtungen hin zur Anschauung gebracht und dadurch unzählige Irrthümer aus der allgemeinen vergleichenden Erdbeschreibung verbannt, viele Wahrhditen ihr gesichert zu haben, weil sie, und nicht die Berggipfel, der Standpunct des beengten Gesichtskreises aller Gebirgsreisenden im Osten und Westen der Erde waren.

Durch beide um die Wissenschaft so viel verdiente Männer, so wie insbesondere noch durch den gleich unermüdlich forschenden Wahlenberg, wurden in drei verschiedenen Floren, der Lapponischen, Karpathischen, Helvetischen, dadurch die Clima-Marken, als Grenzrepräsentanten in der vegetabilischen Welt, in Vergleich mit denen unter den Tropen, und durch seine sinnreiche Vervollkommnung der Lehre von der Erdwärme, vermittelst der Thatsachen der Quellentemperatur, die große Anordnung der buntfarbig bekleideten Erdoberfläche in ihrem geographischen Hauptzusammenhange und nach wichtigen Regeln, wenigstens von einer Seite aus, im Einzelnen dargestellt. Indeß hatten die Bemühungen derselben Männer, angeregt durch die früheren eines Scheuchzer, Tournefort, de Saussure, Ramond, Townson und durch Kirwans Rechnungen, wirklich vermittelst des Barometers aus Beobachtungen vom Nordcap bis zur Südspitze in Europa, wie auf den Gipfeln der Aequatorial-Zone, das Aufhören aller Vegetation und die ewige Schneelinie als die Grenze der lebendigen Schöpfung aufgesucht.

Dieser mannichfaltige Einfluß der Untersuchungen, auf welchen das Barometer wie ein stützender Wanderstab in der verwirrenden Welt der Erscheinungen diente, mußte hier besonders angezeigt werden, da er die Seele in der ganzen Anordnung des gegenwärtigen Werks geworden ist. Noch ist freilich nicht der allererste und früheste vom Irdischen ausgehende Antrieb nach der nächsten oder ersten Mitte des Wissens in der Atmosphäre, nämlich der sogenannten nutzbaren Meteorologie, auf irgend eine Weise hierdurch befriedigt und ihre Anforderungen aufgelöst worden. Aber wie jede Prognose an sich schon unfruchtbarer für die Wissenschaft und mehr Sache der egoistischen Neugier als reinmenschlichen Strebens zu sein scheint, weil ihr die Demuth und das Vertrauen zur göttlichen Vorsehung fehlt, so scheint auch dem Eifer, der in ihrem Sinne sich abmühet, im Weltganzen keine entsprechende Belohnung vorbehalten zu sein, dahingegen das uneigennützige Streben nach Wahrheit schon in manchen Zweigen mit der Zurückführung zur wahrhaften oder lebendigen Mitte gekrönt wurde.

Zugleich ergiebt sich aus dem Vorhergehenden, ohne weiteres Auseinandersetzen der Quellen, das Einwirken aller so gewonnenen Resultate auf das Verständniß der Gesetze des geographischen Verhältnisses der ganzen belebten Natur. Wenn hierin etwa hie oder da in gegenwärtiger Anordnung eine interessante Aussicht hervortreten sollte: so verdankt der Verfasser diese ganze Richtung seiner Aufmerksamkeit dem vieljährigen, belehrenden und, mit Stolz sei es gesagt, vertrauten Umgange mit einem edeln Manne, S. Th. Sömmering, der als ein Schmuck seines Jahrhunderts und seiner Nation genannt wird. Denn sein Geist erfüllte auch Andere mit den Ahnungen der Tiefen der Natur, die sein eigener Genius bis in ihre verborgenen Geheimnisse durchschaut hat.

d) Die Wirkungen unter der Erde.

Gehen wir nun zur Reihe des dritten Elements und zu den Wirkungen seiner cyclopischen Gewalten über: so zeigt sich, daß der lange Streit der Neptunisten und Vulcanisten das lebhafte Interesse, entweder etwas Altes niederzureißen, oder etwas Neues aufzubauen, nach menschlicher Weise zur größeren Thätigkeit getrieben, die Kraft der Untersuchung geschärft und wenn auch gar nicht sich selbst befriedigt, doch die dem Streite zusehende allgemeine vergleichende Erdbeschreibung unvermerkt mit einem Schatze von völlig unbestrittenen Thatsachen über subterrestre und submarine Erscheinungen im Einzelnen und in ihren Verbreitungen bereichert hat.

Nur die allerjüngste Zeit hat die ersten erfolgereichen Schritte zur Aussöhnung des alten Haders gethan, dessen Symbol die indische Urweisheit in seiner frühesten Harmonie, in der Lotosblume mit dem Kinde im Fruchtboden, wie Feuerflammen den Kelch und die Krone umlecken, den Völkern vorhielt, den aber die griechischen Landesgötter selbst zuerst in Attika (Athene), in Korinth (Helios), in Argolis (Here), im Streit mit dem Poseidon erneuerten, und dessen Hitze unter den Sterblichen selbst der göttliche Platon durch seinen Mythos vom Tartarus im Phädon auf der Erde mitangefacht zu haben scheint. Endlich hat die Wiederversöhnung doch auch zum Trost die Richtigkeit des alten Satzes bewährt, wie überall Irrthum eben so wie die Wahrheit zugleich die Lehrerinnen der Menschen sind.

Zuerst zeichneten die Bewohner Campaniens und die Sicilier im Süden, wie die Isländer im Norden, die Begebenheiten ihrer Nachbarvulkane in ihren Annalen sorgfältig auf; dann belehrten P. Bouguer, la Condamine und Ant. Ulloa zuerst über ihren Riesenbau und die minder unterbrochne phlegräische Thätigkeit in der Mitte der neuen Welt. Das Erdbeben vom 1sten Novbr. 1755, das seinen furchtbarsten Schlag an der S.W.-Spitze von Europa, von den Mauern des Escurial bis Lissabon, that, aber auch gleichzeitig die atlantischen Küsten von Madera über Marokko, Tetuan, Algier bis Tunis umlief, Korsika und das Wallis beben und alle Seen durch die Mitte Europa's, vom Zürcher, den Rheinwasserzug hinab bis in die Niederlande, über das Meer durch die britischen Inseln bis zum Loch Neß, in Scandinavien selbst bis Falun und Abo in Finland, schwanken machte, setzte ganz Europa in Schrecken. Als aber von allen Seiten die Berichte eines Wolfall, Sachetti, Ulloa, Stoqueler, Fowke, Heberdeen u. a. m. und selbst die vom gleichzeitigen Meeresbeben in den Antillen, wie der 2 Tage spätern furchtbaren Erderschütterungen in den Sundischen Inseln, auf Java und Sumatra, einliefen und einen ganzen Band der Transactionen füllten: da kamen die Beobachter selbst erst wieder zur Besinnung, und es entstanden Hypothesen auf Hypothesen, diese Begebenheiten bald physisch, bald physico-theologisch zu deuten. Erst Stuckeley, und dann nach den Erschütterungen in Italien auch Vivenzio und Dolomieu, nach denen in Nordamerika auch Williams, Mitchell, Franklin, suchten durch belehrende Thatsachen zu Theorien zu führen, und leiteten so die Aufmerksamkeit auf das Periodische, wie auf die Erdbebensphären.

Die vulkanischen Eruptionen beschrieb Hamilton; D. de Dolemieu und Ferrara beobachteten sie als Naturforscher in ihren Thatsachen, Breislack in ihren Producten und chemischen Ursachen, und verbanden damit oder schufen interessante Hypothesen.

L. v. Buch wußte zuerst in diesen mannichfaltigsten Erscheinungen das Zufällige vom Wesentlichen zu trennen, den Maaßstab für die großen Perioden des Phänomens im Steigen und Fallen des Kraterbodens, die vier Hauptmomente jeder Periode im ankündigenden Erdbeben, Lavenauswurf, Rauch und Aschenausbruch und den Moffeten in der Natur nachzuweisen. Auf seinen vielfach wiederholten Wanderungen durch Italien bestimmte er zuerst den Begriff des Vulkans, des äußern und innern, seines Baues, seiner Producte, und zeigte das submarine Gebiet in den Tuffablagerungen am Epomeo und auf dem klassischen Boden der siebengehügelten Weltstadt. Er stellte über die Eigenthümlichkeit des Gebildes von Auvergne eine kühne Hypothese auf, die jetzt schon fast keine mehr ist, und welche von C. S. Weiß im Vivaray ihre weitern Aufklärungen erhalten hat. Er erfand zuerst die bestimmte und allgemein verständliche Sprache in diesem Felde der Wissenschaft.

Was sein Scharfsinn an einem einzelnstehenden, freilich recht zum Studium hingestellten Vulkankegel, dem fort und fort thätigen Vesuv, über dem lebendigen Neapel erforscht und vorausgesehen hatte, wurde auf der andern Erdseite im indischen Ocean, auf Isle de France und Bourbon, an ganzen Vulkangruppen durch Bory St. de Vincents bis in das geringste Detail gehend, classische Beobachtungen bestätigt und erweitert.

Vom Norden her boten die schottischen Naturforscher, ihm unbewußt, seinen durch ihn aufgeregten Ideen die Hand. Die berühmte, auf die Granitgänge von Cornwallis gegründete Hypothese eines Hutton, die mit noch größerem Scharfsinn, mehr Methode und Ueberblick der Thatsachen durchgeführte Erläuterung derselben durch Playfair, wie durch J. Halls chemische Versuche über die Feuerproducte, in sofern sie unter einem darauf lastenden Drucke sich gestalten müssen, bereicherten die physicalische Geographie mit Ansichten und Muthmaßungen, welche nicht nur in Island früher durch Olassen, jetzt wieder durch Mackenzie, sondern auch auf fast allen vulkanischen Bildungen des atlantischen Oceans schon nachgewiesen zu sein scheinen.

A. v. Humboldt bereicherte nicht nur auch hier wieder das ganze Feld mit einem bewundernswürdigen Schatz von Messungen und Thatsachen aus eignen Naturanschauungen, sondern, indem er das ihm gleichbekannte Einzelne der alten mit dem analog oder verschiedenartig gebildeten Einzelnen der neuen Welt zusammenstellte, erläuterte er die dadurch noch mannichfaltiger gewordenen Thatsachen in beiden Continenten, und warf helle Lichtstrahlen in das Weltphänomen. L. v. Buch spielte gleichsam nur alles Continentale dieser Erscheinungen mit dem Blick des Genies hinüber in die Welt der oceanischen Bildungen, die er in diesem Augenblicke selbst beschifft, unter denen im atlantischen wie im großen Ocean, als wäre es ihm zu Liebe, fast zu gleicher Zeit Inseln aus der Tiefe der Gewässer emporstiegen.

Und so wird denn auch vielleicht die Zeit nicht mehr fern sein, in welcher der Schlüssel zu den räthselhaften Zügen der Riesenmauern (Tröllahlaud) von basaltischen Gesteinen gefunden wird, welche die Mitte der Continente von Indien und Europa wie in colossalen Gängen durchbrechen, ihren Küstenrand bis in die Meerestiefe hinab umsäumen und überall in ihren Firsten und Rändern mit Grotten und Säulenwerk prangen.

Aber sicher nur ein im Geheimniß der Natur eingeweiheter Mann wird diesen schwer zu hebenden Fund thun, der nur der Anfang eines noch größern sein muß; bloße, längst verbrauchte

Zauberformeln von erdachten Kreuz- und Querlinien, nur von der einen mathematischen Seite des Erdballes in die physische desselben herübergezerrte Aequatoren und Meridiane, können die Geister der Erde nicht mehr bannen, so wenig wie die Gestirne des Himmels aus ihren Bahnen ziehen.

e) Die Pflanzenwelt.

Das Studium der Gewächse nach dessen Wiederbelebung durch Tournefort, A. de Jussieu und Linné verbreitete sich mehr als jedes andre über alle Theile der Erde, erweckte überall thätige Schüler, und in sofern könnte hier eine lange Reihe berühmter Namen stehen, deren Arbeiten fast alle die Wissenschaft mit neuen Thatsachen bereicherten. Aber nur diejenigen wurden besonders reiche Quellen für die allgemeine vergleichende Erdbeschreibung, welche entweder das Ganze ihrer Wissenschaft von der Seite der Natur aus übersahen, und in sofern selbst über die Wissenschaft erhoben standen, oder einzelne Theile derselben in specieller Verbindung mit der Erdoberfläche betrachteten.

So wurden es die Arbeiten von Gmelin, Pallas und Willdenow nach dem Muster der Linné'schen Andeutungen dadurch, daß sie auf die Gesammtfloren der Gebirge im Gegensatz derjenigen der Ebenen aufmerksam machten, wie z. B. Pallas die osteuropäische, die sibirische, die daurische in ihren Begrenzungen aufsuchte, wie A. v. Haller, Scopoli, Wulfen, Römer, Hoppe, Suter u. a. Beiträge zu der Alpenflora mittheilten.

Desfontaine lieferte zuerst ähnliche zur Küstenflora eines mittelländischen Meeres, welche durch ihn in den atlantischen, durch Cavanilles in den Gewächsen Spaniens, durch Decandolle in den französischen als so viel verwandten näher untersucht wurde.

Willdenow machte zuerst auf das Characteristische der Gesammtfloren der verschiedenen Erdtheile aufmerksam, und stellte in Europa eine nordische Flor, eine helvetische, östreichische, pyrenäische und Apenninenflor auf. Lamark, indem er für jedes Pflanzengeschlecht einen gewissen Mittelpunct aufsuchte, glaubte acht Hauptfloren auf der Erde zu finden, nämlich die Virginische, Westindische, Afrikanische, Austrasische, Antarctische, die Nordische und die Morgenländische, und in diesen wieder nach gleichem Grunde verschiedene Specialfloren; er bereicherte so die physische Geographie mit allen Thatsachen, welche das natürliche Gruppirungssystem der französischen Botaniker darbot. Decandolle führte die Idee der Specialfloren in Frankreich mit der größten Bestimmtheit durch, und fand nach der Majorität der Gewächsarten fünf große Regionen in diesem Reiche, welche zugleich die ganze physische Natur characterisiren.

Dagegen hatte schon zuerst G. Forster helle Blicke in die Natur der Formen der Gewächse geworfen, A. v. Humboldt aber stellte zuerst, in seinen Ideen zur Physiognomik der Gewächse, sechszehn characteristische Pflanzenformen für die wärmern Zonen der Erde auf, und malte die Natur der Tropenvegetation durch einen bewundernswürdigen Reichthum von Thatsachen, die er künstlerisch zu gruppiren wußte. So stellte Wahlenberg die polarischen Floren durch seine genauesten Beobachtungen in ein ganz neues Licht, eben so die helvetische, von einem eignen Standpuncte aus, und bereicherte die Wissenschaft mit einer höchst characteristischen, der Karpathischen Flora, welche als das merkwürdige Verbindungsglied der europäischen zur asiatischen, oder vielmehr kaukasischen, ganz neue reichhaltige Resultate für die allgemeine vergleichende Geographie dargeboten hat. Wahlenberg war es, welcher zuerst auf das bestimmteste den Einfluß des Continentalclimas auf die Vegetation, im Gegensatz des Oceanischen, zeigte, und ihre wechselseitig ineinandergreifenden Sphären in den Floren der Continente andeutete. Dagegen hatte schon Aubert du Petit Thouars das Zusammentreffen der wilden Floren zweier Continente, nämlich von Amerika und Afrika, auf der oceanischen Insel Tristan d'Acugna unter der heißen Zone, Zoega, Mohr, Hooker und Mackenzie aber in der kalten Zone die höchste Armuth der Inselflora von Island im Gegensatz der Continentalflora der Polarzonen aufgedeckt.

Tourneforts Naturansicht, die sich ihm vor hundert Jahren bei Besteigung des armenischen Hochlandes und des Ararats aufdrang, nämlich die Abnahme der Vegetation mit der Zunahme der absoluten Höhen, und die Idee ihrer Vergleichung mit den Ebenenfloren bekannter kälterer Zonen, wurde erst ein Jahrhundert später durch die geistvolle Ausführung mehrerer der genannten und anderer Beobachter zu einer der reichhaltigsten Quellen von Thatsachen für die Erdkunde.

Die theils practischen, theils historischen und antiquarischen Arbeiten eines Linné, Arthur Young, Pallas, Georgi, Michaux, v. Buch, Wahlenberg, Ch. G. Heyne, C. Sprengel, Dureau de la Malle und Anderer belehrten über die Verbreitung der Culturgewächse in den alten und neuen Zeiten gegen den Norden der Erde; die Forster, Vater und Sohn, gaben merkwürdigen Aufschluß über die der Südsee-Inseln. G. Th. Raynal und M. Ch. Sprengel, B. Edwards u. a. wiesen in ihren historischen Arbeiten die Cultur der Gewächse der Colonieländer nach; Bory und le Dru, vor ihnen aber die spanischen Botaniker, faßten die Idee einer Universalflora für das Clima der westlichen und östlichen afrikanischen Inseln auf. Bernier in Kaschmyr, Reineggs, Güldenstädt und von Biberstein im Kaukasus, die portugiesischen Missionaire in Habessinien, auch Poncet, die Spanier in der neuen Welt, deuteten schon den vegetabilischen Reichthum eines Terrassenclimas an, dessen ganze Fülle aber erst durch A. v. Humboldt aufgeschlossen und angeordnet wurde. F. H. Link klärte dadurch die Geographie der spanischen Halbinsel auf. Die fast völlige Ausrottung einer Landesflora durch eine eingewanderte Culturflora wurde im ägyptischen Nilthal zuerst von Forskal, Browne, Girard u. a. angeführt.

Ueber den Einfluß der Localität des Bodens auf die Gewächse hatten die größten Meister in dem Anbau desselben, die chinesischen Agriculturmänner, längst ihre practischen Regeln festgesetzt, als erst die englischen, deutschen und französischen Agronomen darüber die Hauptthatsachen aus ihren Erfahrungen zu abstrahiren suchten. Th. de Saussure wollte durch die Chemie die Verhältnisse des Belebten zum Unbelebten in der Vegetation nachweisen; Leslie zeigte den verschiedenartigen Einfluß der specifischen Absorbtionskraft des Bodens zur feuchten Atmosphäre auf die darauf sich ansetzende Vegetation. Pallas erinnerte an die Flora der Salzsteppen, A. v. Humboldt an die des Sandbodens und an die isolirt und in Heerden wuchernden Gewächse. Ein ganz neues Feld für die Wurzel aller Vegetation wurde durch das Studium der Cryptogamen in ihrem Verhältniß zum Ganzen aufgeschlossen, und dadurch der Norden der Erde näher characterisirt. In dem nach dem Gesetz der Centralattraction sich ansetzenden, und durch die Oberfläche und den Aggregatzustand des Substrats bedingten Vermögen der Lichenen, die im Trocknen auf der untersten Stufe der vegetativen Kraft zu stehen scheinen, fand Hausmann einen ersten Grund der Begünstigung der organischen durch die unorganischen, und der Zerstörung der unorganischen durch die organischen Bildungen auf. Neeb zeigte, wie die Anziehungskraft gegen den Nahrungsstoff bei den Gewächsen den Mangel willkührlicher Bewegung in ihrem vegetativen Leben ersetze. Durch Flörke's angestellte Vergleichungen der cryptogamischen Floren von Kamtschatka und Europa ergab sich die Einförmigkeit derselben in der Nordhalbkugel, und durch die Vergleichung mit der cryptogamischen Flora von der Insel Bourbon und Isle de France, die Einförmigkeit jener mit der Höhenflora dieser Inseln, und so eine merkwürdige Ausnahme von der übrigen, höher organisirten Vegetationswelt, nämlich Einförmigkeit der Nord- und Süd-Halbkugel der Erde in ihren cryptogamischen Gewächsen, die durch ihre in derselben Species so merkwürdigen polymorphen Bildungen, nach einer andern Richtung hin, doch wieder die unendliche Mannichfaltigkeit in der Natur auch in ihrem geographischen Vorkommen beweisen.

f) Die Thierwelt.

Die geographischen Verhältnisse der Thiere waren schon früherhin im Allgemeinen aufgefunden und zur Kenntniß gebracht. Sie lagen in ihren wichtigsten schädlichsten und nützlichsten Theilen dem Menschen näher, waren in ihren größeren Formen überschaulicher, und wurden, weil Zoologie gleichsam in der Mitte der Naturgeschichte liegt, in ihren größten und merkwürdigsten Zügen ausgearbeitet. Daher schon fast jeder Schriftsteller des Alterthums darüber Aufschlüsse giebt, und was die neue Zeit hinzugefügt hat, durch die Meisterwerke eines Büffon, v. Zimmermann, Blumenbach, Cüvier, Treviranus bekannt und von ihnen schon für die Erd- und Menschenkunde als Quelle bearbeitet dasteht.

Möchten nur auch die allgemeinen Verhältnisse der in ihrem großen Zusammenhange mit der Natur und dem Menschen minder beachteten Thierklassen erst bestimmter an den Tag kommen und genauer übersehen werden!

Diejenigen Resultate, welche die rastlose Thätigkeit des um die physicalische Erdkunde so verdienten Grafen v. Hoffmannsegg aus den unzähligen Thatsachen gewonnen, die seine täglichen Beobachtungen und Vergleichungen in der Natur, wie in seinen systematisch und geographisch geordneten Sammlungen darboten, würden allein schon für das Verhältniß der Vegetation und der Climate zu den Formen und dem Leben der Thierorganisationen, der Vögel- und Insektenwelt in ihrer geographischen Verbreitung ganz neue Aufschlüsse geben. Einige zu diesem Zwecke mitgetheilte Thatsachen dürfen zum Besten der allgemeinen vergleichenden Erdbeschreibung an ihrer Stelle angeführt werden.

Indeß hat das Studium der Ueberreste einer einst lebendigen, nun im Schooße der Erde begrabenen Vorwelt, deren Myriaden von Individuen die alte wie die neue Zeit in Erstaunen setzen, durch den historischen Blick eines Veteranen im Gebiete der lebenden Natur, durch Blumenbach, zuerst seine Bedeutung und das zahllose Heer theils bekannter, halb oder gar nicht gekannter Geschlechter seine Anordnung erhalten. So ist durch ihn und J. Kant die Idee einer Archäologie der Erde in die physische Erdkunde eingeführt worden, welche jetzt schon zu einer ganz neuen ersten Schöpfung zurückführt. Wenn es schon längst in Verwunderung setzte, welche große Zahl von Gebeinen gleichartiger colossaler Individuen der Norden der Erde unter den obern Lagen seiner Erdrinde verbarg: so wurde diese zum Erstaunen bei der Entdeckung der verschiedenartigsten Gattungen einer verschwundenen colossalen Thierwelt an einem einzigen Puncte der Erde, in den Gypsbrüchen von Montmartre. Durch das genauere Studium der Testaceen wurden die weitverbreiteten Süßwasserbildungen der Vorwelt auf der obersten Fläche der Erdrinde und auf den kleinsten, beschränktesten Räumen, wie z. B. vor den Thoren von Paris, bis Grignon, wie vor Berlin und andern Orten gleich hunderte der verschiedensten Species neben einander entdeckt.

Die Beobachtungen und Entdeckungen, welche die Arbeiten von G. Cüvier, A. Brongniart, J. Parkinson, Daudebard, v. Schlottheim, v. Merk, S. Th. Sömmering, Pallas, Fortis, Faujas, Ch. W. Peale, Jefferson, Torrubia, A. v. Humboldt, H. F. Link u. a. enthalten, haben hierüber einen Schatz von Thatsachen geliefert, welche eine bis jetzt noch schwindelerregende Aussicht in die Vorwelt der Erdgeschichte eröffnet haben.

3. Uebrige Materialien, Schluß.

Und so sind wir bei der summarischen Anzeige der Hauptquellen gegenwärtig zum Schluß derjenigen gekommen, welche das Regulativ der übrigen geworden, und nicht sowol das Materiale, als vielmehr das die ganze Arbeit durchwachsende Formale, dargeboten haben, gleichsam die organisirenden Instrumente gewesen sind, durch welche die Arbeit selbst sich machte.

Durch Aristoteles Vorgang und seine Nachfolger in der Alexandrinischen Schule, durch Eratosthenes, Hipparch und Andere, wurde zur Begründung der mathematischen Geographie, von dem Himmel aus, ein Netz über den Erdball also gezogen, daß nach Länge und Breite jeder einzelne Punct der alten bekannten, oder neu zu entdeckenden Erde, darauf in gehöriger Ordnung und mit größter Bestimmtheit nach Grad und Minute, zur Auffindung seines räumlichen Verhältnisses und Sicherung aller mit demselben zusammenhängenden Thatsachen, für die Gegenwart, wie für die Zukunft eingetragen werden konnte.

So hat auch jener ehrwürdige Verein von Männern des jüngsten Jahrhunderts, und zumal die aus dessen letztem Viertel, welche die Anschauung der Natur mit der mathematischen Methode in den Naturwissenschaften verbanden, um sie sich zum klaren Bewußtsein zu erheben, ein nach den Naturgesetzen gewebtes unsichtbares Netz, das den Erdenrund umgiebt, entdeckt. Es ist von der Natur selbst in den Hauptpuncten durch ihre Thatsachen im Schooße der Erde, in den Bewegungen der Elemente, im Leben der organischen Welt angedeutet, daß der kurzsichtige Mensch auf den Linien, die von diesen Puncten zu den ihnen verwandten, durch Vergleichung gefundnen Puncten führen, sich in ihre unendliche Mannichfaltigkeit und Fülle finden lerne.

Nach der Alexandriner Zeit wurde freilich noch mancher Planet am vielgestirnten Himmel entdeckt, doch stand der Grund der Eintheilung, der von der Natur selbst gegeben war, für alle Ewigkeit fest. Noch sind zur Zeit nur wenige Hauptpuncte vom physischen Leben der Erdoberfläche und von dem mehr organischen des ganzen Erdballes als eines Planeten bekannt, und noch manches Gestirn, mancher Planet muß zu dessen vollem Verständniß am physischen Horizonte aufgehn; aber da Alle zu einem und demselben großen Sonnensystem gehören: so wird, wenn die Grundgesetze von diesem nur in ihrer Wahrheit dastehen, die Erkenntniß desselben zwar unaufhörlich berichtigt, aber sein Wesen selbst nicht zertrümmert werden.

Sind die Hauptlinien des Netzes mit Sicherheit gezogen: so müssen durchaus alle physisch-geographischen Thatsachen darin ihre bestimmte, naturgemäße Stelle finden, wenn nur einmal das System der Bildung des Netzes in der Anschauung aufgegangen ist.

Zu dessen Verständniß ist alles Frühere hier gesagt, und die Materialien in ein solches einzutragen, dieser Versuch gewagt worden, dessen Mängel bald ihre Nachhülfe finden werden.

Hier noch alle die einzelnen Quellen der in das Netz eingetragenen, meist zu andern Zwecken, in andrer Ordnung, oder isolirt stehenden Materialien aufzuführen, würde unpassend sein, da dieselben jede an ihrem Orte genannt sein werden. Durchaus noch nicht alle vorhandenen Materialien konnten hier eingetragen werden, so sehr auch nach Vollständigkeit gerungen wurde und sie auch in einzelnen Theilen erreicht sein mag; aber von den wichtigsten sollte wenigstens hier kein Hauptpunct fehlen, der zum Ganzen gehört.

Es ist hier nicht einmal dasjenige angezeigt worden, was den geographischen oder historischen Systemen der Griechen und Römer, der Araber, der Gelehrten des Mittelalters, oder denen der neuesten Zeit verdankt ward; auch nicht einmal die allerbedeutendsten Reiseberichte, welche seit Odysseus Irrfahrt bis heute die Länder- und Völkerkunde bereichert haben, können hier genannt werden. Viele davon sind überaus wichtig, und wurden hier wo möglich in ihren Originalsprachen benutzt, nicht in den so selten unverstümmelten Uebersetzungen, in denen nur zu oft das die Wissenschaft Belehrendste, als ein zu ernster und uninteressanter Theil, selbst bei den wichtigsten Gegenständen, wie z. B. Flinders Untersuchungen über den jüngsten Erdtheil, ausgelassen wird.

Nicht einmal des Antheils, den ganze Corporationen an den Quellen haben, wie etwa Handlungsgesellschaften, Missionsanstalten, wissenschaftliche Institute, wie die Afrikanische Societät in England; — nicht desjenigen, den Weltmächte, wie z. B. Alexander der Große, Timur Beck, oder die russischen Czaare und die chinesischen Kaiser an der Entdeckung des Innern von Asien hatten; — nicht dessen, den die Kriegsgeschichten aller Völker an der wichtigen Terrainkenntniß der Erdoberflächen haben, kann hier gedacht werden. Auch nicht, was Völkermassen ganze Jahrhunderte hindurch nach einer und derselben Richtung hin zur Aufhellung allgemeiner physischer Weltverhältnisse geleistet haben, wie z. B. die Horden der Völkerwanderung nach dem Westen, das Drängen der Gebirgsvölker in die Ebenen, die Heere der Kreuzfahrer nach dem Orient, die Flotten der Portugiesen längs den Küstenmeeren, die der Spanier innerhalb der Passatwinde, das Streben der Briten nach Herrschaft in Hindostan u. a. m.

Nur eine in ihrer Art einzige Erscheinung eines Weltreisenden muß hier eine Ausnahme machen, und noch einmal der Name des Mannes, A. v. Humboldt, am Schlusse des ganzen Quellenreichthums genannt werden, weil durch ihn, der in sich die Kenntnisse einer Academie mit dem Sinne vereinigt, welcher gewahr wird, was allen Erscheinungen zum Grunde liegt, diese gegenwärtige Arbeit nur allein ihren ganzen Zusammenhang erhalten konnte, ohne seine Werke sie nie zur Ausführung gekommen sein würde.

Der außerordentliche Fortschritt, welchen das System der allgemeinen vergleichenden Erdkunde durch A. v. Humboldts eigene Arbeiten, wie durch seine durch das ganze gebildete Europa angeregten, widerlegten oder angenommenen Ideen gewann, scheint im Allgemeinen darin zu liegen, daß dieser Mann, gebildet durch den Geist des Alterthums und im Besitz der mathematischen Methode — durch das Gebiet der Physik hinauf bis zur Astronomie, bis zur Geologie und von der dritten lebendigen Seite bis zur Physiologie — welche das letzte Jahrhundert für Beobachtung bis in ihren Gipfel erschaffen hatte — eben diese Methode in sich mit Bewußtsein als Maaßstab für ihre Welt trug. Daß er aber die Natur nach ihrer andern, nicht meßbaren Seite, in ihrem uns noch verborgenen, höhern, organischen Leben, ja in ihrem welthistorischen Zusammenhange (wie ihr kosmischer schon früher gefunden war) ahnete, darum ihren Wirkungen und den Denkmalen derselben auf ihren erhabensten Werkplätzen nachging, und ihre Mitte, wie ihre Grenzen, nach allen Richtungen hin zu durchdringen suchte.

Durch diese Ausgleichung und liebevolle Befreundung aller Gebiete der Wissenschaft mit der Natur nach dem Wesen ihrer für den Menscheu doppelten Richtung, wurde auch ihr Umfang um das Zwiefache erweitert, und ihre Schönheit umstrahlte eine neue Glorie.

Doch es erscheint der Einfluß dieses einzelnen Mannes, der, wie er ja selbst es sagt, nicht so einzeln, sondern nur im Kreise seiner forschenden Mitwelt gestanden, hier nur als einer der Repräsentanten von dem Zustande, den die Forschung der neuern Zeit überhaupt sich zugebildet hat, und welcher ein großes Vermächtniß für das kommende Jahrhundert sein wird.

Wenn die frühere Zeit sich mehr mit den Formen, Erscheinungen, Thatsachen, die in den allgemeinen oder in den besondern Mitten jedes ihrer Reiche, und in einzelnen Zweigen derselben lagen, beschäftigte: so scheint es für die gegenwärtige characteristirend zu sein, daß sie, überall mehr nach Universalität strebend, die äußersten Grenzen und das Uebergreifen und Ineinandergreifen der Gebiete, nach den räumlichen, physischen, organischen, intellectuellen Demensionen hin, aufzufinden und von da zu einer vollen, lebendigen Mitte zurückzukehren sucht.

Dies sollte sich auch aus dem Vorhergesagten, noch mehr aber aus allem weiterhin Folgenden ergeben, um so die für die Erhebung so erfolgreiche Richtung der Thätigkeiten zu bezeichnen, die in dem Gegensatze der Art der Wirksamkeit des Menschen und der Natur liegt, und durch die Worte Streben und Sein angedeutet werden kann.

Denn indem der Mensch in seinem Gebiete überall nur durch aus seinem Innersten aufsteigende Ideen, denen die äußere Thätigkeit noch vor dem gewonnenen Resultat sich schon untergeordnet hat, das Gebiet seines Wissens, gleichsam nur stoßweise, in außerordentlichen Momenten außerordentliche Geister für Alle, und ein Jeder überhaupt immer für sich, bald hie- bald dahin erweitert: so wirkt dagegen die Natur von ihrer Mitte nach den Grenzen und zugleich von den Grenzen nach der Mitte, wo auch irgend noch dem Menschen ihr Wesen entschleiert ward, also nicht von einem lebendigen Puncte aus, sondern im überall lebendig erfüllten Raume, in minder sichtbar unterbrochenen Momenten, vielmehr in ebenmäßig schwebender Tiefe und Macht und gleich steter unerschöpfter Fülle fort durch alle Zeit.

Und so wurde von Gott die Natur dem sterblichen Menschen als die stets nahe Freundin, als Warnung und Trost im Erdenleben, ihm beigesellt, als sein zur Einheit mit sich selbst ihn geleitender Schutzgeist, sowol dem Einzelnen, wie dem ganzen Geschlechte. Wie die Erde als Planet der mütterliche Träger des ganzen Menschengeschlechts, so sollte sie, die Natur, die Erweckerin aus dem bewußtlosen Schlummer, die bildende Leiterin, die organisirende Kraft der Menschheit werden, um diese zu noch Höherem, zur Anschauung des Unendlichen im Unsichtbaren vorzubereiten.

II.

Allgemeine Bemerkungen

über

die festen Formen der Erdrinde.

Allgemeine Bemerkungen über die festen Formen der Erdrinde [1].

§. 1.

Luft, Meer und Land.

Den Erdball umgiebt ringsum die Lufthülle; einen Theil seiner Außenseite bedecken die Wasser, den andern, welcher mit trockner Oberfläche der Luft zugewendet ist, nennen wir Veste.

Im Gegentheil jener beiden flüssigen Formen, die in ihrer räumlichen Gesammtheit Atmosphäre und Meer oder Ocean heißen, wird der feste Boden das Land genannt.

Luft, Meer und Land bestehen aus einer Mannichfaltigkeit von Bestandtheilen, aus Materialien, die wir hier nicht im einzelnen an sich, weder als Massen nach Umfang und Verbreitung, noch als Stoffe, d. h. ihren Kräften nach, zu betrachten haben; denn dieses ist die Aufgabe anderer Wissenschaften. Die unsrige ist es, die Gestaltungen, die sie in ihrem Verhältniß in Beziehung auf den Erdball einnehmen, und das von diesen Abhängige genauer zu betrachten, und zwar die Gestaltungen mehr im Besonderen, d. h. ihren Theilen, und der Gegeneinanderstellung nach, das von ihnen Abhängige mehr im Allgemeinen, dem Wesentlichen und dem Wechselverhältniß nach. Denn die gesammte Form aller dieser Gestaltungen, oder die Betrachtung der Kugelgestalt der Erde, setzen wir als in der Weltbetrachtung gegeben voraus, weil ihre zureichenden Gründe nur aus der Astronomie hervorgehen können. Die Untersuchungen des Abhängigen aber, wenn wir sie im Besondern nach ihren ersten Gründen zu verfol-

[1]) Aus dem ersten Bande der Erdkunde. 1822.

gen hätten, würden uns in das Gebiet der Mechanik, der Physik, der Chemie, der Physiologie und anderer Wissenschaften führen, deren Wahrheiten wir hier, in soweit sie natürlich schon erforscht sind und uns als Hülfssätze dienen können, als ein Gegebenes voraussetzen und nur in ihren Resultaten benutzen, ohne auf ihre Gesammterforschung selbst ausgehn zu wollen.

Da jene Gestaltungen nur in derjenigen Form, die von der Materie erfüllt wird, erscheinen, aber keine Materie ohne Kräfte bestehen kann: so können auch Luft, Meer und Land nicht ohne Thätigkeit für und wider einander, nicht ohne Wechselwirkung bestehen. Diesen Wechselwirkungen liegt das Spiel der hemmenden und bildenden Kräfte der Natur zum Grunde, und sie erscheinen in den mannichfaltigsten Veränderungen und Umwandlungen in kürzern, periodisch wiederkehrenden Kreisläufen, oder in immer weiter und weiter sich ausdehnenden Wirkungskreisen, zwischen denen gewisse Momente des Gleichgewichts vertheilt zu liegen scheinen.

Nicht die Geschichte dieser Veränderungen und Umwandlungen, die Aufgabe einer Physik und Archäologie der Erde, noch die Erforschung ihrer Gesetze ist es, welche wir hier zu verfolgen haben, sondern unser Hauptaugenmerk ist auf die äußern Erscheinungen, auf ihre Resultate in den Momenten des Gleichgewichts, oder doch auf die Ausgleichung und Annäherung zu demselben gerichtet; denn wir suchen das gegenwärtige Verhältniß der Gestaltungen auf der Erdoberfläche auf, und in den Veränderungen das gegenwärtig gesetzmäßig Bestehende.

Freilich wird es bei dem unvollkommenen und immer im Fortschreiten begriffenen Zustande dieser Wissenschaft nicht anders möglich sein, als oft das Vergangene zum Verständniß des Gegenwärtigen zu Hülfe zu rufen, und selbst dem Genetischen eine untergeordnete Stelle zu erlauben. In dieser Hinsicht schließen wir aber denjenigen ganzen Zeitraum, in welchem die Völkergeschichte zu uns spricht, in den Moment der Gegenwart mit ein, im Gegensatz derjenigen Zeit der Erdbildung und Umwandlung ihrer Oberfläche, welche jenem vorhergeht, weil historisch nur von Wirkungsweisen der Naturkräfte die Rede sein kann, welche dem seit Menschengedenken Bestehenden entsprechen, die Theorie dagegen auch in die Genesis des historisch Vorhandnen zurückzuführen hat.

Von allen Veränderungen, Bewegungen, Umwandlungen wird übrigens hier nur in sofern die Rede sein, als sie in der Verschiedenartigkeit und den räumlichen Verhältnissen jener drei Formen nach der horizontalen und senkrechten Dimension und deren Wechselwirkung begründet sind.

In der Untersuchung des gegenwärtigen Verhältnisses dieser drei Formen lassen sich verschiedene Wege einschlagen. Warum wir den gegenwärtigen, den Uebergang von dem Festen zum Flüssigen, wählen, ist oben angedeutet. Auch scheint es darum am natürlichsten zu sein, ihn zu verfolgen, weil der Mensch selbst, von dem alle Betrachtung ausgeht, auf der festesten Form sich am meisten einheimisch gemacht hat, weil sie die mathematisch umgrenztere, also die bestimmtere ist, durch welche zugleich die niedere oder die räumliche Anordnung der übrigen gegeben wird.

Einer geschichtlichen Betrachtung würde die chemische Anordnung, in welcher man von den flüssigen Formen zu den festen oder zu dem Gewordenen überginge, die bequemere sein; mit dem Flüssigen beginnt nothwendig auch jede Genesis. Darum wird, weil diese immerhin im Fortschritt begriffen ist, auch späterhin im zweiten Theile dieser Arbeit, bei dem, was wir dort von den Elementen zu sagen haben, dieses Geschichtliche der Erdverhältnisse häufiger berührt werden müssen, als in diesem ersten, der sich mit der Betrachtung des gewordenen Festen beschäftigt, zu welchem wir nun unmittelbar übergehen können.

§. 2.

Das Land.

Wenn in den frühern Zeiten dem gebildeten Theile der Menschen nur ein einziges Vestland mit vielen Inseln der Inbegriff der Erde war: so sind wir seit dreihundert Jahren erst durch Colombo zur sichern Kenntniß eines zweiten, eines westlichen im Gegensatz unsers östlichen Continentes gelangt.

Bald wurde nun die Vorstellung rege, daß auch ein gleichgroßes südliches, des Gleichgewichtes wegen, sich vorfinden müsse, bis Cook der Entdecker in der zweiten Hälfte des vorigen Jahrhunderts die Grundlosigkeit dieser Annahme zeigte, jedoch zugleich genauer die Grenzen, nicht eines, sondern vieler Südländer, Küsten und Inseln, bestimmte, zu welchen denn auch wol die jüngst entdeckten (Neu-Süd-Schetland zwischen 55 bis 65 Grad westl. L. von Greenwich und 62 bis 63 Gr. südl. Br., im Februar 1819 durch W. Smith) zu gehören scheinen.

Die Vorstellung eines großen Continents gegen den Südpol der Erdkugel war eine Folge der an sich richtigen Wahrnehmung, daß wirklich die größte Masse der von dem Ocean umgebenen beiden Landstrecken, der alten und neuen Welt, auf der Nordhalbkugel der Erde den Nordpol in gewaltigen Breitenausdehnungen umlagern, so daß sich da ihre auslaufenden Glieder und Vorgebirge bis auf wenige Meilen einander fast berühren. Denn nach dem Süden hin verlaufen sich ihre Körper in keilförmig auslaufenden Spitzen, welche, durch weite Meere von einander getrennt, endlich nur noch in drei hohen Vorgebirgsländern gegen den Südpol hin die Form der festen Erdrinde in den unermeßlich weiten Wogen des Südoceans vertreten.

Diese südliche Ausdehnung der Continente ist daher schon darum leichter zu bestimmen gewesen; gegen den Norden aber stellten sich der Umschiffung und Auffindung der Grenzen derselben noch andere größere Schwierigkeiten entgegen, so daß diese dahinwärts auch noch keinesweges beendigt ist.

Statt uns hier mit der Meinung über die Entstehung dieser Form und mit der Aufzählung der einzelnen Theile, der Bezeichnung und Benennung der Grenzen, der Angabe des wahrscheinlichen Flächeninhalts und mit andern vielfach bekannten Vorkenntnissen den Raum zu beengen, gehen wir sogleich zur allgemeinen Betrachtung der Formen selbst über, und zwar hier zuerst, aus Gründen, die in der Einleitung angegeben worden (S. 14), nur in Beziehung auf

die alte Welt.

Hier lehrt ein bloßer Anblick des Erdglobus die alte Welt in ihrer äußeren mathematisch-physischen Begrenzung, nach der horizontalen Dimension hin, als eine einzige, große, zusammenhängende Ländermasse kennen, die aber wiederum in drei Hauptgegensätze getheilt erscheint. Weil aus deren sehr ungleichartiger Absonderung von einander kein bestimmterer Begriff dieser Theile hervorgehen konnte: so ist auch die Benennung derselben, und mit Recht, sehr unbestimmt in dem Ausdruck der Erdtheile stehen geblieben. Dennoch ist er, wenn wir weiter gehen wollen, in seiner wahren Bedeutung historisch gegeben, psychologisch durch die ganze Menschengeschichte hindurchgehend und durch die characteristische Gestaltung der Oberfläche auch physisch begründet.

Afrika bildet durch seine Meeresbegrenzung beinahe rundum ein isolirtes Ganzes, und nähert sich so am mehrsten einer völlig in sich selbst abgeschlossenen Erdgestalt.

Asien, auf drei Seiten vom Meere scharf umschlossen, macht mit Europa gleichsam noch Einen gemeinsamen Stamm aus, das von ihm weit weniger als Afrika getrennt ist.

Europa selbst aber ist durch ein- und ausspringende Küstenbegrenzungen und Meeresbuchten vielfacher, als irgend ein anderer Theil der Erde, unter sich in Glieder getheilt, und zwar immer mehr und mehr, je weiter es von seinem breiten Zusammenhange mit Asien sich entfernt.

Afrika erscheint als ein Stamm ohne Glieder, Asien zeigt sich nach drei Seiten gegliedert mit überwiegender Masse des Stammes, und Europa nach allen Seiten zertheilt mit überwiegender Masse der Glieder über den geschlossenen Stamm des Erdtheils.

Gleich verschieden characterisirt sind die drei Erdtheile in ihren Hauptformen nach der physischen Dimension hin.

Afrika zerfällt in zwei, räumlich fast gleichartige Hälften, deren südliche das vorherrschende Hochland, die nördliche das Flachland des Erdtheils ausmacht. Beide stoßen auf ihren Grenzen fast nur in einer geraden Linie von Osten nach Westen zusammen, und auf diese Grenzlinie, wenige andere einzelne Puncte und die Meeresküste ausgenommen, ist alle Combination der Contraste, alle Mannichfaltigkeit der Entwickelungen, als die characterisirende des ganzen Erdindividuums, beschränkt, selbst aller Verkehr und Austausch der Natur- und Menschenverhältnisse. Eine größere Einförmigkeit des Zusammentretens beider Hauptformen kennen wir auf der Erde nicht weiter.

Asien, nicht so räumlich gleichartig in zwei Hälften getheilt, zeichnet sich durch ein vorherrschendes Hochland mit zwei verschiedenen Terrassen, von einer höhern und einer niedern Art, aus. Es liegt nicht an dem einen Ende, sondern in der Mitte des Erdtheils, und senkt sich auf die mannichfaltigste Weise nach allen vier Weltgegenden hinab zu seinen gleichweiten Flachländern (deren Afrika nur ein einziges hat), die aber ringsum in weiten, vielartig gestalteten Formen die erhabene Mitte umlagern. In diesen Flachländern liegen wieder einzelne Gruppen kleinerer Hochländer, deren Afrika nur eine einzige aufzuweisen hat, in verschiedenen Richtungen umher. Aus den Combinationen dieser vielfachen Verhältnisse entwickelt sich eine eben so große Mannichfaltigkeit der Erscheinungen, wie jene in Afrika eine überwiegende Einförmigkeit bedingen. Es ist kein Theil der Erde, in welchem diese Hauptverhältnisse des Ganzen in solcher Großartigkeit wiederkehrten, wie hier in dem Orient der alten Welt.

In Europa wiederholt sich die in jenen beiden Erdtheilen als characteristisch vorherrschende Hauptform nur noch einmal, in seinem äußersten westlichen Gliede, dem spanischen Hochlande, und zwar auch da nur in einem verjüngten Maaßstabe. Im mittlern Körper dieses Erdtheils dagegen, der im Verhältniß zu seinen Extremitäten weit geringer an Masse ist, als die vorigen Erdtheile, und in jeder Hinsicht vielseitiger, vielartiger als jene von Mittelmeeren und Oceanen zertheilt, gegliedert, umspült wird; in dessen Mitte fehlt nun auch ganz und gar die undurchbrochene, nicht zugängliche Form des Hochlandes; nur hin und wieder zeigen sich kaum einzelne Schattenbilder jener Plauteaubildung. Hier ist die gewaltige Masse, die dort continuirliche Ganze mit Hochflächen bildete, verschwunden; statt nach der Breite in der horizontalen Direction, erscheint sie hier, wo sie sich zeigt, der physischen Dimension nach, als in die Höhe gen Himmel gerichtete Puncte, mit dem größten Reichthum von gegen den Himmel aufgeschlossenen Seitenflächen und Gehängen. So ist hier das große Alpengebirgsland die Characterform des mittlern Europa. Mit der größten Annäherung zum Aether, mit der größten Mannichfaltigkeit der Erscheinungen aller Art auf dem kleinsten Raume, nach allen Seiten von strömenden Wassern und Thälern durchbrochen und aufgeschlossen, vereinigt sie die größte Zugänglichkeit und Verbindung für den Süd- und Nordabfall, wie keine andere Hauptform der übrigen Erdtheile. Auf allen Seiten fällt sie nach N. und S., nach O. und W. in die Flachländer hinab, die wieder durch Mittelmeere von andern, in den mannichfaltigsten Gruppen gegenüberliegenden, minder hohen Bergländern und Hochländern der kleinsten Art getrennt sind.

So bietet sich in der auf dem kleinern Raume am weitesten fortgeschrittenen Theilung und physischen Entwickelung der festen und flüssigen Formen dieses Erdtheils, und in der Ueberschaulichkeit dieses Erdindividuums in Beziehung der auf den Kreislauf des Jahres angewiesenen Natur- und Völkerverhältnisse, der eigenthümliche Character des europäischen Erdtheils in der alten Welt dar, durch welchen er, schon von der Naturseite aus betrachtet, zu einer andern Bestimmung als diejenigen, mit welchen er wieder auf eine ganz eigenthümliche Weise zusammengestellt ist, vom Anfang an berufen zu sein scheint.

Doch um diese allgemeinen Sätze in der Natur im Großen nachzuweisen, und für jede einzelne gegebene Stelle der Erde fruchtbar für die Wissenschaft und das Leben zu erläutern, dazu ist eine ernste, in das kleinste Einzelne eingehende Untersuchung jedes besondern Erdindividuums nothwendig. Diese nun soll die Aufgabe des gegenwärtigen ersten Theils unserer Arbeit sein.

Vor allen aber müssen wir uns vorläufig über die herkömmlichen Ausdrücke, welche den Bau der Erdoberfläche bezeichnen, verständigen; ihr ganzer Sinn geht zwar nur erst vollständig aus der Anschauung selbst und wo möglich aus ihrer Darlegung im Fortschritt gegenwärtiger Untersuchungen hervor, es soll daher hier auch keine Theorie darüber festgestellt, sondern nur das Nothwendigste zur Auffassung des Wahren für das Folgende in Beziehung auf herrschende Meinungen und Ansichten gesagt werden.

Erläuterung 1.

Erdoberfläche: Berge, Ebenen.

Die Erdoberfläche erscheint unter den mannichfaltigsten Formen über dem Spiegel des Meeres erhaben, und wird eben dadurch zum Lande, das in unzähligen Erhöhungen und Vertiefungen sich von Meeresküste zu Meeresküste ausstreckt. Die Art und Weise der Vertheilung dieser Höhen und Tiefen giebt dem größten Continente, wie der kleinsten Erdfläche, der Klippe, eben die Begrenzung und seinen Flächenraum, so wie die Gestaltung seiner Oberfläche.

Die Erhöhungen aller Art, in sofern sie von einem niedern Standpuncte aus gesehen werden können, pflegt man insgemein Hügel und Berge, die sie trennenden Vertiefungen Thäler zu nennen.

Aber auch diejenigen bedeutenden Erhöhungen, in sofern wir nur wissen, daß sie über dem Spiegel des Meeres emporragen, hat man, gesetzt auch, daß man sie von keinem tiefern Standpuncte aus sehen konnte, im Gegensatz der Tiefe, Berge genannt.

So bezeichnet derselbe Ausdruck zwei ganz verschiedene Verhältnisse, nämlich die absolute Höhe und den Contrast zwischen Tiefe und Höhe, ein Umstand, der fast überall die größte Verwirrung und bedeutende Irrthümer in der Erdbeschreibung veranlaßt hat, so daß wir hier, vom Anfang an, vor ähnlichen uns zu hüten haben. Denn wer es weiß, welchen Bedingungen, überhaupt genommen, die Oberflächen der Körper im Widerstreit der Kräfte unterworfen sind, dem wird es einleuchten, daß es bei dem Bau eines ganzen Erdkörpers nicht gleichgültig sein kann, ob sich große

Erdstrecken, und wenn auch nur um wenige hundert Fuß mehr als andre, in die darüber schwebende Atmosphäre eintauchen, oder nicht.

Nach jenem doppelsinnigen Sprachgebrauche werden aber nicht nur die Berge bald als sehr riesenhaft, bald als sehr unbedeutend angesehen, sondern noch weit mehr die Thäler und Flächen von einem falschen Gesichtspunct aus fast insgesammt nur als Tiefen betrachtet.

Wir haben aber auf das sorgfältigste die beiden Verhältnisse zu berücksichtigen: einmal das relative Verhältniß der Höhen und Tiefen zu ihren Umgebungen, und zweitens das absolute, als Erhebungen über den Spiegel des Meeres. Nur durch bestimmtes, prüfendes Durchführen von beiden über die ganze Erstreckung der Continente können wir zu einer richtigen Kenntniß derselben gelangen, und uns eine klare Anschauung ihrer Gestalten in Beziehung auf das Halberhabene (Basrelief) erwerben, welche allein vermögend sein wird, uns durch das Gemeinsame in der Verschiedenheit, der Einheit des Ganzen nachspüren zu lehren.

Berge und Ebenen, gleichviel in welcher Relation zu einander, und gleichviel ob hoch oder niedrig an sich gelegen, beide lassen sich immer nach demselben absoluten Maaßstabe der Meereshöhe vergleichen. Denn unter der Voraussetzung eines über das ganze Erdsphäroid gleichweit vom Mittelpunct abstehenden und gleichartig verbreiteten Meeresspiegels, nehmen wir diesen als den allgemeinen Wasserhorizont an. Er giebt uns den natürlichen Eintheilungsgrund, den Nullpunct der Scala, auf- und abwärts, zur Messung und Vergleichung der Hervorragungen und Einsenkungen der Erdrinde. Hieraus ergiebt sich dies erste Gesetz der Anordnung aller Erhöhungen und Vertiefungen als Ebenheiten oder Unebenheiten in Beziehung auf das Erdganze.

Zugleich aber auch das zweite Gesetz der relativen Anordnung des Besondern in Beziehung auf die einzelnen Erdtheile oder die Erdindividuen nach ihrem Stamm und ihren Gliedern.

Unsre Aufgabe wird es daher sein, diese beiden in beständiger Relation stehenden Verhältnisse der Höhen und Tiefen, oder diese formale Seite der Erdoberfläche, in ihren zwei großen Hauptformen oder Haupttypen, den sogenannten Hauptgebirgen und Tiefländern der Erde, so wie in allen ihren Modifikationen und des dadurch Bedingten zu untersuchen.

Wie aus der Combination von beiden, oder aus dem: wo und wie sich beide begrenzen, und dem: was auf, über und an ihnen sich berührt, alle Mannichfaltigkeit in ihrem organischen Zusammenhange sich weiter entwickelt, wird dann unmittelbar sich ergeben.

Erläuterung 2.

Begriff des Gebirges.

Wenn hier unter der Bezeichnung: Gebirge, als dem Contraste zwischen Erhabenheiten und Vertiefungen der Erdoberfläche, im Sinne der Orographie, die Summe nach einer gewissen Ordnung, nach gewissen Gesetzen und mit bestimmter Begrenzung zusammengruppirter Berge verstanden wird, so soll hiermit gleich anfangs einigen herrschenden Mißverständnissen und Verwechslungen in der Erdbeschreibung vorgebeugt werden. Denn unter dem Wort Gebirge wird fast allgemein das Verschiedenartigste als etwas Gleichartiges zusammengefaßt, oder wenn auch ein Gemeinsames dadurch ausgedrückt werden soll: so ist doch der Charakter für das Gemeinsame von einem Besondern, Eigenthümlichen hergenommen. Oder mit einem Wort, wie das Kind sich alle Berge gleich dem einen Hügel an seinem Spielplatze denkt: so hat auch die Erdbeschreibung im gewöhnlichen Sinne bisher in gleicher Uniformität das Verhältniß der Gebirge zu den Flächen der Erde aufgegriffen und sehr einseitig verarbeitet, da doch die Individualität in den Formen der Erdoberfläche als eine nicht aus dem Begriff, sondern aus der Anschauung hervorgehende, in der Wissenschaft ihre Stelle haben muß, ehe noch von allgemeinen Classifikationen die Rede sein kann.

So ist, um vorläufig nur einige Hauptpuncte zu berichtigen,

denn die individuellen Gesichtspuncte kommen bei jedem Locale selbst vor, der hydrographische, der geognostische, der bergmännische, der ländlichsittliche Begriff von Höhe und Gebirge sehr häufig mit dem reinorographischen verwechselt worden.

1. Seegebirge.

Der hydrographische, seitdem Büache [1]) ein System der Planisphère physique im Jahre 1752 und sein Mémoire sur les Chaînes de Montagnes du Globe terrestre herausgab, in welchen er die Gebirgsketten als zusammenhängende Züge betrachtete, welche die Continente in gewisse Quartiere abtheilten. Diese Züge führte er durch die Meere und fernsten, tiefsten Oceane hindurch, über die Inselreihen, Klippen Riffe, und Untiefen (que je regarde comme les sommets de la suite des montagnes marines). Aber ohne auf Beobachtungen ruhendem Grunde, wie sich dies unter andern aus der Natur aller Vulkaninseln im atlantischen Ocean ergiebt, die rund umher aus der unergründeten Tiefe emportauchen und, wenigstens so weit wir jetzt beobachten konnten, keine Beweise, sondern nur Anlaß und schwache Vermuthung eines versunkenen Continentes (der Atlantis) darbieten; so wenig als wir in den Untiefen, wenn die angenommenen auch wirklich vorhanden wären, und in den hie und da aufgefundenen Inseln Bestätigungen einer solchen Hypothese finden können, deren sich auch Gatterer und Zimmermann [2]) angenommen haben. Die Eintheilung des Oceans durch diese Chaînes de Montagnes marines, die Otto [3]) Seegebirge genannt hat, in Bassins oder große Erdbecken hat keinen hinreichenden Grund in der Natur, ist blos eine interessante Ansicht derselben von einem hypothetischen Standpuncte aus.

Zwar lassen sich auf einzelnen Gebieten allerdings solche submarine Fortsetzungen von Bergzügen nachweisen, wie z. B. in den Mittelmeeren, aber dann treten, wie z. B. bei den Aleutischen

[1]) Histoire de l'Académie des Sciences. A. 1752. p. 118, und Buache Essay de Géographie physique. p. 399—416. [2]) v. Zimmermann zu Malte Brun, Abr. I. Th. S. 313. [3]) Otto, Naturgeschichte des Meeres. 2. Th. S. 155.

Inseln, denen des griechischen Archipels, in der Meerenge von Sicilien [1]) u. a. O. m., anderweitige entscheidende Gründe hinzu.

Eben so sind die Systeme von Gebirgsnetzen, Gebirgsäquatoren, Meridianen, Parallelen u. a. m. meistens nur in die Natur hineingezwängte, nicht aus ihr hervorgetretene Ansichten [2]).

2. Wasserscheide.

Verschieden hiervon sind Büache's Chaînes de Montagnes terrestres [3]), die Landgebirge, welche nach ihm bestimmt werden durch die Quellen der Flüsse und durch das Gefälle der strömenden Wasser (pente du terrain), durch den Wasserlauf.

Wenn allerdings ein solcher Wassertheiler (point de partage) oder eine solche Wasserscheide (divortia aquarum [4])) existirt, wie dies in der klassischen Schrift über den Zusammenhang der Höhen bewiesen ist, hiernach die Erdoberfläche auf das bestimmteste eingetheilt werden kann, und diese Eintheilung die interessantesten Betrachtungen darbietet [5]), so ist dennoch diese Eintheilung, obschon sie alle Länder der Erde mit einem unabänderlichen Netze von Wasserscheiden wirklich überzieht [6]), durchaus keine solche, welche das Wesen der Gestaltung der Erdganzen darzustellen vermöchte. Dieses Wesen besteht im Hervortreten ihrer Gesammtmassen, welche, unabhängig von der Wasserspülung der gegenwärtigen Ströme, die nur an den Oberflächen ihre Gestalten ausarbeitete, allein durch den Contrast ihrer absoluten Höhen und Tiefen nach den Gesammtverhältnissen der Erdindividuen zur Anschauung kommt. Erst mußte die hervortretende, ursprüngliche Gestalt des Erdindividuums vorhanden sein, bevor das Gesetz der Wasserspülung die Oberfläche modelliren konnte, und diese Spülung konnte die der Meere, meist eine vorhergehende, wie der strömenden Wasser, meist eine nachfolgende, sein, also doppelartig; so daß das gegenwärtige Netz der Wasserscheiden nur eine tertiäre jüngste Modifi-

[1]) Athanas. Kircher, Mundus subterran. T. I. f. 99 u. a. [2]) Fr. Schulz, über den allgemeinen Zusammenhang der Höhen. Weimar, 1803. S. 62 u. a. [3]) Buache, Essay etc. p. 402. [4]) T. Livius XXXVIII. c. 45.
[5]) Dante, Prose. Venez. 1793. II. T. p. 24, u. Fr. Schulz a. a. O. S. 69.
[6]) Rhode, Rec. im Wiener Jahrb. der Lit. 1820. XI. S. 138.

kation der Erdoberflächen darstellt, welche oft von der primären sehr abweichend sein kann, und demnach von sehr wichtigem Studium bleiben wird, ohne jedoch die Grundlage aller Eintheilung der Gestaltung der großen Erdindividuen abgeben zu können. Aus der Verwechslung der sehr mannichfach hierbei vorkommenden Verhältnisse, welche erst noch auf dem ganzen Erdenrund durch genauere Beobachtungen und Messungen erforscht sein wollen, ging schon sehr frühe manche ungegründete Folgerung hervor, die sich in nicht wenige allgemeine geographische Beschreibungen und Systeme eingedrängt haben, zumal aber diejenige, daß diese Wasserscheide auch immer mit dem Gebirge zusammenfalle, oder mit ihm Eins sei. Noch viel weniger ist vorauszusetzen, daß da, wo eine Wasserscheide ist, auch ein Gebirge sein müsse.

Aber diese verführerische Ansicht hat die neuere Geographie angesteckt, und statt eines Zusammenhangs der Höhen, oder der Höhenlinien, alle Continente mit wirklichen Gebirgsketten aller Art überladen, die nur zu häufig blos in der Phantasie der Kartenzeichner und Kompendienschreiber existiren.

Es ist daher nothwendig geworden, überall zu den ersten Quellen und ursprünglichen Ansichten und Berichten, aus denen alle folgenden sich erzeugt oder an die alle folgenden sich angeschlossen haben, zurückzukehren.

Erstlich bildet ein wirkliches Gebirge in weitem tiefem Flachlande zuweilen doch gar keine solche Hauptwasserscheidungslinie, wie z. B. der in dieser Beziehung inselartig liegende Harz; das ganze Gebirge liegt außerhalb der ersten Wasserscheiden, und wenn diese den Grund des Gebirgssystems abgeben sollen, so sind jene nicht darin liegenden nur als zufällige Trabanten anzusehen.

Zweitens: Wenn auch beide, Wasserscheide und Gebirge, zusammenfallen: so ist doch oft der Zug der Wasserscheide völlig verschieden von dem Zuge des Gebirges selbst, wie in dem ganzen Pyrenäen- und Alpengebirge [1]). Oft liegen die höchsten Gipfel

[1]) Geognostische Karte der Alpen von Ebel, vom Bau der Erde, und Ramond, Carte des Hautes Pyrénées.

einer Gebirgskette ganz außerhalb der Wasserscheide, die auf einer nur mittlern Erhebung derselben fortzieht, wie z. B. der Mont perdu der Pyrenäen im Süden der Wasserscheide der Pyrenäenkette liegt und nicht innerhalb ihres Zuges [1]). Oft zieht sich die Wasserscheide dicht neben der hohen Gebirgskette auf der Ebene hin, z. B. im Süden der Karpathen zwischen dem Hernad und Poprad, wo die Wasser des Baltischen und Schwarzen Meeres auf der selbst hügellosen Ebene von Teplicz und Ganocz (1860 F. über dem Meere), aber durchaus nicht auf dem hohen Kamm der Karpathen sich scheiden, und so a. m. [2]).

Drittens: Es zeigen sich große Erstreckungen auf der Erdoberfläche, wo zwar Wassertheiler sind, aber keine Gebirge, nämlich wo oft sehr bedeutende absolute Erhebung mit Ebenenbildung, oder ganz unscheinbarer relativer Erhebung zusammenfällt, und dieses kann zwischen hohen Gebirgen und zwischen sehr großen Stromgebieten der Fall sein, wie z. B. der Wassertheiler zwischen Rhein und Donau im N. des Bodensees, der weder ein Hauptrücken, noch überhaupt ein Höhenzug ist, wie es sonderbar genug überall heißt [3]). So die hundert Meilen langen Bergrücken (Uwalli) von Polen und Rußland, die zwischen der Bottnischen Bucht und dem Eismeere ziehen [4]), und der größte Theil der Wasserscheiden des nördlichen Amerika, des nördlichen und östlichen Sibiriens, an welchen mehrere hundert Meilen weiten Erstreckungen unsre Karten und Geographien Gebirgszüge darstellen wie Alpenketten, die keineswegs in der Natur sich vorfinden.

Endlich, so zeigt sich zuweilen eine ganz eigenthümliche Combination von Wasserscheiden und Gebirgsketten, woraus ein complicirtes System, wie z. B. in Spanien, sich bildet. Hier ist das Phänomen der Wasserscheiden von dem der Gebirgsketten ganz unterschieden. Nicht die Gebirgskette der Pyrenäen, sondern die Hauptwasserscheide ist die politische Grenze dieser Halbinsel gegen

[1]) Ramond, Voyage au Mont perdu. Par. 1801. p. 117. [2]) Wahlenberg, Flora Carpatica. p. XXXIII. [3]) C. S. Weiß, über einen Grundirrthum in der Darstellung des Terrains ꝛc. [4]) L. v. Buch, Reise nach Norwegen. Th. 2. S. 201.

das Continent von Europa geworden, seit dem Traktat von 1660 [1]), denn die Wasserscheide ist eine imaginaire Linie, die Gebirgskette ein bis an 20 und mehr Meilen breiter Erdgürtel. Die Abtheilung der Provinzen ist fast überall auf die Wasserscheiden (Vertientes) gegründet, die aber auf Ebenen liegen. Daher die sonderbarsten Gebirgswindungen auf den spanischen Karten, da ihr allgemeiner Zug, in sofern sie nämlich wirklich als Berge und Thäler hervortreten, ein Parallelismus von Osten nach Westen ist, größtentheils unabhängig von jenen Windungen. Daher die Meinung, als ob die Flüsse immer die Gebirge entlang fließen, da sie doch, wie z. B. eben in Spanien und fast überall auf der ganzen Erde, die Gebirgsketten auch recht eigentlich durchbrechen [2]). So wie der Euphrat, welcher auf den hohen Ebenen Armeniens entspringt und im Süden erst die hohe quervorlaufende Tauruskette durchbricht, ein Umstand, der selbst einen Rennell [3]) irre führen konnte, und überhaupt in den Bestimmungen der Geographie der Alten und Neuern nicht unwichtig ist.

3. Erzgebirge.

Der bergmännische Gebrauch des Wortes Gebirge, Erzgebirge, hat die Geographie verleitet, überall wo diese vorkommen, auch eigne Gebirge in Länderbeschreibungen und auf Landkarten aufzuführen. Doch liegt z. B. Freiberg im Erzgebirge nur zwischen minerreichen Höhen, und selbst der höchste Rücken vieler Gegenden des böhmisch-sächsischen Grenzgebirges sind nur Hochebenen; Schemnitz im ungerschen Goldgebirge liegt im flachen [4]) Ungarn, und so unzählige andere Gegenden, z. B. zu beiden Seiten des Ural, am Altaischen Erzgebirge, in Süd-Amerika, erscheinen auf den Karten mit wahren Alpenketten ausgestattet, indeß in der Natur durchaus kein Grund zu dieser Betrachtungsart sich nachweisen

[1]) Pet. de Marca Hispanica s. Limes Hisp. etc. Paris, 1688. fol. 2 etc.

[2]) C. S. Weiß, über die Rheindurchbrüche u. a., in der Zeitschrift für die neueste Geschichte, Staaten- und Völkerkunde. Berlin, 1814. April, S. 363. [3]) Rennell, Herodot. Geogr. b. Bredow. S. 448. [4]) Townson, Travels in Hungary. p. 405.

läßt, sondern nur der Gebrauch des Wortes Erzgebirge, wodurch nur der bergmännische Gewinn bezeichnet wird, komme er aus einer Ebene, aus Hügelland oder aus einem Gebirge.

4. Der geognostische,

vom innern Bau des Gebirges hergenommene Begriff desselben kann erst weiter unten genauer betrachtet werden. Indeß leuchtet so viel auch hier schon ein, daß es doch wol sehr viel auf den innern Bau der verschiedenen Glieder ankomme, wenn man diese als zu einem Körper, wenn auch nur seinem Aeußerlichen nach, zu einem Systeme gehörig betrachten will. Hiervon aber ist bis jetzt in der geographischen (äußerlichen) Ansicht der Erdoberfläche noch nicht die Rede gewesen. Sie darf aber, wenn sie ein wissenschaftliches Streben hat, nicht das Aeußere in Widerspruch mit dem Innern stellen.

Wenn man daher auch mit einigem Grunde z. B. die Neptunischen Gebirge und die vom Cap Peloro in Sicilien als wahre Fortsetzung der Apenninen betrachtet, da sie mit den Gebirgen des gegenüber liegenden Calabriens ganz gleiche Direction, Streichen und Bestandtheile (Granit und Gneuß) haben [1], so ist es hingegen ein ganz willkürliches, aus bloßer Landkartenansicht und nicht Naturansicht hervorgegangenes Verfahren, z. B. auch die Gebirge von Corsika und Sardinien als Fortsetzung der genuesischen zu betrachten. Daß das granitische Cap Corte auf Corsika aber eine Fortsetzung des genuesischen, weit vorspringenden, aber aus schwarzem Uebergangskalkstein gebildeten Cap delle Malle sei, klingt eben so sonderbar, sagt ein großer Gebirgsbeobachter [2], als wenn das Gebirge der Voghesen eine Fortsetzung der Jurakette sein sollte, was doch ebenfalls in den Geographien ein leichtes ist.

Dagegen wiederum zu trennen, was schon durch die ganze Masse als Ein Ganzes zusammengehört, wie z. B. Hoch-Asien, Hoch-Afrika u. a. m., wäre von der andern orographischen Seite

[1] Ferrara, Storia generale dell' Etna. Catania, 1793. 8. p. 359, und Dolomieu, Voy. pittoresque de Naples. T. IV. p. 390. [2] L. v. Buch, über den Gabbro, im Berlinischen Magazin für N. 1810. S. 142.

wieder eben so willkürlich, und für die Erdbetrachtung im Großen verwirrend und wie bisher zu keinem Ziele führend. Freilich sind diese Erdganzen uns nur nach und nach theilweise zur Kenntniß gekommen, und von den mancherlei Völkerschaften, die außen herum in Zwiespalt und Widerstreit auf ihnen nisten und umherziehen, als ein sehr Verschiedenes genannt worden, aber dies hat doch von jeher die wahren Beobachter nicht abhalten können, in dem Besondern das Gemeinsame aufzufinden.

5. Einseitiger Sprachgebrauch von Berg.

Der ländlichsittliche Gebrauch, bloße Anhöhen und Hügel, wie fast in allen flachen Ländern, Berge zu nennen, wirkliche Berge aber, Gebirge und Gebirgszüge oder Gebirgsketten für gleichbedeutend zu nehmen, ferner ein bergiges Land, wie z. B. Hessen, Siebenbürgen u. a., mit Gebirgsketten zu durchziehen, die man auf Landkarten nicht von Alpenketten unterscheiden kann, dieses und dergleichen mehr hat viele Irrthümer in die physikalische Erdbeschreibung eingeführt, vor allem aber die Meinung, als wenn alle hohen Gebirgsketten der Erde oder doch eines Erdtheils in einem dammartigen Zusammenhange stehen müßten.

So heißt es, daß die hohe Alpenkette der Karpathen von den Sudetischen Gebirgen in einem großen Bogen von mehr als 100 Meilen ganz Ungarn umgrenze, da das hohe Gebirge doch wirklich [1]) nur 15 Stunden von Osten nach Westen sich erstreckt, das übrige nur bergiges Land ist, dessen größte Erhebungen in der Schweiz nur Vorhügel der Alpen heißen würden. Schon Townsend [2]) wurde in Ungarn durch das Wort Berge irre geführt, das wir im Deutschen sehr unbestimmt gebrauchen, wo der Ausländer meist sehr bestimmt die Gradationen derselben (wie coteaux, collines, montagnes, hillocks, hills, mounts) unterscheidet.

Eben so willkürlich [3]) wird die Alpen- und Pyrenäenkette im südlichen Frankreich durch bloße Hügelreihen und Hügelland zu

[1]) Wahlenberg, Flor. Carp. p. XXX. [2]) Townsend, Trav. p. 250.
[3]) Passinges, Hist. naturelle du Dép. de la Loire, im Journ. des Mines. VI. p. 813.

einem großen zusammenhängenden Gebirgszuge von Europa vereinigt, was wiederum allem wahren Charakter beider Gebirgsnaturen widerspricht.

Der ländlichsittliche Gebrauch dagegen, die Flächen, mögen sie tief oder absolut hoch liegen, Ebenen zu nennen, und als solche zu betrachten, dieser hat verleitet, dasjenige zu trennen, was seiner Bildung nach zusammengehört, oder über den kleinern Trennungen den überwiegenden Zusammenhang zu übersehen. So hat man z. B. in Spanien die vereinigenden Hochterrassen [1]) als trennende Thäler betrachtet, in Deutschland die unendlich vielen kleinen, auch die unbedeutendsten Bergzüge als isolirende Theile aufgeführt, ohne das Verhältniß der vereinenden Basis in ihren relativen Abstufungen zu berücksichtigen; so hat man dies fast überall, die allerauffallendsten Erscheinungen in der Mitte einiger Erdtheile ausgenommen, nicht beachtet, oder wenigstens doch in der Geographie nur obenhin berührt. Und wenn es auch im Allgemeinen in Erdbeschreibungen als eine wichtige Thatsache anerkannt worden ist [2]): so hat man sie für sich bestehen lassen, ihrem durchdringenden Einflusse auf das Ganze nicht weiter nachgespürt, und im Besondern der Erdbeschreibung findet sich gar keine Spur von der Anerkennung jenes allgemeinen wichtigen Factums. Ungeachtet A. von Humboldt schon lange auf diese charakteristischen Bildungen aufmerksam gemacht hat, ist doch allgemein noch wenig Einfluß davon der Anordnung der Wissenschaft zu gute gekommen.

Erläuterung 3.

Festsetzung bezeichnender Ausdrücke für die Erhebung der Erde.

Uns liegt hier ganz besonders daran, zuvördest nur das Wesentlichste der Hauptformen streng ins Auge zu fassen und nach den wichtigsten Verhältnissen an sich und gegen einander zu betrachten, das Hochland wie das Tiefland der Erde.

[1]) Bowles, Stor. Nat. de Esp., und A. v. Humboldt in Laborde, Itin. descript. de l'Espagne. Paris, 1808. T. I. p. CXIV. [2]) Malte Brun, Abriß der Erdbeschreibung, von Zimmermann. 1. Th. S. 296.

Die zusammenhängenden, massigen, von keinen Stromthälern ganz durchbrochenen oder durchschnittenen, gemeinsamen, nach allen Direktionen hin weitverbreiteten Gesammterhebungen der Erdrinde über das benachbarte Tiefland, oder den Meeresspiegel nennen wir Gebirgsganze, Hochländer der Erde (Massifs, Plateaux), die als Plattformen, als Terrassen oder als Erdbuckel erscheinen, in sehr verschiedener absoluter Höhe liegen und wiederum andere Gebirge tragen können, oder selbst völlige Hochflächen sind. Die mit großer Längen- und Höhen-Dimension, mit verhältnißmäßig geringer Breite, bestimmte Züge haltenden Gebirge (s. oben Erläuterung 2) nennen wir Haupt-Gebirgsketten der Erde; sie können erscheinen als Erdgürtel, als Ränder von Hochländern, und einzeln betrachtet selbst als Gebirgsländer, als Alpengebirgsland.

Ihre nicht durch größere Länge, im Verhältniß gegen die Breite nur zu einem Haufen mehr isolirter Bergindividuen versammelte Menge betrachten wir als Gebirgsgruppen oder als Massengebirge, wie man sie in der Orographie zu nennen pflegt. Genauere Bezeichnungen ihrer besondern charakteristischen ungemein mannichfaltigen Formen und Verhältnisse, welche geographisch oft noch gar nicht berücksichtigt worden sind, zu deren Auffassung die Anschauung vorgebildet werden muß, um aus ihnen fruchtbare Resultate zu gewinnen, diese können sich erst in der Folge aus der näher erkannten Individualität der einzelnen Systeme ergeben. Dieses ist hinreichend für das Verständniß der Hauptthatsachen der nächsten Untersuchungen, denen überall in der Folge am rechten Orte die nothwendigen Erweiterungen dieser ersten Angaben für jedes Lokale folgen werden. Die absolute Erhebung aller dieser Formen über den Meeresspiegel, von welchem allein nur unsre ganze Haupteintheilung ausgehen kann, soll uns im allgemeinen den Sprachgebrauch näher bestimmen helfen.

Alle Gesammterhebungen über 4000 Fuß Meereshöhe wollen wir Hochländer oder Plattformen der größten oder ersten Art nennen; alle darunter aber der zweiten Art, und die Uebergänge zwischen beiden, vermittelnde höhere oder niedere Stufen und Terrassen. Einzelne Erhebungen von ein bis 2000 Fuß nennen wir

Hügel, Höhen; von da bis an 4000 Fuß etwa niedrige Berge und niedrige Gebirge. Auf die haarscharfe Bezeichnung dieser untergeordneten Größen kommt so viel nicht an. Die Gebirge der zweiten Klasse, oder mittelhohe, reichen bis 6000 Fuß, über diesen stehen die Alpengebirge, und über 10,000 Fuß Höhe die Riesengebirge der Erde.

Hieraus ergiebt sich fürs erste leicht, was unter Hügelland, Bergland, Alpenland u. s. w. zu verstehen ist, wenn auch hier von keinem mathematisch begrenzten Maaßstabe ausgegangen werden kann und soll, da dieser selten in seiner Strenge bei den weitesten Erdräumen angelegt werden kann, aus Mangel an wirklich vorhandnen Messungen.

Anmerkung. Gezimmer der Erde.

Wenn wir den Ausdruck Gezimmer der Erde zuweilen gebrauchen, so soll er hier nichts von der vermeinten Festigkeit und dem Zusammenhalten der Erdkugel bezeichnen, sondern nur einen Wink geben, daß der äußern Form eine innere Construction doch wol zum Grunde liege, die erst erforscht werden muß und einst erforscht sein wird.

Schon Büache führte diesen Ausdruck (Charpente du Globe) in die Erdbeschreibung ein, und Desmarest veränderte ihn in Ossature du Globe, woraus man ein Gerippe oder Knochengerüste der Erde gemacht hat. Scheuchzer nannte die Berge insgesammt sehr würdig das Gebäude der Erde, und machte schon frühe auf ihre Bergbaukunst aufmerksam [1]). Mit dem Ausdruck: Gebirge der Erde, verbindet man einen engern Begriff, mit dem von Gezimmer der Erde will man auf eine innere und äußere Anordnung hindeuten, und in dieser Hinsicht scheint Alexander v. Humboldt dies Wort von neuem eingeführt zu haben. Von einem Bau der Erde kann aber eigentlich nur in einer Geologie die Rede sein, und theilweise hat diesen Ausdruck Ebel auch in die Gebirgsbeschreibung eingeführt.

Nach dem, was in der Einleitung über den Gang und in diesen Bemerkungen über den Ausdruck in dieser Arbeit beigebracht worden, können wir sogleich uns zu der Erklärung des Besondern wenden. Aus diesem wird eine gewonnene größere und lebendigere Fülle von Anschauungen und das allgemeine Resultat uns späterhin mit desto mehr Erfolg zu jenem systematischen wieder

[1]) Helvetiae Historia natural. I. p. 116.

zurückführen. Bis dahin erlauben wir uns, in der lebendigsten Ueberzeugung unserer eignen Unwissenheit und bisherigen Blindheit in dem Reiche der gesammten geographischen Plastik unsers Planeten, uns erst in den Reichthum seiner Formen und ihrer Wirksamkeiten zu versenken, um aus dem Besondern und der Vergleichung des Besondern uns wieder zur Uebersicht des Gesammten und wo möglich einst zu einer wissenschaftlichen Darstellung derselben zu erheben, die bis jetzt, ohne anderweitige Vorarbeiten, sehr einseitiges Streben bleiben müßte, und nicht in die historische Darlegung unsers Gegenstandes gehört.

§. 3.

Die strömenden Wasser.

Die strömenden Wasser bahnen sich überall nach denselben Naturgesetzen ihre Wege, von den höhern in die tiefern Länder; die Wirkungen ihrer Fallthätigkeit können aber nur in einer großen Mannigfaltigkeit erscheinen. Diese muß allen den Combinationen entsprechen, welche eines Theils aus dem Wasserquantum und der Zeit seiner Einwirkung auf den Erdboden, und andern Theils aus der Zahl und Art der ihm entgegentretenden Erdstellen hervorgehen. In der auf diese Weise entspringenden unerschöpflichen Vielartigkeit des Wasserlaufes liegt eine der wichtigsten Bedingungen zur, dem Raume nach allgemeinen, Entwickelung der unorganisirten Erdoberfläche zu derjenigen localisirten Vielseitigkeit und Einheit, welche wir, in ihrem überschaulichen Zusammenhange, Landschaft nennen, die immer und überall einen geheimen Zauber über den Menschen ausüben wird, der in ihrem Kreise sich bewegt, und überhaupt die räumliche Basis alles organischen Lebens ist.

Zwar sind wir daran gewöhnt, die Strombildung, die wir hier insbesondre betrachten, uns als einen überall gleichen und gleichartig vorgerückten Zustand aller strömenden Wasser zu denken, und nicht als eine fortschreitende Entwickelung desselben, weil wir das ganze Erdenrund überhaupt als ein überall Gleichförmiges zu betrachten pflegen, wie ein menschliches Werk etwa, von dem der Meister die Hand abgezogen, das nun in seiner Vollendung und Abgestorbenheit zu begrenzen ist. Aber es widerspricht überall die Naturbetrachtung einer solchen Annahme bei den Stromsystemen, und es wird sich zeigen, daß sie weniger und mehr ausgearbeitet sind, daß deren Vertheilung über die Erdrinde nicht gleichförmig ist, und daß mehrern von ihnen, auch nach unsern gegenwärtigen Kenntnissen, eine charakteristische Eigenthümlichkeit zukommt.

Einmal ist der Quellenbezirk gewisser Stromsysteme so wenig individualisirt, daß eben in ihm entweder das ganze Jahr hindurch keine Wasserscheide, sondern eine Gemeinschaft des obern Laufes der nach entgegengesetzten Meerbecken gerichteten Ströme stattfindet, wie sehr häufig im Norden der Erde, oder wenn auch nur einen Theil des Jahres hindurch, nämlich zur Regenzeit, unter den Tropen, wie höchst wahrscheinlich beim Niger, Nil in Afrika und andern mehr.

Oder bei dem Zuge der Ströme durch die Gebirgslande verräth sich der noch unentwickelte Zustand der Thalbildung in den Reihen von Wüsten und Rollkieselbetten, wie in Afrika, oder anderwärts von Seezügen die Bergthäler entlang, welche als wahre Stromerweiterungen jetzt nur erst durch reißende Bergströme, Cataraften, Felsketten u. s. w. mit einander in Verbindung zu stehen pflegen. Es zeigt sich dieses in dem niedern Boden der Polarländer wie in den höchsten Gebirgsländern südlicher Breiten, wo Alpenseen sich bildeten, welche andern Landschaften wiederum gänzlich fehlen. Auch zeigt sich die unentwickeltere Form in den Stromgebieten häufig beim Austritt derselben aus fast allen Gebirgsganzen der Erde, in den Sumpfregionen am Grenzsaume derselben.

Im untern Laufe der Ströme findet sich völlig ausgewirkte Thalbildung und öfter auch wieder Auffüllung derselben in den einen, wie z. B. im Nil, Ganges, Euphrat u. s. w.; indeß sie in andern, wie im Niger, den sibirischen und amerikanischen Strömen, öfter minder bemerkbar ist, und hier sogar zuweilen Zwitterströme zwischen zwei Systemen, wie der Cassiquiare in

Südamerika, wie am See oberhalb Martaban zwischen dem Ava und Pegusströmen, wie am Annam zwischen dem Siam und Cambojastrom, wie die Tärando-Elf zwischen der Tornea- und Calix-Elf in Lappland u. a. m., sich bilden konnten.

Auch hier müssen wir nur vorläufig, um des Verständnisses des Folgenden willen, einige Bemerkungen voranschicken.

Erläuterung 1.

Flußgebiet, Stromsystem.

Wenn der Zusammenhang der Höhen [1]), auf welchem wir uns die mathematische Linie der fortlaufenden Wasserscheide an den Quellen aller strömenden Wasser hinziehen müssen, die Anfangslinie bezeichnet, von welcher alle Fallthätigkeit des Flüssigen beginnt: so ist das Rinnsal im Thale die Endlinie, an deren Mündung zum Meere alles Fließen gänzlich aufhört, weil hier die Wiederherstellung des Gleichgewichts der Wasser auf dem Meeresspiegel beginnt.

Eine solche Endlinie, als absolut letztes oder tiefstes Rinnsal, wird Strom in engerer Bedeutung genannt; die ihr entsprechende Anfangslinie ist der Quellenbezirk, und der eingeschlossene Raum das Quellland, oder die Wiege des Stroms. Alle dem letzten Strome zugeordneten Wasser (affluens; contributary streams) sind Flüsse, linke oder rechte Zuflüsse, welche die dem Geäder ähnliche Verzweigung der Wasserbetten (embranchement) bilden.

Derjenige Raum, welcher durch den Quellenbezirk und den Strom, wie Peripherie und Centrum, zu einem und demselben Ganzen gehört, ist das Flußgebiet, Stromgebiet [2]); die feste und flüssige Form, in ihrer gegenseitigen Bedingung als Einheit gedacht, wollen wir Wasser- oder Stromsystem nennen.

Die Vergleichung der Stromrinnen nach Breite und Fülle (Capacität) kann das Caliber bestimmen, nach Länge und Ver-

[1]) Fr. Schulz, über den Zusammenhang der Höhen. S. 5 u. f.
[2]) Gatterer, und Otto System einer allgemeinen Hydrographie. Berlin, 1800. S. 138.

zweigung die Entwicklung derselben (developpement) [1]. Hiernach könnten Bestimmungen über den Gebrauch der Bezeichnungen von Bach, Riesel, Fluß, Strom u. s. w. aufgefunden werden, wenn es sich anders der Mühe verlohnte, da der Unterschied im Gebrauch derselben immerfort bestehen wird nach der Beziehung auf das Erdganze, oder nur in der Relation unter sich, auf einem Theil der Erde. Auch sind hier für die verschiedenartigen kleinern Wasser schon lokale, sehr bezeichnende Namen im Gange, wie z. B. die Wadis in Arabien, die Ulastus in den Kalmückensteppen, die Weds in der Barbarei, die Barrancos in allen portugiesischen Besitzungen, die Creeks in Nordamerika, die Elfen in Schweden, die Gangas in Hindostan. Sie nach einem mathematischen Princip, nach Rang und Glied zu ordnen, würde zum Theil für jetzt noch unfruchtbar sein und so wenig wahren Nutzen gewähren, als die ganz genau nach der Nummer geordnete chinesische Geographie, in der die Provinzen, Städte, Berge u. s. w. nach ihrer verschiedenen Größe eigenthümliche Namen haben, und so auch die Flüsse Kiang, Ho, Choui [2] als abgemessene Titel jedes chinesischen Flusses auftreten nach der Gradation, welche etwa fleuve, rivière, ruisseau im Französischen bezeichnet.

Wir wollen nach der Länge und dem Flächenraume, die sie sammt ihrem Quellenbezirk einnehmen [3], in Beziehung auf einen Erdtheil insbesondere oder absolut zum Erdganzen, sie als Stromsysteme vom ersten, zweiten und dritten Range betrachten.

Auch der im Ganzen unbedeutendste Fluß erlangt große Wichtigkeit für das zu ihm gehörende Lokale [4]. Die kleine baierische Isar z. B. nimmt aus ihrem Quellenbezirke bis zur Mündung von der linken 860 fließende Wasser auf, darunter 44 Flüßchen; von der rechten Seite 433 in 59 Rinnsalen; zu beiderlei Seiten rinnen 131 Seen und 5 bedeutende Flüsse in die Isar. In allem

[1]) Buache, Essai d'un Parallèle des Fleuves de l'Europe. Mém. de l'Académie. A. 1752. [2]) Amiot in Mémoires concernant l'histoire des Chinois. T. XIV. p. 176. [3]) Rennell, Appendix in M. Park, Trav. p. XVII. In den Philosophic. Transactions. Y. 1781. p. 87, und Major Müller bei Otto a. a. O. S. 139. [4]) Schleuchzer, Helvet. hist. natur. II. p. 4.

wird sie durch 136 Seen und 1293 Quellströme, die sich in 103 Rinnsalen in sie ergießen, ernährt [1]). Die Isar ist aber doch nur einer der 34 Zuflüsse (und nur vom vierten Range derselben) [2]), des Donaustroms, welcher, in Beziehung auf die Stromsysteme der Erde, nur zum dritten Range gerechnet werden kann.

Nicht die Größe allein, sondern die ganze Combination [3]) der Mannichfaltigkeit der Natur im Stromsystem soll uns hier die ganze charakteristische Individualität desselben bestimmen [4]). Ihr liegt eine physische Einheit zum Grunde, deren Princip sich mathematisch darstellen läßt [5]), welche auch der Naturblick auffaßt, wie dies im Orient mit den größten Stromsystemen, z. B. des Ganges und Indus, der Fall war. Mäbar [6]), d. i. die große Furth, heißt in Ostindien insgesammt alles Land vom bengalischen Golf, längs dem Ganges an beiden Seiten aufwärts bis zur hohen Himalajakette, und entspricht ganz unserm Begriff von Stromsystem. Mit gleichem Scharfblicke haben die Nordamerikaner die historische Wichtigkeit ihrer Stromsysteme aufgefaßt.

Anmerkung. Wasserscheiden als Tragplätze.

Die Wasserscheide, von der wir schon oben gesprochen, bezeichnet überall den Ursprung der Wiege eines Stromsystems; von ihr laufen die Thalwiegen der Quellbäche und Quellflüsse aus. Die entgegengesetzten Meerbecken zueilenden Wasser sind hier einander noch benachbart. Auf der Wasserscheide der steinigten Berge (rocky Mountains) in Nordamerika liegen die Ursprünge des Missuri und des Columbiastroms nur eine Viertelstunde [7]) auseinander; ihre Mündungen aber gehören dem Atlantischen und Stillen Ocean an, welche hier durch die große Breite des polarischen Amerika von einander getrennt sind. Zwischen Teplicz und Ganocz in der Karpathischen Ebene liegt die Wasserscheide des Baltischen und Schwarzen Meeres [8]). Die Kaukasier bezeichnen solche einander entgegengesetzt laufende Flüsse mit dem Namen Rioni, die Buräten in Sibirien nennen sie Dogno [9]); z. B. alle von der Wasserscheide

[1]) v. Riedl, hydrographische Karte von Baiern. [2]) Al. F. Marsilii Danubius. Amstelod. 1726. fol. T. VI. Mapp. potamographica. fol. 59.
[3]) Rennell, Ganges in Mem. of a Map of Hindostan. 3 Ed. p. 308.
[4]) Playfair, Illustrations of the Huttonian Theory of the Earth. Edinburgh, 1802. 8. p. 367. [5]) Playfair a. a. O. p. 102. [6]) Th. Maurice, Indian Antiquities. London, 1806. T. I. p. 230. [7]) Lewis et Clarke, Voy. p. 188. [8]) Wahlenberg, Flor. Carpat. p. XXXIII. [9]) Pallas, Russische Reise. 4. Th. III. S. 189.

zwischen dem Ostmeere und dem Eismeere; die der Lena zueilenden Nordflüsse nennen sie Aru-Dogno, die zur Wiege des Amur gehören, Urbu-Dogno. Die Mongolen verehren die Scheidegebirge, richten daselbst Steinhaufen und Gebetflaggen auf [1]), die Tungusen gehen nie an ihnen vorüber, ohne einen Zederzweig auf diese Steinhaufen zu werfen, damit, wie sie sagen, die heiligen Scheidegebirge nicht kleiner, sondern größer werden mögen. Wirklich liegt diesem Gebrauche die sehr richtige Bemerkung unter, daß die Wasserscheiden nicht als absolute Grenzen zu betrachten sind, und daß die Flüsse nicht nur vorwärts laufen, sondern nach ihrem Ursprunge zu auch rückwärts schreiten, indem die Quellen aller Bäche und Flüsse, wie dies auf den Hochgebirgen so zerstörend wird, wirklich reculiren [2]).

Für die weiten Flächen des Nordens der Erde in Nordamerika sind diese Wasserscheiden als Tragplätze (partage, transports), im russischen Norden unter dem Namen Wolocken (woloczit heißt schleppen, tragen [3])), sehr wichtig geworden; man hat selbst Völker nach ihnen genannt, Tschudi transvolokani [4]). Nur zwei solcher Wolocken sind zwischen dem Schwarzen und dem Eismeere in Rußland; der eine zwischen dem Don und der Wolga bei Zarizyn, der andere oberhalb Tscherdin zwischen der Kolwa und Petschora. In Ungarn heißen sie Käz, wie z. B. Themeskäz zwischen der Themesch und dem Marosch.

In den verschiedenen Erdtheilen sind sie auch sehr verschieden vertheilt, und nicht von gleicher Bedeutung. Amerika [5]) hat deren 9 wichtige zwischen dem Ost- und West-Ocean; Europa hat 10 merkwürdige zwischen den entgegengesetzten Meerbecken, ist in dieser Hinsicht am mehrsten zugänglich gemacht, und Karl der Große erkannte schon ihre Wichtigkeit. Asien und Afrika dagegen zeichnen sich durch die Armuth dieser Hauptformen der Scheidegebirge aus, welche als eine Bedingung einer Art der Communication des Innern eines jeden Erdtheils mit seinen Umgrenzungen doch scheint vorausgesetzt werden zu müssen.

Die Hauptwasserscheiden theilen die Erdoberflächen in fünf große Meerbecken (Bassin de mer) der ersten Art, in 16 der zweiten und 26 der dritten Größe, deren Betrachtung uns weiter unten an einem andern Orte beschäftigen wird.

[1]) Neue Nordische Beiträge. Th. II. S. 95. [2]) Journ. de Physique. 1810. Juin, und Pasumot, Voy. physique dans les Pyrénées. p. 245. [3]) Wahlenberg, Flor. Carpat. p. XXXIII. [4]) Schlözer, Nordische Geschichte. S. 392, u. Schlözer, Nestor. Th. II. S. 41. [5]) A. de Humboldt, Essay politique sur le Roy. de la Nouv. Esp. I. ch. 2.

Erläuterung 2.

Richtung, Gefälle, oberer, mittlerer und unterer Lauf der Ströme.

Die Hauptrichtung oder die Normaldirection der Ströme [1]) wird theils durch die gegenseitige Richtung der Wasserzuleitungen in Verbindung mit dem gegenseitigen Verhältniß ihrer Wassermassen und ihres Falles, theils durch die Beschaffenheit und die Structur der Gebirgs- und Erdmassen, welche sie auf ihrem Laufe durchschneiden, bedingt. In den Richtungen der Ströme stellt sich sehr oft ganz deutlich das Gesetz vom Parallelogramm der Kräfte dar, aber nur selten, oder vielleicht nie geht die Stromrichtung allein aus den unter einem gewissen Winkel mit gewissen Kräften zusammenstoßenden Wassermassen hervor. Oft tritt noch die heterogene, widerstrebende Kraft der Masse des Bettes hinzu, welche mit einwirkt auf die Richtung des Stroms. Die kleinern Abweichungen von der allgemeinen Richtung werden oft allein durch den Widerstand der Gebirsmassen verursacht. Dies ergiebt sich z. B. sehr auffallend an den Windungen des Rheins zwischen Bingen und Kaub, am obern Tessino, an der Dal-Elbe in Schweden u. a. m., wo dieses genauer verfolgt worden ist.

Aus der eckigen, im Zickzack an einander gereiheten Kette von immer kurz unterbrochenen, longitudinalen und transversalen Thälern werden, wenn der Strom aus einer festen, geschichteten, kristallinischen Gebirgsmasse hervorgetreten ist, seine Biegungen nur zu sanften Wellenlinien, wenn er in ein leicht zerstörbares Flözgebirge, oder in lockeres, aufgeschwemmtes Land übergeht. Das geübte Auge kann aus einer richtigen Zeichnung des Stromlaufs im allgemeinen, mit ziemlicher Sicherheit, auf die Masse des Bettes zurückschließen.

Die Ströme durchbrechen, wenn nicht andere mächtigere Kräfte dagegen wirken, die Gebirgsmassen in denjenigen Richtungen, in welchen sie den geringsten Widerstand finden [2]): bei Gebirgs-

[1]) Hausmann, Skandinavische Reise. Th. IV. S. 324. [2]) Hausmann, am angeführten Orte.

arten mit aufgerichteten Schichten (senkrechten) in den längern Thälern immer diesen Schichten parallel; bei horizontal geschichteten Gebirgsmassen nach den Richtungen der ausgezeichneten Kluftabsonderungen; da wo verschiedenartige Gebirgsarten an einander stoßen, lieber auf der Grenze beider (wie so viele Longitudinalthäler in den Alpen und Pyrenäen), als in einer dieselben der Queere nach durchsetzenden Richtung. Dies ist wahrscheinlich sehr oft die Hauptursache der plötzlichen Biegung eines Flusses beim Heraustreten aus einem Gebirge (Anziehung der Ströme zum Gebirge, nach Heim), welches nicht nur im Kleinen, z. B. bei den Flüssen am Harzgebirge, stattfindet, sondern auch im allergrößten Maaßstabe bei dem unmittelbaren Heraustreten der Hauptströme Asiens, beim Indus, Ganges, den chinesischen Wassersystemen u. a. aus dem Hochlande, eine allgemeine Anordnung der Stromthäler zu sein scheint. Ströme brauchen weder ihre Thäler ganz allein sich selbst gebildet [1]), noch von Anfang an von den schon gebildeten, die nur res nullius gewesen, Besitz genommen zu haben [2]).

Die Geschwindigkeit [3]) der Flüsse hängt von der Wassermenge und von der Abhängigkeit des Bodens, oder vom Druck und Gefälle ab, und muß sehr verschieden sein.

Auf den Gebirgen ist das Gefälle größer, der Druck geringer, in den Tiefen ist der Druck der größern Wassermassen überwiegender, das Gefälle geringer. Durch das Sammeln der Gebirgswasser zu Seen und durch die Horizontalboden der Ebenen wird die Schnelligkeit der Ströme gebändigt, durch die Zuflüsse aber vermehrt. Reißende Ströme durchlaufen in einer Sekunde einen Raum von 3 bis 7 Fuß, bezähmbare weit weniger, unbezähmbare weit mehr.

1. Oberer Lauf der Ströme.

In den Hochgebirgen stürzen die Wasser mehr, als daß sie strömen, daher überall die eigenthümlichen Namen der Wildbäche,

[1]) Playfair, Illustrations. Not. XVI. p. 354 u. a. O. [2]) Parrot, Grundriß der Physik der Erde. Riga, 1815. S. 327. [3]) v. Wiebeking, allgemeine Wasserbaukunst. Th. I. S. 413; Brahm, Anfangsgr. der Wasserbaukunst. §. 208.

Gießbäche, Achen, Nants, Torrents, Gaven, Elben u. s. w. In den Pyrenäen [1]) z. B. beträgt das Gefälle der Gaven im Durchschnitt auf jeden Fuß Länge auch einen Zoll; hiezu kommen von Strecke zu Strecke noch Abfälle von 2 bis 3 Fuß und mehr, so daß sie im beständigen Gebrause viel Luft einschlingen und zu Silberbächen werden. So wiederholt sich dieses auf allen Alpenländern, Hochlanden und an unzähligen Steilküsten der Polarländer [2]). Selbst die Alpenseen haben noch großes Gefälle, wie z. B. der Lago Maggiore oberhalb Mailand, zwischen Mogadin und Arona, in so unbeträchtlicher Länge noch ein Gefälle von 52 Fuß nach den Messungen des Grafen Morozzo [3]).

2. Mittellauf der Ströme.

Weit geringer ist das Gefälle unterhalb der Wasserstürze und Alpenseen, oder bei Flüssen, die überhaupt nur von geringern Höhen herabrinnen, wie z. B. der Neckar [4]), der von seiner Quelle bis Heilbronn, 50 Stunden Lauf, auf jede Stunde Wegs nur 32 Fuß Gefälle, oder auf 32 Fuß Lauf noch nicht einen Zoll Fall hat. Geringere Resultate giebt das Flußprofil des Odergebietes [5]) in Schlesien, weit geringer ist noch der Fall der Donau von der Quelle bis Preßburg, nämlich nur 1700 Fuß auf alle 9 Längengrade horizontalen Abstandes. Ja das im allgemeinen sehr geringe Gefälle der Ströme hat schon öfter die Aufmerksamkeit auf sich gezogen [6]) und darf auch bei den folgenden Betrachtungen nie aus dem Auge verloren werden.

Unter Flußbette versteht man die ganze Breite des Flusses, welche nach dem Wasserstande oft sehr verschieden sein muß; wie

[1]) Pasumot, Voy. phys. p. 153. [2]) Wahlenberg, de altitud. Montium Helvetiae, in de Vegetatione et Climate in Helvetia septentr. Turic. 1813. p. VIII. etc. [3]) Nivellement depuis Turin etc. tab. III. in den Mém. de l'Académie de Turin. A. 1788. p. 3. [4]) Bohnenberger, Barometr. trigon. gemessene Höhen, im Tübinger Blatt für Naturwissenschaft und Arzneikunde. 1r Band 3tes Stück S. 330. [5]) T. v. Charpentier, Flußprofil von Schlesien. Bresl. 1812. S. 106. [6]) Otto, Hydrographie; Parrot, Phys. der Erde. S. 228; S. F. Lacroix, Introduction à la Géogr. Mathématique et Critique etc. Paris. 2. Ed. 1811. p. 332 u. a.

z. B. des Mississippi zu Natchez bei niedrigem Stande kaum eine halbe Stunde (1 mile Engl.), bei hohem Wasserstande 6 geogr. M. (30 miles) [1]; des Orinoko, der bei St. Thomas ¾ Meilen (3050 Toisen) breit ist, zur Zeit der Wasserschwelle aber bis 15 geogr. Meilen nach Dupons [2]) u. a. m.

Verschieden vom Flußbett ist die Stromrinne [3]), derjenige Theil desselben, welcher der ganzen Flußmasse erst Leben und Bewegung giebt, gleichsam die pulsirende Arterie des Flusses ist. Im obern Lauf fällt sie meist mit dem Bette selbst zusammen; im Mittellauf ist sie mehr bezeichnet, und bestimmt eigentlich Richtung, Neigung, Geschwindigkeit. Sie liegt gewöhnlich nicht in der Mitte des Stroms, folgt zwar dem allgemeinen Gefälle (pente), zieht aber zunächst an der steilsten Felswand des Thals (contrepente nach Andreossy) in der größern Tiefe hin. Durch sie werden in ebneren Boden die Windungen der Ströme vergrößert; diese hemmen die Bewegung; die Serpentinen (Maeanders der Engländer) oder der Schlangenlauf bildet sich, und wird so eine Characterform [4]) des mittlern Stromlaufes. Zwischen diesen bilden sich Inseln, Werder, Auen, aber, mit sehr wenigen Ausnahmen, keine Seen, welche den obern Lauf der Ströme characterisiren. Aber bei diesen Stromthälern läßt es sich sehr häufig nachweisen, daß sie gegenwärtig nur weite, trockengelegte Seeboden sind.

So ist es z. B. im Rheinthal von Schafhausen bis unter Straßburg [5]) zum Bastberg hin, und wieder von Ladenburg bis Bingen [6]). Eben so nachzuweisen ist es bei der Donau im Mittellaufe von Ulm an bis zu den Zusammenschnürungen (étranglemens), von Kloster Neuburg [7]) oberhalb Wien, und von da wiederholt sich dieselbe Erscheinung noch einigemal oberhalb Pesth und un=

[1]) W. Dunbar in den Transactions of the American Society at Philadelphia. 1804. T. VI. p. 165. [2]) Dupons, Voyage à la terre ferme. T. III. p. 255. [3]) v. Wiebeking, Allgem. Wasserbauk. I. S. 430, und Rennell, Mem. 3. Edit. p. 340. [4]) Rennell, Mem. über den Ganges a. a. O. [5]) Hammer, sur le Bastberg, in den Annales du Musée d'Hist. Nat. T. VI. p. 356. [6]) v. Wiebeking a. a. O. I. S. 447.
[7]) Bory St. Vincent im Berlin. Magazin für Natur=Wissenschaft. 1808. S. 295.

terhalb Semlin in den Stromengen von Orsova [1]) u. a. O. Eben so ist es am Ganges, Indus, Euphrat, in dem amerikanischen Strömen u. s. w. Ja im unentwickelteren Stromsysteme des Sanct Lorenzo sind die Seereihen noch vorhanden, welche sich als so viele Bassins, eins in das andere, ergießen und so den Strom selbst konstituiren; aber die Fortschritte der Strombildung konnten hier seit den wenigen Jahrhunderten in einem so kolossalen Maaßstabe, wie sonst nirgend, beobachtet werden [2]).

Die Uebergänge, welche die fließenden Wasser aus den obern dieser trockengelegten Seeboden in die untern machen, sind fast insgesammt bei allen Strömen noch sichtbar, mehr oder weniger characterisirt durch Felsengen (défilés), Zusammenschnürungen (étranglemens), oder häufig noch von queer durch das Flußbett hindurchstreichenden Trümmern alter und einst größerer Felsbänke, Riffe, Klippen, Stufen, Untiefen, welche die Strudel und Stromschnellen (whirlpools, rapids der Engl., rapides, sauts der Franzosen, saltos und raudales der Spanier, Scheweren der Sibirer) bilden, und oft, wie z. B. so häufig in Nordamerika u. a. O., Cataraktken genannt werden. Um bei den nächsten europäischen zu bleiben, so sind es z. B. die Saltos de Lobo der Guadiana, die Stromschnellen oberhalb Monte Corvo im Duero, die Stromschüsse unterhalb Saragossa bei Sastago im Ebro [3]); die Rapides der Rhone zwischen den Granitbänken von Pierre Encise unter Lyon [4]), die Felsbänke der Loire unter Roanne [5]) bei Iguerando, die des Mittel-Rheins unterhalb Straßburg, am Binger-Loch, bei Sanct Goar, unter Andernach [6]); die der Elbe bei Leitmeritz, Aussig, Rauhe Furth, Klingler und Meerschützer Furth unterhalb Meißen [7]). Es sind die Donaustrudel [8]) bei Grein, die Strom-

[1]) Marsilii Mappa Gen. Danubii. Tab. 40 und 16; und Popowitsch, Untersuchungen vom Meere. S. 244. [2]) A. Ellicot in den Transact. of the Americ. Soc. T. IV. p. 228. [3]) Townsend, Tr. III. p. 45.
[4]) Journ. des Mines. Vol. IV. p. 41. [5]) Passinges im Journ. d. Min. VI. p. 817. [6]) J. F. Ockhardt, der Rheinstrom u. s. w. Mainz, 1816.
[7]) Marperger, Elbstrom. Dresden. 4. S. 7. [8]) Nachrichten von den im Strudel der Donau vorgenommenen Arbeiten durch die K. K. Navigations-Direction. Wien, 1781. Fol. S. 1.

schnellen bei Kloster Neuburg, die Klippenpässe bei Tachtali, Demirkapi, Orsova; in dem Dnepr sind es die 15 Porogs unter Katharinoslaw [1]) u. a. m.

Dieselben Erscheinungen finden sich gleich charakteristisch in allen Strömen der übrigen Erdtheile wieder, und ihre Beachtung wird noch zu wichtigen Resultaten über die Gesammtbildung derselben führen. Sie erschweren überall die Schifffahrt, oder hindern sie ganz, und müssen nicht mit den eigentlichen hohen Wasserfällen, den Katadupen, Cataracten u. s. w., verwechselt werden. Diese nebst den steilen Felsufern und den Alpenseen charakterisiren den obern Lauf der Ströme innerhalb des Hochgebirges; die Stromschnellen aber, nebst den weiten horizontalen Seeboden und Serpentinen, den Mittellauf derselben innerhalb der Stufenländer. Unterhalb der letzten Stromschnellen treten die Ströme nun in das horizontale niedrige Flachland der Erde ein, in welchem die dritte charakteristische Form sich zeigt.

3. Unterer Lauf.

Die Strombetten des obern und mittlern Laufes mußten, wie sie nach und nach an Wasserfülle abnahmen, trocken gelegt werden [2]); so wie die Vormauern in den obern Stufen durchbrochen waren, wurden damit die untern überfüllt. Das lehrt noch heut zu Tage die Geschichte aller Strombetten [3]).

Das Gefälle des untern Laufes wird oft fast unmerklich, z. B. des Senegal von Podor zum Ocean auf 60 Lieues nur $2\frac{1}{2}$ Fuß, nach Adanson; des Amazonenstroms auf 200 Seemeilen landeinwärts nur $10\frac{1}{2}$ Fuß, also auf 1000 Fuß kaum 2 Linien, nach Condamine, u. s. a. m.

Der Druck der hier sehr mächtigen Wassermasse, der Gegendruck der Ebbe und Fluth, die jährliche Periode der Stromschwellen, bewirken hier, noch vor der Herstellung des Gleichgewichts,

[1]) Güldenstädt, Russische Reise. Th. II. S. 108. [2]) Ebel, von dem Bau der Erde im Alpengebirge. Th. 1. [3]) Playfair, Illustrations. p. 357; Wrede, Geologische Beobacht. über einen Theil der Südbaltischen Länder. Halle, 1794. S. 56 u. a. O. m.

erst noch einen beständigen Kampf der Elemente, dessen Resultat nach der verschiedenen Localität auch sehr verschieden sein muß [1]).

Die Wassermasse des Stroms sucht nach Ausgleichung des Niveaus durch die Stromscheidung [2]) oder Bifluenz, wie der Nil bei Cairo; die Arbeit des Stroms gegen das Land und der Widerstand des Meeres bewirken die Ablage (dépôt de fleuve, alluvial delritus) der Ströme, welche unter der Wasserfläche zu Barren, Flußriegeln (bas fond, barres), über derselben zu Deltas [3]) (atterrissements) werden. So z. B. am Ganges, Indus, Euphrat, Nil, Rhein, überhaupt an 14 der Hauptwassersysteme der Erde. Das Gegentheil, noch nicht gefüllte Räume, sondern weite Mündungen, negative Deltas (Negative Delta oder Inlet of the Ocean der Engländer) [4]) zeigen sich bei 9 großen Haupt-Wassersystemen, wie am Ob, Jenisei, Sanct Lorenzo, Columbia-Fluß u. s. w., kurz meistens im Norden der Erde, und selbst bei den kleinern Elfen und Creeks.

Eine andere Eigenthümlichkeit des untern Laufes ist das außerordentlich häufige Wechseln der Stromrinne, und dadurch das Wandern des Strombettes [5]) von einer Seite der Ebene zur andern, welches bei dem Ganges, Indus, Euphrat, Nil, Rhein, historisch verfolgt, so merkwürdig sich zeigt.

Vom untern Laufe der Ströme beginnt die alljährlich wiederkehrende, allgemeine Ueberschwemmung des Flachlandes unter allen Theilen der Tropen, und darnach richtet sich der neue Ansatz des Thalbodens, das Resultat der arbeitenden Ströme (ποταμὸς ἐργατικός) im Sinne Herodots [6]).

Wie diese nun in ihrer Mündung einem Binnenmeere, oder einem Ocean mit Ebbe und Fluth zugewendet sind, je nachdem ändert sich auch wieder die ganze Natur des untern Stromlaufes ab. Dieses zeigt sich z. B. bei den Hauptwassersystemen des Nils,

[1]) Playfair, Illustrations. Not. XVI. p. 351. [2]) v. Wiebeking, Allgem. Wasserbaukunst. Th. I. S. 445. [3]) Andreossy, Mém. sur l'Egypte. T. I. p. 190. [4]) Playfair, Illust. p. 430, und Dunbar, Descript. of the Missisippi and its Delta, in den Transact. of the Americ. Soc. at Philadelphia. 1804. T. VI. p. 165. [5]) Rennell, Mem. 3. Edit. p. 340, und Elphinstone, Cabul. p. 26 und 654. [6]) Herodot II. c. 11.

der Donau, der Wolga, dieses Kleeblatts der nicht-oceanischen Wassersysteme eines Theils, im Gegensatz derer, die den höchsten Fluthen des Oceans zugekehrt sind, wie die chinesischen, indischen, ostamerikanischen Weltströme, und dann derjenigen, welche nur minderhoch von ihnen afficirt werden können, wie die mehr dem Westen und Norden, als dem Osten und Süden zugekehrten Mündungen der Ströme.

Erläuterung 3.

Die Stufenländer der Erde.

Es ergiebt sich schon aus diesen hier nur vorläufig angedeuteten Hauptverhältnissen der Stromsysteme, wenn man sie im Zusammenhange mit sich selbst vergleicht, und in Beziehung auf die Hochländer und Flachländer der Erde im Ganzen betrachtet, daß sie drei Hauptformen haben, welche in derselben Succession von der Höhe nach der Tiefe sich allmählig entwickeln.

In Beziehung auf den Strom bezeichnen wir sie durch die Ausdrücke: Oberer, Mittler und Unterer Stromlauf; in Beziehung auf das Areal des ganzen Wassersystems können wir sie die drei Stufen, und die Länder, in dieser Succession gedacht, die großen Stufenländer (gradins, steps) der Erde nennen.

Denn dieselben Gesetze, die sich im Großen in dem Hauptstamm zeigen, wiederholen sich im verjüngten Maaßstabe in den Aesten und in der Verzweigung jedes einzelnen Zuflusses, wie des ganzen Wassersystems. Nicht, weil hier der Grund, wie bei der Vegetation in der gleichmäßig wirkenden Kraft von der individuellen Wurzel aus, von unten nach oben, liegt: sondern weil hier eine universelle Bedingung von oben nach unten, nämlich eine frühere allgemeine Wasserbedeckung, mehr als bloße Hypothese und wirkliche Thatsache ist, von der so gut einst eine über die ganze Erde gleichartige Urbildung aller Wassersysteme ausgegangen, wie von Einer Wurzel aus die gleichförmige Verzweigung jedes einzelnen Baum-Individuums noch tagtäglich sich entwickelt

Wie durch die Eine vegetative Lebenskraft im Baum ein System von Verzweigung erscheint, so auch durch die Eine Wasserbedeckung ein System von Thal und Fluß und Strombildung nach unten zu, dessen einzelne Glieder nicht zufällig von hie und daher kommend, so und so in einander einmünden, sondern nach einem so bewundernswürdigen konstanten Gesetz [1]) im gleichförmigen Niveau, daß eben nur eine solche Gemeinschaft der Wirkung auf eine Gemeinschaft der Ursache zurückzuschließen erlaubt. Von einzelnen Ausnahmen soll hier die Rede nicht sein [2]).

Diese Gesetzmäßigkeit in der Wirkung bedingt nun auch die Realität in der natürlichen Eintheilung in jene drei Stufenländer, deren wesentliche Charactere eben diejenigen zu sein scheinen, welche wir oben angeführt haben.

Die Monographien der Stromsysteme werden es in der Folge weiter entwickeln, wie auch da wieder verschiedene natürliche Unterabtheilungen eintreten können, und wie eben in diesen die Eigenthümlichkeit jedes Hauptwassersystems modificirt ist.

Diese Betrachtungen erlangen in der allgemeinen Erdkunde noch größere Wichtigkeit, wenn wir bedenken, daß gewisse Völker ihre höheren Stufen der Bildung nur innerhalb des begünstigten Locales der Hauptstromsysteme erreichten, und daß das Pulsiren dieser Erdadern gleichsam mit zu den natürlichen Anregungen des Körpers des Menschengeschlechtes, aus der generellen Masse sich zur Persönlichkeit eines Volkes und Staates heraufzubilden, gehört.

[1]) Playfair, Illustrat. of the Hutton theory. p. 102. [2]) Playfair, Ill. p. 402.

III.

Abhandlungen

zur

Begründung einer mehr wissenschaftlichen Behandlung der Erdkunde.

Vorgetragen in der Königl. Akademie der Wissenschaften in Berlin.

I.

Ueber geographische Stellung und horizontale Ausbreitung der Erdtheile.

(Vorgetragen am 14. Decbr. 1826.)

Seitdem man sich gewöhnte, die Erde nicht mehr nur an sich als einen mathematischen, sondern (nach J. Newtons Vorgange) auch als einen von Naturthätigkeiten bewegten und erfüllten physikalischen Körper zu betrachten, dessen Entwicklung und Bildungstheorie als Leiter der fernern mathematischen Erforschung der Erdgestalt dienen mußte, wodurch dieser Forschung selbst eine neue Richtung gegeben ward, geschah zugleich der größte Fortschritt zur Erkenntniß der Erde in allen ihren Theilen. Die verschiedenartigsten Erscheinungen auf diesem Planeten erhielten ihre Erklärung durch die großartigen, aber einfachen Attractionsgesetze; jene zeigten sich als Resultate an sich sehr mannichfaltiger, aber harmonisch vereinter Wirkungen der verschiedensten, sowol nahen als fernabstehenden, nur scheinbar unzusammenhängenden und zerstreuten, dennoch aber unablässig und gleichmäßig auf den Erdball, wie gegenseitig auf einander einwirkenden Glieder des gesammten Sonnensystems.

Die Erde, nur ein Glied dieses Sonnensystems, besteht für sich wieder als eignes System von Erscheinungen, unter welchen auch die vielfache Sonderung ihres Umfangs und die scheinbare Zerstreuung oder Sammlung ihrer verschiedenartigen Theile durch benachbarte oder entferntere Räume die Natur ihrer Oberfläche mannichfaltig bedingt hat. Jeder ihrer noch so gesonderten Theile liegt gleichfalls nicht wirkungslos und zufällig fern von oder neben dem andern, sondern steht im Zusammenhange mit ihrem Gesammten; jeder hat, als mitwirkendes Glied, seinen nothwendigen Antheil an dem geschlossenen Ringe des ganzen Erdsystems, das eben dadurch zum besondern Planeten ward, mit eigenthümlicher Anordnung und in allen seinen Theilen und Verhältnissen eigenartiger Wirksamkeit.

In dieser Anordnung, welche in den leblosen wie in den zugehörigen belebten Theilen dieses Erdsystems auch zu dessen Natur und Geschichte ihren Beitrag giebt, ist wesentlich ein eigenthümliches, ein tellurisches Element, nämlich ein anderes vorhanden, als in der Einrichtung der vereinzelten, von ihm abgelösten unorganischen wie organisirten irdischen Naturkörper insbesondre. Es ist ein eigenthümlicher Organismus des Planeten in seiner Gesammtheit sichtbar, der über die bloße Raumerfüllung und die Grenze der unorganisirten Naturkörper hinaus das Gebiet der Vegetation wie der lebenden Organismen durchdringt und in das Reich der geistigen Thätigkeit derselben gestaltend und bedingend eingreift.

In den Gesammterscheinungen der Natur und der Geschichte treten die Einwirkungen dieser tellurischen Anordnung des Planeten und seiner Verhältnisse überall hervor, da er zum Schauplatz der Natur und ihrer Kräfte, wie zum Träger der Völker von Anfang an eingerichtet ward, als Heimath, Wohnort und temporäre Entwicklungsanstalt für das Menschengeschlecht, das ohne diese Bedingung nicht gedacht werden kann.

Die Auflösung dieses allgemeinen Verhältnisses in seine Besonderheiten ist die Aufgabe der Wissenschaft; jedes besondere Verhältniß gewinnt dadurch seine Bedeutung für Betrachtung und Leitung in Beziehung auf das Allgemeine und Individuelle; die einfachsten, unscheinbarsten Verhältnisse treten dadurch in ihrer allgemeinsten Wirksamkeit hervor.

Zu diesen gehören unstreitig die blos räumlichen Ausbreitungen der Rinde des Planeten nach ihren natürlichen Abtheilungen, über welche es erlaubt sei einige Bemerkungen mitzutheilen.

Die ungleiche Vertheilung der Länder- und Wasserflächen

über den Erdball ist längst beachtet worden, man hat das quantitative Verhältniß der rigiden und der flüssigen Form, welche die Planetenrinde überdeckt, wenigstens durch annähernde Vermessung und Schätzung des Areals zu berechnen gesucht, weil der ganze Länderbesitz damit zusammenfiel; man hat sich bemüht, das Ganze wie das Einzelne mit mehr oder weniger Vollständigkeit zu beschreiben. Weniger, scheint es, ist man auf ihre Figuren, Gestaltungen, Stellungen und auf deren gegenseitige Verhältnisse, sowol der Ganzen als der Theile, aufmerksam gewesen, obwol eben hierin seit der ersten Anlage merkwürdige Keime und Bedingungen wirklich schon realisirter, oder im Fortgang begriffener Entwicklungen aller Art verborgen liegen mußten für einen mit Naturkräften erfüllten und an seiner Oberfläche überall mit lebendigen Organismen bedeckten Planeten. Außer den so auffallenden climatischen Unterschieden, welche bekanntlich diese Vertheilungen treffen, die niemals übersehen werden konnten, ergiebt sich aber eben so unmittelbar, daß jedem Raumverhältnisse an sich, von Thätigkeiten erfüllt gedacht, nothwendig auch Zeitverhältnisse entsprechen, welche von jenen Stellungen, Figuren, Gestaltungen abhängig sind, wodurch allein schon ein mannichfaltiges System von Erscheinungen, in Berührungen, Trennungen, Wanderungen, Wechselwirkungen, nach dem Nebeneinander- oder Auseinanderliegen der Theile und nach der Zeitfolge ihrer Ein- und Gegenwirkungen, stattfinden mußte. Eben so unmittelbar ergiebt sich, daß jeder physikalischen Bedingung dieser oder anderer Art eine Folge in dem Hergang der Dinge, eine historische Entwicklung nach außen oder innen, im Besondern oder Allgemeinern entsprechen konnte oder mußte.

Nur einige dieser räumlichen Verhältnisse, welche in den horizontalen Dimensionen und Verbreitungen liegen, wollen wir hier beachten, und die verticalen Dimensionsverhältnisse später zu entwickeln suchen, mit denen man sich im Besondern schon vielfältig beschäftigt hat, ohne jedoch jene gehörig dabei zu berücksichtigen, obwol sie die Grundlagen von diesen ausmachen.

I. Contrast der Land- und Wasser-Halbkugel.

Einige Beobachter haben schon die Aufmerksamkeit auf die ungleichartige Vertheilung der Länderflächen, im Gegensatze der Wasserflächen, geleitet, indem sie zeigten, daß jene mehr den Nordpol der Erde umlagern, als den Südpol, und mehr gegen unsern Osten zusammengedrängt sind, als gegen den Westen.

Aus diesem Doppelverhältniß der Vertheilung ergiebt sich, bei Berücksichtigung des Vorherrschens der starren und flüssigen Form, von selbst die Anordnung einer nordöstlichen Landhalbkugel und einer noch größern südwestlichen Wasserhalbkugel, welche wol den größten Contrast auf dem Erdballe bilden; ein Verhältniß, das man (mit Erweiterung des Begriffs der Benennung Erdkreis, im Sinne der Alten) mit dem Gegensatze des großen Erdkreises und des großen Wasserkreises bezeichnen könnte, so daß von einer continentalen wie von einer pelagischen Seite des Erdplaneten die Rede sein kann. Die gegenseitige Begrenzung beider Kreise, welche sich nicht durch eine bloße Linie bezeichnen läßt, sondern durch eine breite Zone, die, über Wasserflächen und Gestadeländer hinziehend, leicht sich selbst ausweiset, umkreiset den ganzen Erdball und durchsetzt den Aequator, in Nord-Ost der Mosambikstraße und am Küstenmeere von Peru, etwa in einem Winkel von 45 Grad. In der Mitte der nördlichen Landhalbkugel, oder dieses großen Erdkreises, liegt der durch seine gesteigerte Civilisation alle andern Erdräume beherrschende Theil von Europa, durch möglichst vielseitige Berührung mit der großen Continentalform des Planeten, in dem Mittelpunkte der größten Wirksamkeit, mit der am weitesten gewonnenen Sphäre seiner historischen Einwirkungen und Entwicklungen.

In die Mitte der Wasserhalbkugel, oder jenes großen Wasserkreises, wurden dagegen die australischen Gestade und Inselgruppen ganz außerhalb aller natürlichen, frühzeitig entwickelnden Berührungen mit dem großen Kreise der Continente gestellt, daher jene Völker, unsre Antipoden, nothwendig erst nach den vollendetern Kunstmitteln oceanischer Schiffahrt, also nach dem Ablauf der

Weltgeschichte von Jahrtausenden, mit hereingezogen werden konnten in den Kreis allgemeinerer Civilisation. Blos ihre räumliche Stellung auf dem Planeten bewirkte dieses Verhältniß, so wie die merkwürdige Aneignungsfähigkeit Europa's für die Mannichfaltigkeiten der übrigen Landwelt und die frühere Zeitigung universeller Cultur zu rückwirkender, allgemeinerer Ausbreitung, bis zum äußersten Ring des Landkreises, wenigstens mitbedingt ward, durch diese centrale Stellung zum Planeten, oder durch die Weltstellung des Theiles zum Ganzen.

Durchaus verschieden von der Lage der zerstreuten und außer des Zusammenhangs gestellten Austral-Länder ist die der nur scheinbar gleichartig auseinander liegenden Gebiete anderer Erdtheile, wie Amerika's, Afrika's und eines großen Theils von Ost-Asien. Der Landhalbkugel zugehörig, liegen diese wirklich der gemeinsamen Mitte räumlich weit genäherter; doppelartig günstige Formen von Land- und Wasserverbindungen verschiedenster Art drängen sie, der Zeit nach, noch näher gegen den großen Schauplatz des gemeinsamen Weltverkehrs, welcher sich in jeder Hinsicht zuerst und am ergreifendsten in der Mitte der Landhalbkugel, dem Boden der alten Weltgeschichte, nur entwickeln und von da die Sphäre seiner Wirkungen erweitern konnte. Daher tragen auch fast alle Ländertheile der Landhalbkugel in ihren Erscheinungen, Produkten, Bevölkerungen, Sagen, Denkmalen und Geschichten wenigstens analoge Spuren jener Einwirkung eines allgemeinen frühesten Zusammenhangs desto mehr, je näher sie der gemeinsamen Mitte stehen, — desto weniger, aber individualisirter in allem, je weiter sie davon entfernt und den Enden des großen Erdkreises angehörig sind; sie scheinen dagegen den vom Continente unberührten fernen Inselländern der Wasserhalbkugel, die man nicht etwa noch Nachbarinseln derselben nennen kann, gänzlich zu fehlen.

In dieser Hinsicht sind nur die äußersten Südgestade der Continente von Südamerika und Südafrika mit zum isolirteren Gebiete der Australländer zu zählen, nicht blos, weil sie über jene Begrenzungslinie hinausragen in das vom Ocean vorzugsweise beherrschte Gebiet, sondern weil ihnen auch, durch die ihnen im

Rücken liegenden, ungünstigern Gestaltungen ihrer Oberflächen, nicht die Vortheile des allgemeinern Landzusammenhanges zu gute kommen konnten. Wenn sie auch nicht ganz die Natur isolirter oceanischer Inseln annehmen konnten, so gehören sie doch jenem Gürtel, oder der großen Zone von Gestadeländern an, welche die Wasser= und Landwelt des Planeten scheidet. Ein Gürtel von vielfach verengten, theilweis oder ganz zerrissenen, abgesprengten und vereinzelten Gliedern, oder Inseln, rings um die äußere oder die oceanische Peripherie der Landhalbkugel, ein Kranz, welcher nur an zwei Stellen in verschiedenen Breiten ganz durchbrochen ist: Einmal in der größten Annäherung zum Südpol durch den breiten äthiopischen Ocean zwischen dem Cap Horn und dem Cap der guten Hoffnung, und Einmal in der größten Annäherung gegen den Nordpol durch die enge Behringsstraße zwischen N.O.=Asien und N.W.=Amerika. In der gleichartigen Gesammtstellung dieses Gürtels von Gestadeländern, des einzigen in seiner Art auf der Erde, an der Peripherie der Landhalbkugel, gegen den großen südlichen Wasserkreis des Planeten liegt das gemeinsame Verhältniß ihrer Abwendung von der continentalen Seite der Erde, ihrer Uebergänge und Annäherung an das Charakteristische der oceanischen Südwelt, wogegen die Unterschiede, welche die climatischen Abwechslungen in diesen Gürtel bringen, sich nur wie Arten zu Gattungen verhalten. Es fallen in diesen Kranz der Gestade die Südenden von Amerika, Südafrika über Madagaskar hin, die Südenden Hinterindiens mit den Sundischen Inseln, die vulkanreichen Inselzüge am Ostgestade Asiens entlang, über Japan hin bis Kamtschatka, Alaschka, N.W.=Amerika, Californien und, am vulkanreichen Westgestade Amerikas zurück bis wieder gegen das Südende dieses Erdtheils.

Der Contrast dieser eigenthümlichen Gegeneinanderstellung ganz verschiedenartig überzogner, größter Breiten des Planeten, die vorherrschend mit dem feuchten oder trocknen Elemente bedeckt sind, scheint für dessen Organisation gleiches, ja noch überwiegendes Gewicht zu haben, wie dessen mathematischer Contrast des Nordens und Südens an beiden Polen, und wie dessen climati=

scher, den man mit dem Ausdruck der Einen Tropenwelt und der beiden Polarwelten bezeichnen kann.

Von diesen dreifachen, sich in ihren Berührungslinien und Mittelpuncten merkwürdig durchkreuzenden und gegenseitig bedingenden Gegensätzen beruht der erstere nur auf der eigenthümlichen horizontalen Ausbreitung der festen und flüssigen Form, also auf dem einfachsten Verhältnisse, ist aber von einem das Ganze beherrschenden Einflusse, der selbst das Beweglichste und Unbestimmbarste, die den Erdball umschwebende Lufthülle, unmittelbar berührt, und wie die Sonne durch Licht und Wärme, so durch die Feuchtigkeit immerfort umbildet und gestaltet. Denn die eine Hälfte derselben, mit dem Uebermaaß des Feuchten erfüllt, erhält den oceanischen Wolkenhimmel mit den hängenden Meeren; die andere Hälfte mit dem vorherrschend trocknen, klaren, continentalen Lufthimmel wölbt sich vorherrschend über das Maximum der trocknen Ausbreitungen hin, wie jene die Mitte des Wasserkreises beherrschen, indeß ihre allgemeinsten und regelmäßigsten Ausgleichungen über der großen Zone der Gestadeländer zu suchen sind, in welche z. B. die Region der Monsune fällt u. a. m. Mit der Bedingung des climatischen Gegensatzes ist durch diesen Contrast des Feuchten und des Trocknen, der aus der allgemeinen Weltstellung der doppelten Formen hervorgeht, das allgemeinste Verhältniß der grünen Bekleidung der Erde bezeichnet.

II. Die Gruppirung der Erdmassen.

Ein zweites, von dieser allgemeinsten Vertheilung beider Hauptformen, des Festen und Flüssigen, ganz verschiedenes Verhältniß ist das der Gruppirung der Erdmassen an der Planetenoberfläche, die in ihrer rigiden Gestalt von der Mitte nach außen, wie die Blüthenseite des planetarischen Gewächses sich zur Atmosphäre hin, dem Sonnenlichte entgegen hob, und als Fruchtboden, voll der mannichfaltigsten Keime von Entwicklungen, mit der Schönheit der Landschaft überzogen, vielartig sich entfaltete und auf sehr verschiedene Weise zur Entwicklung höherer Bildungen sich aufschloß.

Diese Gruppirung begreift zwar jene, im Nordosten vorherrschend gewordene Masse der Continente mit in sich, zeigt aber außerdem noch das für Länderbildung wichtig gewordene Phänomen der Massenanhäufung gegen die gemeinsamen Mitten, und der Sonderung und Zerspaltung an den Umsäumungen der Peripherien.

Der Erdglobus zeigt, wie den nördlichen Polarkreis die beiden großen Vesten der Alten und Neuen Welt in großen Breitenausdehnungen bis über den 70sten und selbst bis gegen den 80sten Grad nördlicher Breite umlagern, wo ihre auslaufenden Landspitzen und Vorgebirge sich einander bis auf geringere Strecken begegnen, ja, wie zwischen N.O.-Asien und N.W.-Amerika beinahe bis auf Tagereisenbreite gegenseitig berühren. Dieser weiten Ausbreitung gegen den Norden ist überall nach dem Süden hin die Verengung der Continente entgegengesetzt, ein Contrast von Ausdehnung und Zusammenziehung im Allgemeinen wie im Besondern, vorherrschend im Großen und bis zum Kleinen sichtbar.

Das Verlaufen aller einzelnen Erdtheile gegen die nicht arctischen Seiten, zumal aber gegen den Süden, in keilförmig sich verengende Enden, Halbinseln, Glieder, zeigt sich auf jedem Globus sogleich; gegen die Wasserhalbkugel hin bilden nur noch schmale Vorländer und endlich nur Inseln in sporadischer Zerstreuung die letzten Repräsentanten der Continentalform, bis auch diese im Gebiete des freien Oceans fast in bloße Klippen zersplittert sind, oder gänzlich verschwinden.

Eben dieser Gegensatz der Ausdehnung und Zusammenziehung nach Mitte und Enden, mit dem strahligen Auseinandergehen der Erdflächen von einem gemeinsamen, aber doppelt in die Alte und Neue Welt gesonderten Stamme, gegen die Glieder hin, giebt der Gesammtgruppirung ihren Hauptcharakter, der für das Ganze wie für die Entwicklung aller untergeordneten Gruppen und Ländertheile von dem entschiedensten und dauerndsten Einflusse gewesen, und durch das, zum räumlichen Dritttheil größere Uebergewicht der Gewässer über die trocknen Flächen noch überall gesteigert und verstärkt werden mußte.

Aus dieser Gruppirung ergiebt sich, daß die arctischen Länderbreiten eben daher auf dem Erdkreise überall einander räumlich benachbart geblieben sind; sie zeigen darum auch unter den verschiedensten Längengraden minder verschiedenartige Erscheinungen, als andere, mit ihnen unter gleichen Erdmeridianen, aber viel weiter auseinander gerückt liegende Localitäten der Erde. Sie stehen, wie es scheint, einander geognostisch sehr nahe. Die organischen Bildungen sind durch einander mehr genäherte Formen und einfachere Verhältnisse bedingt, zeigen in den beiden getrennten Haupttheilen der Alten und Neuen Welt mehr verwandte und gleichartige Gruppen als sonst wo, und selbst die Ausbreitung der Völkerschaften, welche zu ähnlichen Familien und Stämmen gehören, mußten sich diesem näheren Verwandtschaftsgrade der arctischen Anordnung fügen.

Aber nicht nur die arctischen Enden der Erde überhaupt, sondern alle gegen den Norden vorragende Enden der Erdtheile insbesondere, weil sie mehr der gemeinsamen Mitte zugestreckt liegen, blieben unter sich in nähern Verwandtschaftsgraden ihrer Gesammterscheinungen als die Südenden der Erdtheile, die überall durch verhältnißmäßig weitere Meeresstrecken auseinandergerückt sind, und darum unter den verschiedenen Meridianen eben so vielfach sich unterscheidende, in sich abgeschlossene und von den andern charakteristisch verschiedene Welten von Erscheinungen darbieten, wie dies nicht nur die Südenden der drei großen Erdtheile, Amerika, Afrika, Asien, zeigen, sondern auch wieder im Besondern die vereinzelten Südenden des tropischen und östlichen Asiens und die des temperirten Europa's. Denn überall zeigen hier die Längenabstände der Länder, vom Aufgang zum Niedergange, fast eben so viele verschiedenartige Ländersysteme, mit allen hiezu gehörigen Erscheinungen, so daß nicht blos nach den Breiten der Erde, sondern auch nach ihren Längenabständen specifische Unterschiede in den Bildungen und Productionen der Planetenstellen sich zeigen.

Das strahlige Auseinanderlaufen und die Gliederung des Umkreises der Landhalbkugel hat mehr natürliche Abtheilungen und Unterschiede, die von der doppelten Form des Festen und Flüssigen bedingt werden mußten, an den äußeren Enden der Gruppirung festgestellt, als gegen ihre gemeinsame Mitte. Darum mußte auch schon ohne den hinzutretenden climatischen Unterschied, der indeß das Seinige zur Steigerung des Charakteristischen beitrug, dort die größere Mannichfaltigkeit contrastirender, in sich abgeschlossener Ländersysteme mit eigenthümlichen Charakteren hervortreten, zu denen die Uebergänge mehr oder weniger fehlen, da hingegen nach der gemeinsamen Ländermitte die gänzliche Verschiedenartigkeit abnimmt, mehr übergreifende Verhältnisse aller Art eintreten können, Uebergänge nach allen Seiten nicht blos im Climatischen möglich wurden, und so der Schauplatz der classisch gewordenen Weltgeschichte derjenige war, welcher in doppelter Hinsicht durch seine Stellung zur Gesammtgruppirung aller Landschaften der Erde vorgebildet war zu der Bestimmung, die er erfüllt hat, zur Ausgleichung des Contrastirenden der Länderräume in physikalischen und historischen Erscheinungen.

Die eigenthümlichen Vortheile, welche aus dieser großen Anordnung der horizontalen Länderbreiten nach einer gemeinsamen Ländermitte, die demnach durch die mehr harmonische Auflösung contrastirender Verhältnisse charakterisirt erscheint, für die bezeichnete Planetenstelle und ihre allgemeinere Entwicklung hervorgingen, würden indeß, wie in den partiellen Mitten der Erdtheile geschehen ist, größtentheils wieder verschwunden sein, wenn die Ausbreitung der continentalen Mitte vollkommen, das heißt ohne alle Unterbrechungen ausgefallen wäre, und dadurch die nordöstliche Landhalbkugel in ihrem Maximum des Vereins, des merkwürdigen Ineinandergreifens beider Formen beraubt hätte, welches zu der mannichfaltigsten Entwicklung der centralen Länderbreiten eben so nothwendig war, als zur reichsten Ausstattung ihrer äußern Umsäumung.

Wie die physikalische Erscheinung überall die mathematische Construction bedingt, so ist auch hier die Zusammenschiebung der Continente nicht vollkommen ausgefallen, sondern selbst in der Mitte der großen Gruppirung unterbrochen. Diese wassererfüllten Unterbrechungen, welche wir Meerengen, Straßen, Buchten, Golfe,

Mittelländische Meere, selbst Theile des Oceans nennen, wie das Nordeismeer und der nördliche Atlantische Ocean, sind bei aller Größe dennoch gegen die völlig freien Gewässer der von allen Seiten offenen Wasserhalbkugel nur als eingeengte Wasserbehälter, als eingeschlossene Mittelmeere, als continental zu betrachten, im Gegensatz der vorzugsweise freien und offenen oceanischen der südlichen Wasserwelt. Denn obwol diese Meere einander ganz gleichgestellt zu werden pflegen, so haben sie doch als zweierlei Klassen mehr entgegengesetzte Verhältnisse und Eigenschaften, die vorzüglich aus dieser räumlichen Stellung hervorgehen. So z. B. in dem, was den Wassern ihr Leben giebt und bei Betrachtung der Raumverhältnisse charakteristisch für sie wird, in der Bewegung. Indeß die einen, nach außen freiliegenden den allgemeinsten Gesetzen derselben in ihrer Regelmäßigkeit folgen, nehmen die andern, wegen der mannichfach sie unterbrechenden Hemmungen, entweder gar nicht an der allgemeinen Fluthenbewegung Theil, wie die Binnenmeere Europa's und andere, oder zeigen verschiedene, von den allgemeinen erst abgeleitete Erscheinungen, wie die Nordsee, oder, wenn auch die unmittelbaren Fluthenbewegungen noch auf sie einwirken, wie auf den breiten Kanal des Atlantischen Oceans, dennoch eine, dem allgemeinen Rotationsstrom im freien Ocean von Ost gen West geradezu entgegengesetzte, rücklaufende Bewegung von Amerika gegen Europa hin, woraus sich allein schon deutlich genug ergiebt, wie durch die Stellung der Gewässer gegen die Ländergruppen auch ihre Natur bedingt werden mußte; denn der Art und Weise der Bewegung folgt die Umwandlung vieler andern Verhältnisse der Gewässer nach.

Diese durchbrechenden Meeresstraßen, mit ihren eigenthümlichen hin- und herwogenden Bewegungen und Strömungen, haben die völlige Abscheidung der gemeinsamen Ländermitte von der oceanischen Südwelt und der großen äußern Gestadezone theilweise wieder aufgehoben, zumal gegen den Westen hin, und so den europäischen Erdtheil dem oceanischen Weltverkehr der Zeit nach (durch Fortbewegung auf dem flüssigen Elemente) weit näher gerückt, als der Raum es gestattete, wodurch die Lage dieses Erdtheils vor allen andern ausgezeichnet ist, indem sie die Vortheile des centralen mit denen der peripheren Länderstellung vereinigte. Gleichartige Vertheilungen, größere Isolirungen und andere Stellungen der Erdtheile über das Rund des Planeten würden die Bedingungen zu ganz verschiedenartigen Entwicklungen auf demselben gewesen sein.

Mit der eigentlichen Trennung der Landhalbkugel in zweierlei Hauptstämme der Alten und Neuen Welt und mit deren untergeordneter Sonderung in die vier größern Welttheile ist für die großen Durchbrüche oder die continentalen Meere die günstigste Form der einander benachbarten Gegengestade auf weite Küstenlinien hin erzeugt, durch welche die Nordwestenden der Alten Welt und die Nordostenden der Neuen Welt ganz besonders ausgezeichnet sind, eine Küstenform, deren weckender und bereichernder Einfluß weit über ihre unmittelbar räumliche Grenze hinaus, sich von selbst ergiebt, wenn man auch nur an die Gegengestade denkt, unter deren begünstigendem Einflusse die Völker der Alten Welt, die Phönicier, Aegypter, Griechen, Karthager u. s. w., standen, an die des Scandinavischen Nordens und die der neuern Zeit in Westeuropa und Nordostamerika.

Diese Küstenform ist aber, bis auf kurze, nur im einzelnen begünstigte Strecken, dem äußern Saume der Landhalbkugel versagt, kommt nur dortigen Inselgruppen zu gute, nicht aber den Continenten, die zu weit auseinander gerückt sind, um wechselsweis leicht erreichbare Gegengestade zu bilden für die Bewegungen der Gewässer, die Strömungen, die Winde, für die Wanderungen der Thiere, der Floren, der Völker und der Kulturen. Nur die vollendetste Schifferkunst konnte die Südenden des Planeten verknüpfen.

Alle diese Hauptverhältnisse hängen nur allein von der eigenthümlichen Anordnung der Ländergruppen und der Wasserflächen, oder von jener Vertheilung und Gruppirung in Bezug auf das Ganze des Erdrundes ab, und eine große Reihe allgemeiner und besonderer Erscheinungen, die im Einzelnen sich leicht verfolgen lassen, findet, für alle Unterordnungen der Länder, in den besonderen Verhältnissen, die aus diesen allgemeinen der horizontalen Dimensionen unmittelbar hervorgehen, ihre hinreichende Erklärung.

III. Stellungen der einzelnen Erdtheile.

Ganz andere Erscheinungen haben die, von jener allgemeinen Anordnung verschiedenen, aber mit ihr vereint wirkenden, besonderen Stellungen und Ausbreitungen der einzelnen Theile der Erde gegeneinander bedingt.

Europa, das kleinste Festland, von dem großen durchbrochnen Ringe der Continente umgeben, und Australien, die größte Insel, vom freien Ocean umflossen, sind die Nord- und Südländer in der Mitte der Erd- und Wasserkreise, der continentalen und pelagischen Seite des Erdplaneten. Europa wäre dieser Stellung gemäß, im Maximum der vereinten Continente, der continentalste aller Erdtheile vorzugsweise zu nennen, der Uebergang, das Verbindungsglied aller zu allen. Auch der historisch-klassische Boden des westlichen Vorderasiens und der Umsäumung Nordafrika's nehmen ihren Antheil an dieser Weltstellung, in deren Mitte das reichste Gegengestade des Mittelländischen Meerbeckens sich ausbreitet. Der Einfluß dieses Erdraums auf den Kulturgang der ganzen Erde und ihrer Bewohner, für die Nähe und weiteste Ferne, ist bekannt und mitbedingt durch diese in ihrer Art auf dem Erdrund nicht zum zweiten Male wiederkehrende, unstreitig günstigste Vertheilung der Räume und Formen. Von jeder anderen Erdstelle könnte man, den äußern Umständen gemäß, die nothwendig längere Dauer und die noch größeren Schwierigkeiten und Hemmungen durch räumliche Bedingungen für solche Entwicklung universeller Civilisations- und Kulturverhältnisse, der Analogie gemäß wohl nachweisen, und die gleich alten Kulturanstrebungen ähnlicher Art in anderen Localitäten, welche bei der reichlichsten

Mitgift doch der Anlage für die universelle Entwicklung entbehrten, wie in der indischen und chinesischen (Kultur-) Welt, scheinen darauf hinzuweisen, daß, wie überall das Unsichtbare in seinen Wirkungen an gewisse Schranken der Erscheinung gebunden ist, auch der Entwicklungsgang der Bewohner der Erde in einer gewissen Harmonie mit der Organisation der irdischen Heimath steht, der sie unmittelbar angehören.

Eine allgemeine cosmische Anordnung in der räumlichen Stellung der Erdtheile nach Licht und Wärmevertheilung, Auf- und Untergang der Gestirne, hat seit ältester Zeit die Aufmerksamkeit der Völker erregt, und durch den Hergang der Geschichte auch historische Benennungen erhalten, welche in ihrer Art große Züge zur Charakteristik der Räume angaben, die hier nur anzudeuten und für das Ganze zu erweitern sind. Seit alter Zeit betrachteten die Völker der Erde Asien als das gemeinsame Morgenland, nannten Europa das Abendland, und bezeichneten, durch die Weltstellung nach der Sonnenbahn, diese Erdräume selbst als Gegensätze mit den bekannten Namen Orient und Occident, welche in allen Erscheinungen dieser Räume ihre Anwendung finden. Zwischen beiden, mehr südwärts, liegt das Land der Aethiopen, Afrika, gleichartig zu beiden Seiten des Aequators, der wahre heiße Süden des Erdballs, der am Südpol nicht zu suchen ist, sondern in der Erleuchtungsmitte des Planeten, wie die helle, heiße Mitte des Tages zwischen Morgen und Abend.

Zu diesen dreien bilden die Nachtseite der Erde, nach den Ansichten der Alten, oder die weiten Ausbreitungen der Nord-Polarländer den wahren cosmischen Gegensatz: denn am Südpol, dem mathematischen Gegensatze des Nordpols, findet sich keiner, weil dort das Gebiet der Wasserwelt und ihrer Erscheinungen ist.

Amerika bildet in seinem weitern Abstande den ganzen Westring des großen Erdkreises, und mußte, da Europa nur für eine verschwundene Durchgangsperiode als der Occident der Alten Welt erscheinen konnte und seine Bestimmung als Uebergangsglied des Ganzen erfüllt hatte, das jüngere Ziel der Völkerbestrebungen werden, die Neue Welt, das Abendland, im Gegensatze der Alten Welt, die ihr schon zum Morgenlande geworden ist.

Keines dieser historischen Verhältnisse mit der Fülle der zugehörigen Erscheinungen und Entwicklungen konnte, weil ihm die räumliche Basis mangelt, dem australischen Süden zu Theil werden, dessen Festland in seiner Isolirung einer Insel des Oceans gleicht, und so nur, als das größte Gestadeland der südlichen Wasserwelt, seinen Beitrag zum Allgemeinen zu geben berufen zu sein scheint.

Dieser cosmischen Anordnung der Erdräume entsprechen auch die Gesammtverhältnisse der Natur und Geschichte, die zum Theil in dem Entwicklungsgange des Menschengeschlechts sich ausweisen; aber auch die Stellung der einzelnen Länderräume erhält dadurch ihre besondere Charakteristik, und der bedingende Einfluß, den sie unter solchen räumlichen Constellationen, zumal in den merkwürdigsten Uebergangsgliedern auf die Entwicklung der Völker und der Begebenheiten ausübten, wäre in den Völkerhistorien einer weit größern Beachtung wol werth.

Sieht man auf das Einzelne der Erdtheile, so zeigen sie in Größe, Länge und Breite, Zurundung und Gliederung charakteristisch sehr verschiedenartige Verhältnisse ihrer Ausbreitungen, die nicht ohne Einfluß bleiben konnten.

IV. Größe.

Daß Asien der größte Erdtheil der Alten Welt war, machte ihn und seine Bewohner von Anfang an fähig, reiche und mannichfaltige Gaben an seine westlichen Nachbaren, die Erdtheile von geringerm Umfange, zu spenden, ohne selbst zu verarmen und ohne jene, da ihrer zwei verschiedene waren, zu denen doppelte Wasser- und Landbreiten führten, zu überfüllen und in ihrer selbständigen Entwicklung aufzuhalten oder zu stören. Daß Europa an Raum beschränkter war, beschleunigte, im Gegensatz der colossalern Erdtheile, unstreitig seine mehr harmonische Entwicklung in seinen leichter überschaulichen Raum-, Völker- und Staatenverhältnissen, und förderte, bei der dadurch nicht minder gesteigerten Regsamkeit seiner Kulturvölker und der Anweisung ihrer eignen Küstenbildung auf die Gegengestade, Entdeckung und Kolonisirung der übrigen Erde.

Die räumliche Größe Amerika's, bei der durch die insularische Natur vermehrten Empfänglichkeit für die Gaben der Alten Welt und bei der geringern Zahl und Schwäche einheimischer Bevölkerung, sicherte mit dem Fortschritt der Zeit die Verwandlung desselben in ein transatlantisches Europa, wodurch ein Erwerb der Jahrtausende aus der gemeinsamen Mitte in wenig Jahrhunderten dem weitern Erdkreise zu gute kam. Der sehr geringe Umfang der australischen Länderbreiten läßt überall dem oceanischen Weltverkehr freiere Bewegung und Spielraum, als ein weit verbreitetes, armes, so lange Zeit vorhanden geglaubtes antarctisches Polarland gestatten würde. Der Nachtheil der Lagerung der arctischen Polarländer wird aber durch ihren geringen Umfang und ihre allgemeinere Zerstücklung sehr gemindert; ihre Stellung im Ringe der Continente um die gemeinsame Ländermitte (also nicht etwa in unerreichbarer oceanischer Ferne, sondern in der Nachbarschaft der thätigsten Bevölkerung des Planeten) hat ihren Einfluß auf das Ganze nicht hemmend, sondern vielmehr unmittelbar anregend und entwickelnd gezeigt.

Das Verhältniß der Größe der Erdräume wird indeß mit dem Fortschritt der Civilisation und ihrer gesteigerten Kunstmittel überall, wie mehr und mehr jedes physische Element des Planeten, als ein untergeordnetes zurücktreten.

V. Verhältniß der Längen- und Breitenausdehnung.

Sehr verschieden ist die Länge und Breite der Erdtheile vertheilt; mehr gleichartig in Afrika und Australien, daher ihr weit zurückliegendes Inneres zum Theil wenigstens gleichschwer zugänglich von allen Seiten geblieben ist. Amerika, höchst ungleichartig wegen weit überwiegender Ausdehnung von Norden nach Süden, gegen die doppelartig wechselnde Breite von Westen nach Osten, und darum bei der ersten Enthüllung sogleich in seiner verengtesten und selbst oceanisch zugänglichsten Mitte beherrscht von der Gewalt der Fremden; an seinen breitern Enden ähnliche Erscheinungen darbietend, wie jene beiden in ihren Mitten zeigen. Asien für sich, noch weit mehr aber mit seiner westlichen Fortsetzung Europa, ist umgekehrt von Osten nach Westen in die größte Länge ausgedehnt, und schon allein in diesem Gegensatze der beiden vereinten alten Kultur-Erdtheile gegen alle übrigen zeigt sich eine merkwürdige vorausgebildete Anlage näherer Verwandtschaft und gegenseitiger Bedingung in allen Naturerscheinungen und Völkerbegebenheiten.

Im ununterbrochnen Zusammenhange sind diese beiden Erdtheile vollkommen um die halbe Erdkugel der Länge nach hingelagert, von Osten nach Westen, fast vom 1sten bis über den 200sten Grad östl. Länge von Ferro hinaus. Die Breitenlagerung von Süden nach Norden ist dagegen sehr untergeordnet: in Asien, das ganz im Norden des Aequators zurückbleibt, beträgt sie kein $\frac{1}{4}$ des Erdumfangs, reicht nicht vom Pol bis zum Aequator; in Europa kein $\frac{1}{6}$, da die vereinte Längenausdehnung beider gegen $\frac{1}{2}$ der Erde beträgt.

Ganz das Gegentheil zeigt Amerika's Lagerung; seine größere Ausdehnung von Süden nach Norden nimmt gegen $\frac{1}{2}$ des Umfangs der Erdkugel ein, die Ausdehnung von Osten nach Westen ist dagegen sehr untergeordnet, kaum über $\frac{1}{5}$. Die Ausbreitungen beider Welten stehen also in dieser Hinsicht im größten Contraste, und nicht gleichgültig konnten die Folgen sein, welche durch diese Naturanordnung in der Ost- und Westwelt bedingt wurden.

Amerika streckt sich daher durch weit mehr Zonen der Erde hin, als Asien; seine einzelnen Länderräume sind durch weit mehr Klimate, der Zahl nach durch doppelt so viele, unterschieden; Asien hat von dessen klimatischen Wechseln nur die Hälfte erhalten zwischen

Aequator und nördlichem Polarkreis. Amerika hat also eine weit größere klimatische Sonderung seiner Ländertheile zu erleiden; Asien hat bei größerer Mannichfaltigkeit seiner Oberflächen dennoch einen größern klimatischen Zusammenhang. Dieser große Unterschied der Ost- und Westwelt würde zu einem schroffen Gegensatze zwischen beiden geworden sein, wenn nicht wieder andere mildernde Verhältnisse (z. B. das vermittelnde Streichen seines großen Meridiangebirges der Cordillere von Süden gegen Norden) theilweise einträten. Dennoch mußte dieser climatischen Sonderung auch die aller Productionen, so wie die ethnographische Sonderung der Menschengeschlechter folgen, desto mehr, je weniger Fortschritte die Kultur gemacht hatte, um die Hindernisse der Natur durch Kunstmittel und den Fortschritt der Civilisation zu überbieten. Asiens größere climatische Einheit hat auch die größere Gemeinschaft, die harmonische Entwicklung der Menschheit, auch ohne die Fortschritte der Schifffahrt, mit in Rechnung zu bringen, die möglichst innigere Verbindung der Völker, den gegenseitig möglichen Austausch ihrer Sitten, Gebräuche, Ideen, Religionen und überhaupt alle höher gesteigerte Kultur seit dem ersten Anbeginn von ihrer Seite vielfach bedingt und gefördert. Asiens Stammgeschlechter konnten allerdings eher aus der größern climatischen Einheit einer gemeinsamen Heimath in die climatische Vielheit des Erdballs übergehen und sich in den Besitz seiner Landschaften vertheilen, als umgekehrt. Sie hatten wenigstens bei ihren uns historisch bekannt gewordenen Vertheilungen und Wanderungen keine vernichtenden Contraste zu überwinden, denen in den entgegengesetzten Richtungen so viele wol eher hätten unterliegen müssen; den verwandten Klimaten und Heimathsverhältnissen konnten sie wenigstens nachgehn, es eröffnete ihnen die Alte Welt auf die günstigste Weise ihren unermeßlichen Schauplatz vom Aufgang zum Niedergang. So bildete sich wol in dem östlichen Continent das große System des Völker- und Kultur-Fortschritts in der Richtung von Ost gegen West aus, und zu diesem Ausbreitungsgesetze der Völker und Kulturanfänge war dieser Theil der Erde, abgesehen von allem übrigen, durch seine räumlichen Ausbreitungen vorbereitet wie kein andrer, indem er jeden Bedarf und Hausrath der Völker den wandernden, wie den sich ansiedelnden Stämmen und Geschlechtern mitgeben konnte.

VI. Zurundung und Gliederung.

Noch bleibt von den allgemeinern auch das Verhältniß der Zurundung und Gliederung der horizontalen Ausbreitungen bei den verschiedenen Erdtheilen zu beachten übrig.

Afrika bietet in dieser Hinsicht die einfachsten Erscheinungen dar; es zeichnet sich unter den drei Erdtheilen der Alten Welt durch seine fast inselartige Abgeschiedenheit von den übrigen aus, nur mit einer sehr schmalen (wahrscheinlich jüngern) continentalen Verbindung mit Westasien, durch die Landenge Suez. Seine mehr abgeschlossene Erdgestalt nähert sich einer elliptisch zugerundeten Figur, mit im Ganzen sehr einförmiger Küstenperipherie; der Längendurchmesser dieser Figur ist dem Breitendurchmesser fast gleich, und eben so climatisch gleichartig (bis zum 35sten Parallel) auf der Nord- wie auf der Südseite des Aequators hingestreckt. Ohne tiefere Buchten, Einschnitte oder Meeresarme ist der Umfang seiner Küstenkrümmung von etwas über viertehalbtausend (3800 M.) Längenmeilen, die einförmigste Küstenumsäumung aller Erdtheile, Afrika hat daher, seiner insularischen Lage und seines großen Areals ungeachtet, verhältnißmäßig die kürzeste Küste unter den Erdtheilen, und sein Binnenland hat durch die kärglichste Gestadeform die möglichst geringste Berührung mit dem Ocean erhalten.

Asien, nur nach drei Seiten vom Meere umflossen, macht in seiner horizontalen Ausdehnung mit Europa gegen Westen hin noch einen gemeinsamen Stamm aus. Vorzüglich seine Ost- und Südküsten laufen in weitvorspringende Landzungen, Vorländer und Halbinseln aus, welche als eben so viele, mehr oder weniger getrennte Glieder, des großen und breiten Erdkörpers zu betrachten sind. Von der Halbinsel der Tschuktschen und Kamtschatka, rund um den Erdtheil über Corea, das chinesische Vorland, die beiden Indien, Arabien, auch gegen West hin bis Kleinasien, nehmen diese Gliederformen, welche Afrika gänzlich fehlen, einen sehr bedeutenden Flächenraum ein, und selbst das sibirische Nordgestade hat, wiewol im kleinern, dort vorzüglich ungünstigern Maaßstabe, doch noch stärkere Buchtenbildung und dadurch mehr und tiefere horizontale Spaltungen erhalten, als die afrikanische Küste. Dennoch bleibt im Binnenlande Asiens noch immer ein breiter und langer Erdraum übrig, welcher nicht unmittelbar von einschneidenden Meeren und den Einwirkungen ihrer zugehörigen Formen berührt wird, der sich als der eigentliche Stamm des Ganzen zeigt. Dieser geschlossen gebliebene Theil ist dem Areale nach noch immer sehr vorherrschend vor dem, welches seine Verzweigungen und seine Glieder einnehmen; Afrika bleibt aber nur als Stamm ohne Verzweigung und Gliederung zurück. Der große Einfluß einer so mannichfaltig entwickelten Küstenform auf den Reichthum und die Vervielfältigung aller Natur- und Völkerverhältnisse des Erdtheils springt von selbst in die Augen; dessen gesammte Peripherie hat durch diese Gliederung eine ganz andere Individualisirung und Steigerung aller Verhältnisse gewonnen, für jeden besondern Ländertheil wie für das Ganze.

Europa, der kleinste der drei Erdtheile der Alten Welt, ist seiner horizontalen Dimension nach am allermannichfaltigsten gestaltet. Verzweigung, Gliederung, Individualisirung seiner Länderräume, und nicht blos seiner Umsäumungen, ist sein Hauptcharakter. Denn sein von Osten nach Westen langgedehnter, aber verhältnißmäßig sehr schmaler Stamm nimmt gegen West immer mehr an Breite ab und ist durch einschneidende Meeresarme und Mittelmeere in viele große und kleine Halbinseln getheilt, von denen einige wieder in sich gegliedert erscheinen, z. B. die in dieser Hinsicht ganz einzige und sehr merkwürdige Gestaltung Griechenlands, welches die Gestadebildung in höchster Entwickelung zugetheilt erhalten hat. Nicht nur wie Asien gegen zwei Meeresseiten, sondern auch noch gegen den polaren Norden zeichnet diese Zertheilung Europa's sich im alten Continente charakteristisch aus, so daß dort seine zum Theil sehr mächtigen Glieder, völlig im Contraste mit dem benachbarten Asien, zweierlei eigenthümlich gebildete Mittelmeere größtentheils einschließen, die Ostsee und Nordsee. Durch diese charakteristische Trennung und Abscheidung so vieler Theile seines Festlandes ist die Küstenumsäumung von Europa zu einer Küstenkrümmung von außerordentlicher Länge geworden. Seine durch ihn eingeschlossenen Binnenmeere machen etwa die Hälfte des Areals seiner trocknen Länderräume aus. Ungeachtet sein Flächeninhalt etwa dreimal kleiner ist als der von Afrika, so ist die Entwicklung seines Küstenrandes fast um das Doppelte größer (an 5400 geogr. M.), also das Zwölffache seiner Landgrenze gegen Asien. Die Küstenentwicklung Asiens ist allerdings noch um $^1/_3$ größer als die von Europa, etwa 7000 Längenmeilen, aber das Areal dieses Erdtheils auch mehr als vier Mal bedeutender. Europa ist daher der Erdtheil mit der relativ größten Küstenbegrenzung, mit der reichsten Entwicklung der Gestadeform auf der Erde; er ist also der zugänglichste von der Seeseite geworden.

In seiner Gestaltung ist die vollkommenste Ausgleichung und günstigste Scheidung der flüssigen und festen Formen auf dem Planeten realisirt, ohne die Nachtheile der völligen insularischen Zerspaltung, die wir in einem etwa gleich großen Raume, wie der europäische, am Südostende Asiens in der Sundischen Inselgruppe wahrnehmen, welche nur eine Steigerung und Fortschritt derselben Bildung durch noch größere Abscheidung darbietet, und in sofern durch zu große Gliederung den vollkommensten Gegensatz zum Mangel aller Gliederung wie in Afrika bildet, zwei Extreme, welche ungleichartig und entgegengesetzt auf Naturverhältnisse wirken mußten, aber gleichartig hemmende Formen für die Entwicklung und den Fortschritt ihrer menschlichen Bewohner waren, die dadurch nur bis zur Stufe der blos continentalen oder blos litoralen Kultur sich erheben konnten, wie Neger und Malaienvölker gethan. Europa erhielt in dieser Mitgabe der Küstengestalten zu jenen oben bezeichneten Stellungen noch die Vervollständigung aller räumlichen Naturbedingungen zur Realisirung des merkwürdigen Factums, daß auf dem kleinsten der Erdräume sich die größte historische Mannichfaltigkeit im Menschengeschlechte entwickeln konnte, und daß der kleinste die Herrschaft der größten erlangen sollte.

Bei Afrika kann von keinem Verhältniß der Glieder zum Stamme des Erdkörpers die Rede sein, denn diese fehlen dort gänzlich; keine seiner Küsten hat bei dem Mangel günstiger Formen die Verschiedenartigkeiten und Reichthümer anderer Gestadeländer im höhern Maaße erhalten, und alle einheimischen Bewohner dieses Erdtheils bilden in ihrer großen Verbreitung gegen diejenigen anderer Erdtheile eine sehr einförmige Völkergruppe, und sind überall in ihren beschränkteren, blos continentalen Verhältnissen zurückgeblieben. Asien ist in seinen Länderräumen gegliedert und zumal gegen Südost und Süd in die reichsten und größten Halbinseln getheilt, deren jede für sich eine eigenthümliche Welt von Erscheinungen darbietet, die den Erdtheil unerschöpflich bereichert haben (so die chinesische Welt, die hinterindische der Malaien, die hindostanische, die arabische, die kleinasiatische). Aber die ländertheilenden Meere dringen bei ihm doch noch nicht individualisirend bis in die Mitte seines geschlossenenen Körpers ein. Diese breite Mitte erhält sich immer in ungeheurer, fast unnahbarer Ausdehnung; das Areal der Glieder tritt noch immer sehr gegen die Masse des Erdkörpers zurück. Die Natur- und die Völkerverhältnisse entwickelten sich höchst mannichfaltig und jedesmal ganz eigenthümlich auf dem verschiedenartigen Boden seiner Glieder; aber weit einförmiger in der Mitte, und es konnten jene, schon vermöge der großen scheidenden Form in ihrer gemeinsamen Mitte (wenige temporäre Ausnahmen ungerechnet), zu keiner vollkommnern gegenseitigen historischen Vermittlung, Berührung, Verkehr, Austausch der Gaben und Kräfte gelangen, und — das mittlere Asien blieb noch immer vom Aeußern des Erdtheils vielfach geschieden und gesondert. Bei Europa hat sich das Verhältniß dieser Ländertheile ganz anders gestellt; wenn bei Asien das Areal der Glieder zum Stamm wie $\frac{1}{5}$ zu $\frac{4}{5}$ Theilen betragen mag, so verhält es sich dagegen in Europa wie $\frac{1}{3}$ zu $\frac{2}{3}$ Theilen. Die Glieder haben also eine weit größere Bedeutung gegen den Stamm gewonnen, sind vorherrschend in ihren mannichfaltigen Bildungen geworden. Dieser tritt in geringerer Masse gegen seine Extremitäten zurück, bringt nirgends Hemmungen, sondern sein Boden ist überall Vermittlung der Gliederung. Die Wirksamkeit der Meere und die Gestadebildung verbreitete dadurch ihren Einfluß auf und durch den ganzen Continent; kein anderer Erdtheil ist ihm darin gleich. Sein Binnenland hat dadurch die größtmöglichste Berührung mit dem Ocean erlangt, und die centralen Länder zugleich die Anregungen und Vortheile der Seegestade. Die reichhaltigste geschichtliche Entwicklung des reichgegliederten europäischen Bodens und seiner Völker und Staaten entsprach dieser natürlichen Grundlage. Nicht blos durch die halbgetrennten Glieder des Erdtheils, sondern auch durch die ganz getrennten, durch die Inselbildung, ist Europa's Gestade vor vielen andern charakteristisch bereichert. Nicht durch die Menge der fernen, oceanischen, zerstreuten, welche keinem der Erdtheile, vielmehr dem Ocean angehören, sondern durch die bedeutende Größe und Zahl der benachbarten Inseln, welche das Gestade begleiten und als wahre insularische Erweiterungen des Continents anzusehen sind, wodurch der Reichthum der Glieder sich verdoppelt und verdreifacht.

Diese fehlen Afrika fast gänzlich; Asiens Südostgestade begleiten sie in so außerordentlich großer Zahl, daß jenes Labyrinth der tausend Inseln, von denen die Sundischen nur die flächenreichste Gruppe ausmachen, ohne bedeutendere Wechselwirkung mit dem Continent, seine Welt für sich gestalten mußte.

In Europa, wo die Areale des Continents, der Gliederung und Insulirung sich verhalten wie die Zahlen $2 : 1 : \frac{1}{20}$, wo dieses letztere Verhältniß das relativ größte der Art überhaupt ist, sind sie zugleich sehr günstig vertheilt und so gestellt, daß sie selbst als vermittelnde Uebergänge zu den benachbarten Erdtheilen dienen mußten.

Nur Amerika ist in dieser Reihe der Betrachtungen noch kürzlich zu erwähnen übrig, denn es schließt gewissermaßen die Progression des Kreises dieser räumlichen Umgestaltungen, aller möglichen, dem Wesen nach verschiednen horizontalen Entwicklungen des Planeten, indem es in sich die Gegensätze und die Verdopplungen der Formen der Alten Welt wiederholend vereinigt. Im Gegensatze des afrikanischen Erdtheils ist der amerikanische durch ein mittelländisches Meer, das mexikanische, in seiner Mitte fast gleichmäßig in einen verdoppelten Continent verwandelt, dessen verbindende Mitte, die Landenge, an sich zwar immer breit genug, aber relativ für den Erdtheil nur gering zu achten ist, und durch die, jede Communication hemmende Form ihrer Oberfläche zur Scheidewand des Nordens und Südens werden mußte, der nur durch die Meere in Wechselverkehr treten konnte, sowol für Natur wie für die Geschichte des Erdtheils.

Für diese Verbindung der im übrigen geschiedenen continentalen Hälften im Norden und Süden spielt die große centrale Inselgruppe, welche Amerika auszeichnet, die Rolle der Vermittelung, wenigstens seit ihrer ersten Entdeckung durch die oceanischen Fremdlinge und Einwandrer. Der übrige getrennte Norden und Süden Amerika's haben beide in den horizontalen Dimensionen sehr viel Analoges, größere Breiten im Norden, Breitenabnahme gegen den Süden, eine dem afrikanischen Dreiseit genäherte Gestalt, die sich zweimal wiederholt und durch die Landenge verknüpft ist. Auch ist wenigstens theilweise hierdurch eine gewisse Einförmigkeit der Küstenumsäumung bedingt, und der Süden Amerika's steht in dieser Hinsicht dem einförmigsten der Erdtheile, Afrika, am nächsten, von dessen innerer Oberflächenentwicklung die seinige indeß völlig abweicht, wegen ihres gänzlich verschiedenen hydrographischen und orographischen Systems. Eine größere Mannichfaltigkeit der Küstenumsäumung zeigt der Norden des Erdtheils, dem die günstige Gliederung zu Theil ward, zumal gegen den atlantischen Ocean hin. Die größten Bayen und mittelländischen Meere, welche so tief und mannichfaltig in den Norden Amerika's einschneiden, verschaffen diesem einen großen Vorzug vor dem Norden Asiens, und geben ihm, an seinen Süd- wie an seinen Nordenden von Binnenmeeren bespült und mannichfaltig gestaltet, der mehr polaren Annäherung ungeachtet die größere Zugänglichkeit, und seiner ganzen Ausbreitung den Naturcharakter Europa's, welchen die climatische Stellung unterstützte; eine Ausbreitung der Planetenstelle, welche mit dieser Vorbildung bei dem Verhältniß der Gegengestade und der dadurch bedingten Meeresbewegungen, in der möglichst kürzesten Zeit zu einem verjüngten Europa sich umgestalten sollte, und die Civilisation bis in den höchsten Norden der Erde zu verpflanzen berufen zu sein scheint.

Wenn es sich aus diesen Bemerkungen über die Vertheilung der wesentlichsten horizontalen Formen der Erdräume ergeben sollte, daß auch in diesen eigenthümliche Entwicklung, Fortschritt, Steigerung der Verhältnisse und Individualisirung jeder Planetenstelle sich zeigt, und ein gewisses natürliches System der Anordnung dieser räumlichen Verhältnisse nicht zu verkennen ist, so wird auch die Entwicklung aller übrigen Erscheinungen auf dieser räumlichen tellurischen Grundlage nicht ganz diesem widerstrebend, zufällig oder willkürlich, sondern durch sie bedingt, jedesmal nur stattfinden können.

Aber die volle Wirkung solcher räumlichen Verhältnisse auf das Besondere und Allgemeine kann nicht aus einer einseitigen Ansicht derselben hervorgehen. Die horizontale Dimension, die geographische, ist nur diese eine Seite räumlicher Verhältnisse, unter welcher die Länderstrecken erscheinen. Zur vollständigen Anschauung ihrer Gestaltung und deren Einwirkungen gehört nothwendig die vertikale Dimension der Räume, die physikalische, welche jene hundertfältig ergänzt und bedingt. Beide im Zusammenhange ihrer Gestaltungen, Bildungen, Verhältnisse, Gesetze und Einwirkungen betrachtet, können erst zur lebendigen Anschauung der Oberfläche des Planeten und ihrer Einwirkungen auf Natur und Geschichte führen, oder zu einem natürlichen Systeme geographischer Wissenschaft.

II.

Bemerkungen über Veranschaulichungsmittel räumlicher Verhältnisse bei graphischen Darstellungen durch Form und Zahl.

(Vorgetragen am 17. Januar 1828.)

Es sind nur einige Bemerkungen, die ich in ihrem unvollendeten Zusammenhange hier mitzutheilen wage, von denen es allerdings für diesen Ort der Sache angemessener gewesen sein würde nur die Resultate vorzulegen, wenn nicht zur Erreichung eben dieser Resultate, für gegenwärtigen Augenblick wenigstens, die Mittel fehlten, und auch unter drängenden Umständen Versuche, sich einen wissenschaftlichen Weg erst zu bahnen, einige Nachsicht bei der Beurtheilung erlangen dürften, während der Vorschlag selbst zur Herbeischaffung der Mittel, um zu wichtigern Resultaten zu gelangen, vielleicht einiger Beachtung werth ist.

In einer frühern Abhandlung war es mein Bestreben, das Wesentliche der Verhältnisse geographischer Stellungen und horizontaler Ausbreitungen der festen Erdmassen, oder der Erdtheile, für das Ganze zu entwickeln. Dies konnte nur in ganz allgemein geltenden Ausdrücken für die Gesammtverhältnisse der Oberfläche des Planeten und seiner Hauptheile, und in Beziehung auf den Entwicklungsgang des Menschengeschlechtes überhaupt geschehen.

Sollte aber die Anwendung dieser allgemeinen Verhältnisse fruchtbar zurückwirken auf die Betrachtungsweise jedes besondern Landtheiles und dessen Bewohner, und den speciellen Antheil jedes

Länderraumes an jenem Gesammtverhältniß mit Klarheit zur Anschauung bringen, so, scheint es, würde es zur Verständlichmachung der räumlichen Verhältnisse nothwendig sein, sich dazu der Form und der Zahl als Mittel zu bedienen, und zwar auf eine bisher weniger gewöhnliche Weise.

Der Form nämlich in ihren durch die Geometrie bekannten Figuren, die als Anschauungen, ohne Maaßangabe, an sich schon das analoge Verhältniß eines in Rede stehenden Flächenraums vor die Seele führen, und daher jeder weitern Beschreibung überheben können. Der richtige Gebrauch und die besonnene vergleichende Anwendung geometrischer Figuren für physicalische Räume wäre in einer geographischen Verhältnißlehre ganz dazu geeignet, auf eine sehr einfache und verständliche Weise zu bestimmtern Vorstellungen zu führen. Man würde durch deren sichere Verknüpfung zu neuen Anwendungen derselben gelangen, die zu einer dem Wesen nach zusammengedrängten, gleichsam verdichteten Reihe einander deckender Anschauungen erheben und dadurch unmittelbar in das Licht setzen würden, was eben in den Länderräumen, allen Erscheinungen nach, von ihrer geometrischen Figur abhängig werden mußte.

Diese Benutzungsweise der geometrischen Figuren ist längst zum größten Vortheil in der botanischen Terminologie eingeführt, wo die allgemeinere Verständlichkeit wol keineswegs auf Kosten der Genauigkeit für den Zweck der Veranschaulichung berücksichtigt ward. In der geographischen Wissenschaft ist diese Beihülfe mit wenigen Ausnahmen (hie und da nur auf eine spielende Weise) noch gar nicht benutzt worden, weil man immer bei der jedesmaligen Beschreibung stehen bieb, ohne das Resultat derselben, nämlich den gewonnenen Begriff, für die Weiterführung der Wissenschaft zu handhaben. Auf eine consequent für das Ganze der Planetenoberfläche durchgeführte Weise würde sich diese, ihren horizontalen Räumen nach, auf eine bequem überschauliche Art in eine gewisse Anzahl keineswegs willkürlich erdachter, sondern der Natur ihrer Ausbreitungen entsprechender geometrischer Figuren von umfassender oder untergeordneter Größe zerlegen lassen, mit deren

Combination dann die geographische Wissenschaft ein leichteres Spiel haben würde für elementare wie für wissenschaftliche Betrachtung (die ja in Eins zusammenfallen), als mit der unübersehbaren Masse schwerfälliger und umständlicher Beschreibungen, die nur zu endlosen Einzelnheiten führen. Eben hierin, in der noch nicht gewonnenen Herrschaft der Form über den Stoff, sowol im Allgemeinen wie im Besondern, bis in die untergeordnetsten und kleinsten Verhältnisse hinab, scheint ein Hauptgrund des scholastischen und compendiarisch so unfruchtbaren allerersten Zuschnittes der Geographie als Schulwissenschaft zu liegen, und jenes Mittel der geometrischen Figuren, auf die mannichfaltigste Weise bei ihr in Anwendung gebracht, würde, wie leicht vorauszusehen ist, zu freierer Bewegung und besserer Handhabung schon eines bedeutenden Theiles ihres solcher geometrischen Construction fähigen Stoffes führen.

In jener frühern Abhandlung ward es versucht, einigen Gebrauch von diesen geometrischen Figuren zu allgemeinen Verhältnißbestimmungen zu machen, bei der Hinweisung auf die Gruppirung der Erdmassen, auf die Stellungen der einzelnen Erdtheile, auf das Verhältniß ihrer Längen- und Breitenausdehnung und auf ihre Zurundung und Gliederung.

Ihr Gebrauch würde auch zur deutlichern Veranschaulichung und daher zur schnellern und sicheren Vergleichung der besondern Länderräume, wie zur größern Kürze und Bestimmtheit in einer geographischen Terminologie führen, indem mit dem geometrischen Ausdruck immer das Wesentliche der Figur eines Erdraumes bezeichnet sein müßte. Zur genauern Bestimmung seiner geographischen Figur müßten, da rein mathematische Figuren in den physicalischen Räumen fehlen, und sie nur als ihre Kern- oder Grundgestalten gelten könnten, — es müßten also auch die Abweichungen von den geometrisch eingeschlossenen Räumen, nach außen oder nach innen der als Basis angenommenen Figuren, durch + oder — angegeben werden, als der Ueberschuß oder als ein Mangel des bezeichneten geometrischen Raumes, woraus mancher bedeutende Vortheil bei Behandlung der Wissenschaft sich ergeben könnte.

Es würde nach dieser Anwendung z. B. das Analoge der Raumverhältnisse aller Länder mit der Grundgestalt des Quadrats wie etwa von Spanien, dem Peloponnes; oder des Rectangels, wie Australien, mit der Grundgestalt des Rhomboëders, wie Thessalien und Epirus, des Kreises, der Ellipse, des Dreiecks, Fünfecks u. s. w. von selbst vor die Anschauung treten, und die Verschiedenartigkeit der Berührnng mit den Umgebungen, nach Form und Stoff, zu vielen unmittelbaren Folgerungen auf das bestimmteste Veranlassung geben. Zu diesen führt die unbestimmte Auffassung so auf den ersten Blick ganz regellos erscheinender Figuren, wie die mehrsten der Ländergestalten auf Karten sich zeigen, nicht leicht, weil die Menge der kleinern und größern Irregularitäten den Beschauer nicht zur Abstraction von denselben und zur alleinigen Beachtung des Wesentlichen oder der Kernfigur gelangen läßt, von der doch allein viele der großen Hauptbestimmungen des Länderraumes, seiner Bewässerung, Climate, Productionen u. s. w. einzig und allein ihre Grundbestimmung erhalten und abhängig sind, nicht aber von dem + oder — der Abweichungen.

Zu der ersten anfänglichen Betrachtung der Uebereinstimmungen der analogen Verhältnisse in diesen gleichartigen Grundgestalten der Länderräume nach geometrischen Figuren würde dann die Betrachtung der Abweichungen (die bei jedem gegebenen Länderraume eigenthümliche sein werden) nach dem Ueberschuß oder Mangel hinzuzufügen sein. Eben hiedurch wird jeder dieser im übrigen der Grundgestalt nach analogen Länderräume als ein anderer erscheinen, zu einer bestimmten, auch nach dieser Rücksicht schon für sich individualisirten Planetenstelle werden, mit eigenthümlichen, von allen übrigen verschiedenen untergeordneten Erscheinungen, Umständen, Verhältnissen. Die beiden großen Triangel-Länder, aus denen z. B. Nord- und Südamerika bestehen, werden dadurch sofort in Vergleich mit dem Triangel von Vorderindien und der Südhälfte von Afrika (um bei den größten Länderräumen dieser Art stehen zu bleiben) ihre characteristisch von einander verschiedenen und doch wiederum analogen Verhältnisse zur aufmerksamern Betrachtung darbieten, und zugleich mit diesen unzählige andere weniger beachtete, dem Raume nach weit geringere, bei denen aber alles davon Abhängige, wenn auch im kleineren Maaßstabe, doch denselben allgemeinsten Gesetzen und Folgen unterworfen ist.

Es werden auf diese Weise nach dem Gesichtspunct der geometrischen Kernfiguren der Länderräume gewisse Klassen und Klassenbegriffe entstehen, und sich in Bezug auf die Regel und die Abweichung auf das bestimmteste wissenschaftlich ausbilden lassen, so daß sich daraus genau ergeben wird, was der ganzen Klasse, was den Unterabtheilungen, was den localen Individualitäten für Verhältnisse und Eigenschaften aus den Figuren zukommen.

Eben diese Bestimmung, dieses Sprachverständniß und diese Vernichtung des vielartigen und fast unübersehbaren Stoffs durch die Form scheint das höchste Bedürfniß der geographischen Wissenschaft in ihrer Fähigmachung zur Lehre, welche von dieser Seite weit hinter ihren übrigen Schwestern der naturbeschreibenden Wissenschaften zurückgeblieben ist, und darum die unbehülflichste Masse für den bildenden Schulunterricht wie für die Wissenschaft selbst bis heute bleibt, die durch keine noch so vielfache Anstrengung hat überwältigt werden können.

Nicht blos zur Bestimmung der Erdräume überhaupt nach Erdtheilen, Ländern, natürlichen oder selbst willkürlichen Unterabtheilungen, würden diese geometrischen Figuren anwendbar sein, sondern eben so gut auch zur genauern qualitativen Bezeichnung der Erdräume dienen, wenn man auch die Wasserflächen, die Gebirgs- und Plateau-Räume, die Räume, welche die Alpenlandschaften, die Ebenen, die Niederungen, die Wüsten, die fruchtbaren Landstriche, die zusammenhängenden Waldungen, die von Stromsystemen bewässerten Landschaften, die Getreideländer, die Erzreviere u. s. w. einnehmen, dadurch, so weit es sich thun ließe, bestimmt zusammenzufassen sich bemühete, und auch hier das + und — als Ergänzung hinzufügte.

Diese zweite Art der Anwendung dieser geometrischen Figuren auf das qualitative Verhältniß der Räume ist, wie sich leicht einsehen läßt, schon schwieriger als die erste, welche nur die quantitativen Verhältnisse der horizontalen Ausbreitungen in der Figur subsumirt. Diese würde nur eine rein geometrische Operation voraussetzen, um nach den besten vorhandnen Landkarten und den dazu geeigneten Projectionen die zu den Räumen im physicalisch-geographischen Sinne congruenten einfachsten Figuren aufzufinden, und nach einer gewissen Grenze das Maximum und Minimum der Abweichungen einzelner Theile vom Ganzen, eben das Raumverhältniß des Ueberschusses oder des Mangels der Kernfigur, zu berechnen. So würde z. B. Europa, um den irregulärsten aller Erdtheile zu nennen, der sich am wenigsten congruent mit einer geometrischen Figur in diesem Sinne zeigt, und eben hiedurch sich von allen andern Erdtheilen characteristisch unterscheidet, doch seiner Hauptmasse nach sich als großes rechtwinkliges Dreieck darstellen, mit der kürzesten Linie von N. gegen S. in der Richtung des Ural als continentaler Basis von etwa 300 Meilen Länge gegen Asien gekehrt; der rechte Winkel würde etwa in den kaukasischen Isthmus an die Mündung der Wolga fallen. Die zweite längere Kathete würde die südliche mediterrane Seite des rechtwinkligen Dreiecks bilden, von Astrakan durch ganz Europa westwärts bis Bayonne, über 500 Meilen, und die oceanische Hypothenuse von da nordostwärts längs den Nordsee- und Ostseeländern gegen Archangel bis zum Nordende des Ural ziehen, in einer Länge von mehr als 600 Meilen. Der eingeschlossene Raum dieses Dreiecks würde bei weitem die größere Masse des continentalen Hauptstammes von Europa einnehmen, etwa zwei Drittheile des Ganzen (100000 □M., wenn der ganze Erdtheil 150000 hielte), außerhalb desselben würden die drei Halbinseln gegen den Süden, Griechenland, Italien, Spanien, und gegen den Norden die scandinavische fallen; somit würde dadurch sogleich sich $\frac{1}{3}$ des Raumes vom Erdtheile ablösen, dem überhaupt auch ganz andere Verhältnisse zukommen. Dies würde hier den Ueberschuß der geometrischen Figur bilden, der Mangel würde bei dieser Kernfigur kaum zu beachten sein; aber die Benutzung derselben, zur Veranschaulichung einer großen Menge von Verhältnissen, die vom Zusammenhange der Continentalflächen, im Gegensatz des Durcheinander von Meeres- und Länderflächen abhängig sind, oder des Contrastes von dem, was man Stamm und Gliederung der Erdtheile nennen kann, ergiebt sich von selbst. In Hinsicht der Temperaturverhältnisse und der Windsysteme, insofern sie abhängig sind von Ländergestaltung und Länderstellung, wird auch dieser geometrischen Figur der Name des climatischen Triangels von Europa mit Recht angehören, wie ausländische Schriftsteller (Triangle climatique, b. Malte Brun, Europe p. 48) ihn kürzlich mit Recht genannt haben, und so werden viele andere Verhältnisse eingreifend genannt werden müssen in die jedesmal den Erdräumen (auf die sie sich beziehen) congruenten geometrischen Figuren. Wie lehrreich würde es sein, dadurch mit leichter Mühe und doch hinreichender Bestimmtheit zu gegenseitigen Vergleichungen jedesmal einen sehr einfachen und doch allgemein verständlichen Ausdruck zu besitzen, um die jedesmalige verschiedene Verbreitungssphäre der Pflanzen- und Thiergattungen, wie der Völkerstämme, und andere Beschaffenheiten damit kurz zu bezeichnen! Ihre Anwendung auf qualitative Verhältnisse der Erdräume kann nur nach sehr sorgfältig vorhergegangener Specialkenntniß der Naturbeschaffenheit derselben stattfinden; aber dann drängt sie sich auch von selbst auf, wie bei dem, in jeder Hinsicht so lehrreichen und auch für die großartigste Veranschaulichung gedachter Verhältnisse so meisterhaften Abriß einer geognostischen Darstellung vom südlichen Amerika, welcher in dem fünften Theil von Alex. v. Humboldts Reise in die Aequinoctialgegenden des Neuen Continents, die geographische Wissenschaft überhaupt so ungemein bereichert hat. Aus der Gruppirung der geometrischen Figuren nach quantitativen und qualitativen Verhältnissen, mit ihren Unterordnungen aller Art, würde sich der kürzeste Ausdruck für die Characteristik der Erdtheile, Länder, einzelner Gebiete, Provinzen, Districte ergeben; kurz eine Systematik, als Stellvertreterin allgemeiner und unsicherer Beschreibungen, die durch ihre beständigen Wiederholungen gleichartiger Grundlagen die geographische Wissenschaft zu einer widrigen Weitläuftigkeit und Langweiligkeit anschwellen, welche der Ueberschaulichkeit im höchsten Grade nachtheilig gewesen ist. Ohne weitere Erinnerung ergiebt es sich von selbst, welchen Gewinn die Characteristik politischer Länderabtheilungen daraus ziehen kann, wenn eben diese willkürlichen Abtheilungen als leicht bestimmbare Theile und Abschnitte jener geometrischen Figuren betrachtet werden können.

Von der Benutzung der Form zur richtigern und fruchtbaren vergleichenden Erkenntniß der Erdräume gehen wir zum durchgeführteren Gebrauch der Zahl über, durch welche die numerischen Verhältnisse jener Räume und Figuren zusammengefaßt werden können und müssen, um zu einer vollständigern Erkenntniß derselben zu führen. Es ist hier nicht, wie er so häufig in Statistiken und Geographien vorkommt, von einem Mißbrauch der Zahlen die Rede, wie er sich nur zu leicht da einschleicht, wo auf die Zahl selbst der Werth gelegt wird, der nur der relativen Bedeutung des Verhältnisses angehört, das die Zahl bezeichnet. Hier soll die Zahl nur als Begriff des Werthes verschiedener Verhältnisse zu deren gegenseitigen Vergleichung und zum Zusammenfassen eines räumlichen Systems von Verhältnissen selbst dienen! Wie in der Pflanzenbeschreibung das Figuriren und Zählen der Gewächstheile, wie der Staubfäden, der Pistille, der Nectarien, der Blumen- und Kelchblätter, der Blatteinschnitte, der Stiel-Zerspaltungen, des Standes der Infloresccenz, der Wurzelblätter u. s. w. nur zur vollendetern Erkenntniß des ganzen Gewächsbaues führen und die Stelle der Reihe bezeichnen soll, zu welcher unter den Pflanzenformen überhaupt die in Rede stehende gehört, weil davon das innere physiologische und organische Leben derselben mit bedingt wird, so wird es auch bei jedem bestimmten Erdraume eine bedeutende Anzahl physiographisch bestimmbarer und zählbarer Theile und Verhältnisse geben, welche wesentlich zur erschöpfenden Auffassung ihrer wahren Natur gehören, die nicht gleichgültig nebeneinander stehen, gleichsam zufällig, wie so oder anders zusammengewürfelte Massen, sondern aus deren Sonderung, Zusammenhang und Gruppirung ebenfalls verschiedenartige Erd- oder Ländersysteme, oder zusammengehörige, ineinandergeschlossene Räume der Planetenrinde hervortreten.

Diese Zahlenverhältnisse werden entweder die Distanzen der Räume selbst nach horizontalen und verticalen Dimensionen bezeichnen, und also auf den gemachten Messungen nach Quadratmeilen, Längenmeilen und Fußen über und unter dem Meeresspiegel für die Höhen und Tiefen beruhen, oder es werden wirkliche Zählungen verschiedener hiehergehöriger Objecte sein.

Die Messungen sind schon allgemein, wenigstens für gewisse Verhältnisse, in Gebrauch gekommen, meistentheils für politische Länderbestimmungen; aber für eine wahre geographische Verhältnißlehre kann die Angabe des Areals der politischen Länderräume nicht ausreichen, die natürlichen Raum-Abtheilungen, wie die geometrischen Figuren sie zusammenfassen, werden der Quadratmeilenzahl nach zuerst ausgemittelt werden müssen, um jene dann ihrem verhältnißmäßigen Antheile nach an dieser größern Gesammtheit beurtheilen zu können. Bisher hat man immer nur die Größe des Quadratinhaltes der Erdtheile im allgemeinen auszumitteln gesucht und das der politischen Staatengebiete im besondern, und diese Bemühungen sind sehr dankenswerth; aber man sieht sich vergeblich nach den Angaben der räumlichen Größe der Naturabtheilungen um, z. B. wie groß ist das continentale rechtwinklige Dreieck Europa's im Verhältniß zu den Gliedern des Erdtheils und zu den durch sie eingeschlossenen mittelländischen halb oder fast gänzlich geschlossenen Meeren, Straßen, Golfen? Und wie stellt sich also der sehr verschiedene Antheil, den diese drei Hauptformen an den wichtigsten Einflüssen auf physicalische und historische Verhältnisse des ganzen Erdtheils hatten und noch bis heute haben? In welcher räumlichen Größe stehen die großen und kleinen Halbinselländer gegen einander, gegen die ihnen zugehörigen Inseln und zu den Hauptausbreitungen der von den Meeren unberührten Continentalflächen? Unter welchen Zahlverhältnissen läßt sich das Areal der verschiedenen reichbewässerten großen Stromgebiete, der dazwischenliegenden stromarmen oder gänzlich unbewässerten Räume, der Gestadeländer, die nur von kurzen Küstenflüssen durchschnitten werden, beurtheilen, die darum auf ganz andere Weise auf die Meere angewiesen sind, als die dem centralen Theile der Continente angehörigen Länderräume, welche von weithin ziehenden großen Landströmen und ihrem zugehörigen Geäder bewässert werden. Man sieht sich vergeblich nach dem Inhalt der Quadratmeilen, der Fruchtebenen, der Kornkammern, der Versumpfungen, der Torfländer, der Sandstrecken, der Heidegegenden, der Gebirgsländer um, nur etwa von Seen und Waldrevieren hat man angefangen hier und da Zahlenangaben nach sehr dankenswerthen Messungen, oder auch nur nach Schätzungen anzulegen, und in manchen Provinzen das Verhältniß von Seeflächen, Acker-, Waldrevieren und von Wiesenräumen auszumitteln. So wichtig diese letztern Ausmittlungen für besondere statistische Zwecke sind, eben so lehrreich würden jene Ausmittlungen für ganz allgemeine historische und geographische Zwecke sein, um die verschiedenen Einflüsse physicalischer Formen auf Länder- und Völkertheile, nach ihrem Verhältnißwerthe in Zahlenreihen bestimmen und vergleichen zu können, was wenig Schwierigkeiten unterworfen sein kann, da sie meistens leblose, ganz feststehende, keine schwankenden Zahlen periodisch auf- und absteigender Reihen von stets wechselnden Lebensverhältnissen betreffen, wie die schwierigern Volkszählungen und andere ähnliche. Es würden sich nach Ausmittlung dieser natürlichen Länderräume, wenn auch nur in den allgemeinsten Hauptumrissen, auch die, in den verschiedenen Jahrhunderten so verschiedenartigen Verschiebungen der Staaten- und Völkergrenzen, das Vor- und Rückschreiten ihrer Ausbreitungen in der alten, mittlern und neuern Zeit, die nämliche Verbreitungssphäre der Völker- und Sprachstämme, die Progression der Kulturarten von Gewächsen u. dgl. m. richtiger und bestimmter bezeichnen lassen, und eine große Zahl anderer historisch nicht minder wichtiger Verhältnisse, für welche die Sprache ohne solche Hülfe bisher keine passenden Ausdrücke auffinden konnte. Nehmen wir z. B. das Verhältniß der Lebens- und Geschäftsweise der Menschen nach den verschiedenen Formen des Bodens, der sie nähret, die Gestadevölker, die Gebirgsvölker, die Bewohner der continentalen culturbaren, des Getreidebaues fähigen oder unfähigen Länderflächen, wie groß ist der Antheil ihres Gebietes an jedem Länder= und Staatensystem, wie greifen sie gegenseitig in einander ein, welche verschiedenen Resultate bieten diese, schon an sich betrachtet, in den verschiedenen Ländern Europa's dar! Zu sehr wichtigen Betrachtungen haben diese und ähnliche Arealverhältnisse, die sich sehr vielfach anwenden lassen, wenn ihre Hauptgrundbestimmungen nur einmal ermittelt sind, schon hie und da geführt in einigen bedeutenden jüngeren classischen Werken, die neue Bahnen für historisch=geographisch=statistische Wissenschaften eröffnet haben, wie in Malthus Essay on the Principles of Population. Lond. 1803, wie in Ch. Dupins classischen Arbeiten über Großbritannien und Frankreich (Force maritime, militaire, commercielle et industrielle de la Grande Bretagne. 3 Vol. 4. 1824; und Forces productives et commerciales de la France. 2 Vol. 4. 1827), und eben so für Italien in den classischen Untersuchungen von Lullin de Chateauvieux (Lettres sur l'Italie. 8. 1 Vol.) in Hinsicht auf Agricultur. Nicht unwichtig würde es sein, in Beziehung auf jedes beliebige Land der Erde, sei es groß oder klein, jedesmal in seiner Art, wie A. v. Humboldt die geognostische Schilderung Süd=Amerika's beginnt (5. Th. S. 384), sagen zu können: Süd=Amerika ist eine jener großen Triangular=Massen, welche die drei Continental=Abtheilungen der südlichen Halbkugel unserer Erde bilden; von dem Areal, das es befaßt (571000 □Seemeilen), ist der vierte Theil (142000 □Seemeilen) mit Bergen bedeckt, die theils Gebirgsäste, theils durch ihre Annäherung Gruppen bilden; die übrigen Dreiviertheile sind Flächen, von denen $^4/_5$ auf der Ostseite der Anden=Cordilleren liegen. Das Bergland (142000 □Seemeilen, $^1/_4$ des Ganzen) ist aber so vertheilt, daß etwas über $^1/_3$ den großen Zug der Andes=Cordilleren oder der westlichen Küstenkette bildet, die an vielen Stellen in die Schneeregion emporragt (50000 □Seemeilen); fast $^2/_3$ aber des Berglandes (92000 □Meilen, S. 389) von weit niedrigerer Art, das nirgends die Schneeregion erreicht, bedeckt Süd=Amerika auf der Ostseite der Andes=Cordilleren und ist so vertheilt u. s. w. Je einfacher die Resultate aus der verwickeltesten Reihe von Forschungen, wie hier, desto lehrreicher. Sogleich drängen sich aus solchen anschaulichen Verhältniß-Darstellungen die Differenzen und Contraste anderer Erdräume oder ihre Charakteristik in ganz anderer Art auf, als aus Beschreibungen; und man wird sogleich zu weiterer Forschung und Untersuchung ihrer Eigenthümlichkeiten aufgefordert, z. B. zur Gegeneinanderhaltung der drei größten Alpen-Gebirgsländer der Erde, des amerikanischen der Andes-Cordilleren von 37500 geogr. □Meilen (15 auf 1°, oder nach v. Humboldts Berechnung 50000 □Seemeilen zu 20 auf 1°), des indischen, nämlich des Himalaja, von etwa 30000 □Meilen, und des europäischen Alpenlandes von etwa 6000 □Meilen, sobald nur einmal ihr Areal so wie ihre andern wichtigsten Dimensionen gegeben und kurz zusammengedrängt sind in ihre Verhältnißbegriffe. Man wird durch solche Verhältnißreihen sogleich aufgefordert, zu diesen Massen sich die Natur der Höhen, der Bewässerung, der geognostischen Bestandtheile, des Erzreichthums, der Verbreitung der Floren und Faunen, der Völkerschaften, der Staaten, ihrer Kräfte, die Zahl der Uebergänge, Pässe, der Durchgänge und Ansiedlungen und so vieles Andre in das richtige Verhältniß zur Beurtheilung des Ganzen und zu den Umgebungen zu bringen, woran bei gewöhnlichen, selbst den besten Länderbeschreibungen noch bis heute fast nie gedacht wird.

Wir erinnern zuletzt noch an Messungen, verbunden mit Zählungen der besondern Gegenstände innerhalb der geometrischen Figuren, und der durch das Quadratmaaß beliebig zu erweiternden oder zu verengenden Räume, je nachdem das Bedürfniß für diesen oder jenen Gesichtspunct es erfordern möchte, ganze Massen jener geometrischen Figuren oder Summen der Areale zusammenzufassen, um etwas allgemeines davon auszusagen, oder sie, einzeln betrachtet, wieder für sich zu zerlegen und in untergeordnete Räume beliebig, oder nach historischen, physicalischen oder politischen Eintheilungsgründen zu zerspalten, um von diesen nun jedes Besondere hervorheben zu können, und dadurch zur speciellen Charakteristik auch aller Theile der größeren Ganzen zu gelangen. Nur auf einige Gesichtspuncte dabei hinzuweisen, wird für jetzt schon hinreichend sein, um auf die Mannichfaltigkeit der überall sich von selbst darbietenden Aufgaben und Auflösungen zu führen. Wir nennen nur: die verschiedene Küstenentwicklung der Länder, die Bewässerungen der Stromgebiete und die Verhältnisse der mittlern Höhen der Bergrücken zu den Gipfelerhebungen wie zu den Einsenkungen, die mit ihnen in unmittelbarem Contrast stehen, um diesen statt aller andern einige Beispiele beizufügen.

Das Verhältniß der Küstenentwicklung beruht auf der Länge der Gestadelinie (nach geographischen Längenmeilen) zu dem Flächenraum (nach □Meilen), welcher von den zugehörigen Meeren eingeschlossen ist, und einmal im allgemeinen überschlagen werden kann nach der geometrischen Figur, genauer aber auszumitteln ist aus der ganzen Küstenkrümmung, welche das + oder — der geometrischen Figur bildet. Es giebt für jeden gegebenen Flächenraum ein mögliches Maximum und Minimum dieser Gestadeentwicklung, von der einförmigsten Küstenbildung der Erdtheile, wie bei dem Festlande Australiens und Afrika's, zur günstigern Entwicklung der Gestade Asiens und Amerika's, bis zur vollendetsten Küstenentwicklung, wie bei Europa als Continent, nach Stamm, Gliedern und abgerissenen Theilen oder Inseln. Ja, es giebt ein Uebermaaß dieser Entwicklung, wobei die Continente nicht mehr bestehen, dagegen eine völlige Zerreißung (Zersplitterung), Isolirung der Ländertheile durch Meerestheile eintritt, wodurch die größten Inselgruppen — die dem Raum nach, den sie auf der Planetenrinde einnehmen, dem Umfange ganzer Erdtheile gleichen können (wie die Sundische Inselwelt dem Umfange Europa's) — bis zu den kleinsten Gruppen hinab ausgezeichnet sind. Die Relation der Küstenentwicklung zum Areal ist ein Hauptmoment in der Bestimmung des maritimen Charakters der Continente, im Größten wie im Kleinsten. Eine frühere Untersuchung zeigte, daß die Entwicklung der Gestade Europa's, bei dreifach geringerem Areal als Afrika, sich doch fast doppelt so groß verhalte und die außerordentliche Länge von 5400 geogr. M. erreiche, den Umfang der ganzen Erde, die Küstenlänge jenes Erdtheils aber nur 3800, die von Asien, des 5mal größern Areals als Europa, nur 7000, und daß die in dieser Hinsicht sehr abweichenden Werthe der Erdtheile nach Stamm, Gliederung und Isolirung ungefähr diesen Zahlenverhältnissen entsprechen: bei Afrika wie 1 . 0¹/₅₀, bei Asien wie 4 . 1¹/₈, bei Europa wie 2 . 1¹/₂₀ u. s. w. Bedenkt man nun, wie hievon in den genannten Erdtheilen alle Berührungen des Festen und Flüssigen und die unendliche Mannichfaltigkeit ihrer wechselseitigen Einwirkungen auf unbelebte und belebte Natur abhängig werden mußte, wie die plastische Gestaltung der Räume dadurch verschiedenartig bedingt wurde, und die verschiedenartigsten Gruppirungen der Höhen und Tiefen mit allen bewässerten Einsenkungen dadurch ihre Umgrenzungen, Neigungen und absolut größten Gefälle gegen die verschiedenen Himmelsgegenden und Meere erhielten, und daß dieselben Umstände bei der kleinsten Halbinsel und Insel wie bei dem größten Festlande eintreten: so wird man zugeben müssen, daß es von dem größten geographischen Interesse sein müßte, überall und immer diese Wassergrenzen in Beziehung auf das zugehörige Areal, auf die Landgrenzen, auf die Binnenländer und auf alles übrige, für jede beliebige Erdstelle beurtheilen, in Zahlen, Zahlenreihen, kurz in richtigern Verhältnißbegriffen auffassen und für jeden beliebigen Zweck anwenden zu können; diese Verhältnißbegriffe also auf den graphischen Darstellungen selbst schon jedesmal an der gehörigen Stelle angegeben zu finden! Dann erst würde jedwede Begünstigung oder Uebervortheilung der Gestadeländer durch Stellung gegen Weltmeere und Gegengestade, gegen hemmende oder den Weltverkehr fördernde Meeres- oder Windbewegungen, oder ihrer Bildung nach Ufergestaltung, ihrer Zugänglichkeit durch sichere Küstenmeere und Hafenreichthum u. dgl. m. in der wissenschaftlichen Beurtheilung ganz charakteristisch für jedes Küstenland und jedes Gestadevolk hervortreten.

Eben so könnte durch die Anwendung der Maaß- und Zahlenverhältnisse die Form der Stromgebiete ungemein fruchtbar für die Betrachtung der wichtigsten Länderräume, welche der Hauptsitz der Cultur der Völker und Staaten zu sein pflegen, gemacht werden, wenn das Wesen ihrer Grundverhältnisse klar zur Anschauung käme, und zur Vergleichung für die Wissenschaft sicherer und bequemer als durch die Beschreibung gehandhabt werden könnte. Die gänzliche Vernachlässigung dieser Hauptform der Stromgebiete, welche die merkwürdigsten Landschaften der Erdoberfläche unter die angesehensten der strömenden Wasser der Erde höchst eigenthümlich vertheilt zeigt, ist zu auffallend, um nicht sogleich daran zu erinnern, auf welcher elementaren Stufe die geographische Wissenschaft stehen muß, um ein so wichtiges Mittel ihrer wesentlichsten Bereicherung ganz unbenutzt am Wege liegen zu lassen.

Bei jeder Länderbeschreibung werden die Flüsse zwar aufgezählt, welche den Boden bewässern, und einige Merkwürdigkeiten hinzugefügt; sehr selten schon wird man Angaben über ihr verschiedenes Gefälle finden, das dem Strom doch seine Bewegung giebt, oder über die Tiefe und Schiffbarkeit, von welcher seine Brauchbarkeit, Fruchtbarkeit u. s. w. abhängig ist, was sich von Strecke zu Strecke und Stufe zu Stufe leicht durch Zahlen anzeigen ließe. Ueber die Länge in Meilen von der Quelle zur Mündung findet man hie und da schon Angaben, und durch eigne vergleichende Flußkarten, in welchen die Bedeutung der Ströme nach der auf eine gerade Linie reducirten Meilenzahl, wie dem Range nach geordnet erscheint, hat man Einiges zur Ausfüllung jener Lücke versucht. Am verdienstlichsten sind darüber einige Messungen von Buache (1752), von denen jedoch er selbst wie seine Nachfolger fruchtbare Anwendungen zu machen versäumten (Essai d'un Parallèle des Fleuves de l'Europe). Aber man übersah dabei, daß auch hier wie überall ein Zusammenhang der Erscheinungen ist, der sich nicht willkürlich zerschneiden läßt, ohne in sich selbst zu verarmen und sich selbst zu vernichten. Sehr verschiedene Verhältnisse bei den Stromsystemen wollen zu gleicher Zeit in ihrer gegenseitigen Einwirkung aufgefaßt sein, um zur vergleichenden Charakteristik aller und zur wahren Bedeutung jedes besondern für den Haushalt der Natur und den Gang der Geschichte zu führen. Die räumlichen Verhältnisse, welche hier die erste Grundlage aller andern bilden, und, zum höchsten Bedürfniß der Wissenschaft nothwendig, vor allen übrigen bei allen Hauptströmen der Erde auszumitteln wären, sind außer dem oben berührten Gefälle, auf den verschiedenen Hauptstufen ihrer Senkungen, von den Höhen zu den Tiefen: einmal der directe Abstand der Quellen von den Mündungen, oder die kürzeste Distanz, welche das Gefälle durchlaufen muß; zweitens die wahre gekrümmte Linie des Stromlaufs, oder das Maximum der Entwicklung, welche das strömende Gewässer auf dem gegebenen Abstande durch seine Thalbildung wirklich gewonnen hat, und drittens das Arealmaaß des ganzen zu einem und demselben Stromsysteme mit allen seinen Verzweigungen zugehörigen Stromgebietes, oder des Flächenraums, der dem jedesmaligen Systeme seine Bewässerung, Befruchtung und vieles Andere, gewöhnlich die ganze eigenthümliche Art seiner natürlichen und historischen Bereicherung, zu verdanken hat. Jedes Stromsystem gewinnt hiedurch seinen geometrisch zu bestimmenden Hauptcharakter, der, wie bei jeder Pflanzenform, so auch bei jedwedem der großen Stromsysteme, deren Eigenthümlichkeiten klar vor die Anschauung treten läßt, und in der Verwirklichung der vielartigsten Combinationen der Hauptverhältnisse begründet ist. Hiedurch wird es möglich, zum Besten einer wissenschaftlichen Behandlung der weitläuftigen Beschreibungen (die an ihrer passenden Stelle immer als Vervollständigungen des Begriffs ihr Recht behaupten können) sich zu überheben und durch Verhältnißbegriffe Anschauungen hervorzurufen, welche die Grundlage jeder weitern Belehrung und Forschung sein werden, welche aber, ohne die Ausmittlung derselben nach Maaß und Zahl, nicht zum Bewußtsein der Wissenschaft und ihrer Lehre gelangen würden. Ein paar Beispiele werden hinreichen, dies zu verdeutlichen. Der Strom der Wolga durchläuft ungefähr eine gekrümmte Linie von wenigstens 440 deutschen Längenmeilen von seiner Quelle zur Mündung, die Donau 381; jene ist also $1/8$ länger, der Rhein nur 175, also mehr denn das Doppelte kürzer als die Donau. Die Längenwerthe dieser Hauptströme könnte man also ungefähr mit den Verhältnißzahlen 3, 2, 1 (525, 350, 175) in Beziehung auf den ihnen zugehörigen Erdtheil bezeichnen, den Arealwerth ihrer zugehörigen Stromgebiete aber durch die Zahlen 8, 4, 1, da das der Wolga, etwa gleich groß mit dem des Nils, nach runder Summe einen Flächenraum von 30000 □Meilen einnimmt, das der Donau 14500, das des Rheins nur 3600. In Hinsicht der Stromgefälle und der daraus hervorgehenden Mannichfaltigkeit der Erscheinungen muß man diese Zahlen aber ganz in umgekehrter Ordnung auf sie anwenden, da die Quellen des Rheins über 10000′ hoch liegen, die der Donau keine 3000′, die der Wolga nur 1100′ über dem Spiegel des Oceans; nach der Normaldirection ihres Laufes gegen mehr oder weniger begünstigte Gestade stehen sie in demselben umgekehrten Verhältniß; in Beziehung auf die Weltgegenden gegen S.O., O. und N.W. aber haben sie eben so viel völlig von einander verschiedene Stellungen, wodurch eben ihre climatischen Verschiedenheiten, ihre Jahreszeiten, periodischen Anschwellungen, Befruchtungen u. s. w. bedingt werden. So einartig also auch diese Stromlinien auf den Kartenzeichnungen, so verschiedenartig treten sie sogleich in ihren Wirkungsweisen auf die verschiedenen Planetenstellen hervor, wenn auch nur ihre einfachsten Raumverhältnisse genauer bestimmt und in ihren absoluten und relativen Werthen in Einen Begriff zusammengefaßt werden können. Wie viel reichhaltiger ist hievon das Resultat für Erforschung des Ganzen wie des Einzelnen, wenn man alle wichtigsten Momente, die dabei hervortreten, auf dieselbe Weise beachten wollte.

Unter den 6 der bedeutendsten europäischen Ströme, die im südlichen Rußland, zwischen der Kubanmündung vom Kaukasus herab und der Donaumündung aus Ungarn her, auf einem verhältnißmäßig sehr kurzen Horizontalabstande von O. gegen W., nämlich nur von 80 geographischen Meilen, ihren großen Wasserreichthum, den hier schon Herodot bewunderte, aus den weitesten Fernen, wie sonst nirgends in Europa in ähnlicher Fülle für einen so kurzen Raum, in das Becken des Schwarzen Meeres zusammenschütten, unter diesen 6 Strömen (Kuban, Don, Dnepr, Bug, Dniester, Donau) ist nächst der schon oben erwähnten Donau der Dnepr der bedeutendste, denn sein Stromgebiet ist 3 mal so groß als das von Rhein und Elbe, 10000 □M. Die gekrümmte Entwicklung seines Stromlaufs ist 214 geogr. M., der directe Abstand seiner Quelle von der Mündung unterhalb Cherson 134; die Krümmungen des Stroms verlängern also seinen Lauf um volle 100 Meilen. Die Folge dieser Entwicklung ist die verhältnißmäßig außerordentliche Erweiterung seines natürlichen Stromgebiets, die Menge der Wasserläufe, die sich seinem Systeme zuwenden, und die große Fruchtbarkeit und Mannichfaltigkeit der Oberflächen, in denen sich sein strömendes Gewässer (das sie in den vielfältigsten Windungen bespült, so lange als es mit der Natur eines Stroms nur verträglich ist) verweilt. Sein westlicher Nachbar der Dniester, mit gleicher Normaldirection gegen S.O. und unter sehr ähnlichen Localitäten sich erzeugend, weiset doch gegen ihn ganz entgegengesetzte Verhältnisse auf. Er ist freilich an Größe geringer wie jener, aber darin liegt die große Differenz beider nicht, sondern jener Verhältnißunterschied giebt ihnen die verschiedenste Characteristik. Der directe Abstand der Dniester-Quelle von der Mündung ist 81 geogr. Meilen, sein ganzer Lauf, alle Krümmungen miteingerechnet, giebt aber nur die Entwicklung von 96 geogr. Meilen; seine Krümmungen verlängern den Stromlauf also nicht um $^1/_6$ seines directen Abstandes, daher ist sein Stromgebiet, verhältnißmäßig für die Länge seines Laufs, sehr gering, ja unbedeutend an Umfang zu nennen, keine anderthalbtausend □M. groß (nahe an 1500 □M.), nur halb so groß als das des Rheins, kaum mit dem des Tajo etwa zu vergleichen, und hieraus geht der geringere relative Werth dieses Stromes im sonst so reichlich ausgestatteten osteuropäischen hydrographischen Systeme von selbst hervor, im Vergleich mit seinen größern Nachbarn nicht nur, sondern auch mit andern nicht eben an sich bedeutendern Strombildungen. Durch die am meisten einer geraden Linie genäherte Stromrinne ist sein Stromgebiet verhältnißmäßig das kleinste dem Areal nach geblieben, das einem Strome dieser Größe nur irgend zu Theil werden kann. Es ist aber auch das einförmigste geblieben, nur zu seinen beiden Seiten ein schmaler Landgürtel von N.W. gegen S.O. gezogen; darum fehlen seiner Stromrinne alle bedeutendern Zuflüsse und seinem Gebiete alle Mannichfaltigkeit von Verhältnissen; er selbst ist weder geographisch, noch historisch für Einheimische oder Fremde durch seine Naturverhältnisse von höherer Bedeutung für den Erdtheil geworden, bis heute kaum einmal beschifft.

Sehen wir zuletzt noch auf das Stromsystem der Weichsel, den größten Zufluß des Ostseebeckens, das mit Donau, Elbe und Rhein die 4 mächtig strömenden Wasser Mitteleuropa's bildet. Der Größe nach steht die Weichsel im hydrographischen Systeme des Erdtheils dem Rheinstrom am nächsten, und zwar zwischen Elbe und Rhein. Denn der directe Abstand der Weichselquelle von der Mündung zur Ostsee ist 72 geogr. M., die Stromentwicklung 123 geogr. M.; die Krümmungen des Laufes bilden also 51 geogr. M., das ist weit über $\frac{2}{3}$ des directen Stromlaufes. Hieraus ergiebt sich die große Bewässerung, welche die Weichsel ihrem Stromgebiete giebt. Der directe Abstand der Oderquellen von der Odermündung ist derselbe wie bei der Weichsel, aber die Stromentwicklung der Oder ist weit geringer (um 20 geogr. M.), daher sie auch verhältnißmäßig weit weniger Landschaften bewässert und befruchtet als ihr östlicher Nachbar. Der Elbestrom hat zwar größern directen Abstand seiner Quellen von der Mündung als die Weichsel, nämlich 84 geogr. M., aber das Verhältniß seiner Stromentwicklung ist dennoch geringer. Der Rheinstrom übertrifft in beiden Verhältnissen die Weichsel an absoluter Größe; der directe Abstand seiner Quellen von seinen Mündungen ist an 100 geogr. M.; die Entwicklung seines herrlichen Stromlaufes 147 geogr. M.; aber das Verhältniß seiner Krümmungen macht noch keine volle $\frac{2}{3}$ seines directen Laufes aus, und ist relativ also geringer als bei der Weichsel. Dadurch stimmt sich der sonst so mächtige Rhein von seiner Größe wieder um ein gewisses herab, und nähert sich den Verhältnissen der Weichsel in so fern, daß die Stromgebiete beider fast ein gleiches Areal einnehmen mit einem Unterschiede weniger Quadratmeilen (das der Weichsel 3578, des Rheins 3598, das der Elbe nur 2800, der Oder 2072). Die Verschiedenheit des Gefälles beider hydrographischen Formen wird in die Analogie ihrer horizontalen Dimensionen wieder neue Contraste einführen, wodurch das Charakteristische und Individuelle derselben ganz neue Bestimmungen erhalten wird.

Wir verlassen aber diese weitere Durchführung, weil es hier nur darum zu thun war, zu zeigen, wie räumliche Verhältnisse bei genauerer Ausmittlung durch Maaß und Zahl zu der Veranschaulichung des Wesens geographischer Verhältnisse überhaupt führen, die ohne sie unbeachtet liegen bleiben, durch sie aber einen Ausdruck für die Sprache und Lehre gewinnen und zu einer, wenn man will, erschöpfenden Systematik führen, welche für das so wenig geordnete und fast unübersehlich gewordne Material geographischer Wissenschaft immer unentbehrlicher zu werden scheint.

Was den dritten oben angegebenen Punct betrifft, die Verhältnisse der mittlern Höhen der Bergrücken zu den Gipfelhöhen, so brauchen wir hier nur im Vorübergehen daran zu erinnern, weil die außerordentlich fruchtbare Betrachtung derselben erst seit kurzem von dem Erforscher dieses Verhältnisses selbst auf die Construction der bedeutendsten Gebirgsmassen der Erde angewendet worden ist, in verschiedenen Abhandlungen über die Hochgebirge Indiens und in dem neuesten Bande der Reise in die Aequinoctialgegenden des neuen Continents, 5. Th. S. 390 u. f. Das Verhältniß der absoluten Gipfelerhebung, mit dem man sich als Charakteristik der Gebirgsmassen früherhin ausschließlich zu beschäftigen pflegte, und das sich bei Pyrenäen, Alpen, Cordilleren und Himálaja in eine wachsende Reihe stellt, wie die Zahlen: 1 . . . $1\frac{1}{2}$ . . . 2, und . . . $2\frac{1}{2}$, tritt dadurch bei Beurtheilung der wesentlichern Höhenverhältnisse der gesammten Gebirgsmassen mehr in den Hintergrund, indem die mittlere Höhe der Gipfellinie derselben, oder der Kamm, weit mehr geeignet ist, als Normale der Gebirgssysteme eine richtige Vorstellung ihrer Gestaltung zu geben, wozu die Verhältnisse der isolirten Gipfelerhebung und andere dann erst als untergeordnete Bestimmungen hinzuzufügen sind. Das aufgefundene Constructions-Verhältniß jener vier Gebirgssysteme besteht darin, daß die mittlere Höhe der Gipfellinie auf den Anden den höchsten Gipfelpuncten der Pyrenäen gleich ist, die mittlere Höhe der Gipfellinie des indischen Hochgebirges aber den höchsten Puncten der Alpen gleichkommt; der Kamm der Pyrenäen aber der Höhe nach fast dem Kamm der Alpen gleich ist, diese aber vor jenen charakterisirt sind durch die relativ größere Erhöhung ihrer Gipfel, oder durch deren großes Erhebungsverhältniß über dem Kamme des Alpensystems. Man sieht leicht, daß dies Verhältniß des Minimum der Gesammthöhen unmittelbar die Lage der Pässe bestimmt, also die Durchgehbarkeit der Gebirgszüge, und daß eine nicht unbedeutende Zahl verwandter Verhältnisse sich an jenes, wie an einen gemeinsamen Kern, anschließen, daß es sich auch auf die Profile ganzer Continente und Inseln übertragen läßt, und daß nach dieser Grundlage bei der Kartenzeichnung vieles andere wesentliche Detail der verticalen Dimensionen, nach Höhen und Tiefen geordnet, auf eine für die Anschauung lehrreiche und bestimmte Weise eingetragen werden könnte; daß ferner sehr reichhaltige und doch gut zu überschauende Höhentafeln zur endlichen benutzbaren Gruppirung und Vergleichung aller Barometer- und anderer Höhenmessungen hienach anzuordnen wären. Wir haben dieses Verhältniß für verticale Dimensionen nur allein als Fingerzeig hier angeführt statt aller andern, die auf ähnliche Weise noch berücksichtigt werden konnten.

Diese Bemerkungen über Veranschaulichungsmittel räumlicher Verhältnisse bei graphischen Darstellungen, deren nur beispielsweise angeführte Zahl leicht noch um vieles vermehrt werden könnte, mögen hinreichen, um zu zeigen, wie vieles von dieser Seite her, sowol für geographische Wissenschaft selbst, als auch zur Förderung der Mittheilung ihrer Elemente, abgesehen von allem neuen Material, wie von aller Willkür der Methodik, geschehen könnte und noch geschehen müßte, ehe beide gehörig gedeihen und eine vollendetere Gestalt als bisher werden gewinnen können.

Da die Ausmittlung dieser Verhältnisse, obwol keine außerordentlichen Anstrengungen, aber doch eine längere Reihe genau fortgesetzter Arbeiten messender Art nach den besten vorhandenen Materialien und in einem wissenschaftlichen Zusammenhange zu bestimmten Zwecken voraussetzt, zu denen nicht einem Jeden Zeit und Mittel zu Gebote stehen, so schien es bei der vor kurzem durch Veraltung und Veräußerung des Landkartenverlags der Akademie angeregten Frage: ob sie nicht, im Sinne der frühern Zeit, in der Verbreitung der verbesserten elementaren graphischen Hülfsmittel, wie so lange schon, so auch jetzt noch fortzufahren habe, — so schien es nicht unpassend, eine fruchtbare, leicht zu realisirende, so wie ihrer und dem Bedürfniß der Wissenschaft würdige Weise anzugeben, sich das früherworbene Verdienst auch noch ferner anzueignen und zu bewahren. Es würde die allmählige Ausarbeitung eines Atlasses der räumlichen Erdverhältnisse sein, der das Wesentlichste des ganzen Verhältnißsystems für jedes größere Ganze und dessen Haupttheile durch Messung und Zählung feststellte. Genaueste Ausmittlung des ganzen Systems jener für alle Zweige der historischen und physikalischen, insbesondre der naturhistorischen und geographischen Wissenschaften nicht unwichtigen Verhältnisse der Erdoberfläche würde dann die erste Aufgabe sein, zu welcher einem mit dem Landkartenwesen vertrauten Geometer der Auftrag und die zweckmäßige Unterstützung gegeben werden müßte. Die zweite würde es sein, die Resultate dieser Ausmittlungen auf die deutlichste, anschaulichste und unmittelbar zu jeder Art von Anwendung nutzbarste Weise graphisch darzustellen auf, zu diesem Zweck und nur durch diese ausgemittelten Verhältnißlinien und Zahlen zu entwerfenden Generalkarten, Tafeln und Specialblättern, auf denen die wichtigsten räumlichen Verhältnisse unmittelbar abzulesen sein müßten, um dieselben für jedes Bedürfniß combiniren und mit den getroffenen Combinationen zum Besten aller Zweige der Physik, Naturgeschichte, Geognosie, Botanik, Geschichte und Geographie, nach Belieben schalten und walten zu können. Die dritte Aufgabe würde es nach solcher wissenschaftlichen Vorarbeit sein, hiedurch einmal der Form und Einrichtung eines Elementar-Schul-Atlasses seine verbesserte Gestalt zu geben, und dabei den wesentlichen Unterschied der Generalkarten oder der Abstraction, wo das Bild des kleinen Maaßstabes wegen nothwendig in das Zeichen eines Abbildes verwandelt werden muß, von der Specialkarte oder dem wirklich verkleinerten Abbilde, den Bezeichnungs- und Darstellungsarten nach festzustellen, wodurch dem elementaren Schulunterrichte in der Geographie eine neue Bahn eröffnet werden könnte, indem er aus der Beschreibung sich zur, das reiche Material ordnenden, Verhältnißlehre erhöbe und zur Construction führte.

III.

Ueber das historische Element in der geographischen Wissenschaft.

(Vorgetragen am 10. Januar 1833.)

Die geographischen Wissenschaften haben es vorzugsweise mit den Räumen der Erdoberfläche zu thun, in so fern diese irdisch (sei es auch immer welchen Naturreichen angehörig, und mit welchen Formen ausgestattet) erfüllt sind; also mit den Beschreibungen und Verhältnissen des Nebeneinander der Oertlichkeiten, als solche, in ihren besondersten Vorkommen wie in ihren allgemeinsten tellurischen Erscheinungen. Sie unterscheiden sich hierdurch von den historischen Wissenschaften, welche das Nacheinander der Begebenheiten, oder die Aufeinanderfolge und die Entwicklung der Dinge im Einzelnen und im Ganzen, von innen und nach außen, zu entschleiern, zu untersuchen und darzustellen haben. Indem beide zwar von überschaulichen positiven Einzelnheiten des gleichzeitigen Nebeneinander, oder der Aufeinanderfolge des Nacheinander ausgehen, aber bald zu unüberschaulichen, durch Geometrie und Chronologie anfänglich noch abzumessenden Verhältnissen übergehen, denen aber in der geistigen wie in der physischen Welt bald das bestimmte äußere Maaß mangelt, dagegen das innere, das Naturgesetz wie das ethische um so mehr hervortritt, so sind beide in ihren gesteigerten Resultaten, in der Darlegung der Verhältnisse und Gesetze, wie der Entwicklungen auf die Combination und das Maaß des Gedankens angewiesen, und dieses zwingt auch diese positiven Wissenschaften zum philosophiren.

Denn das reingedachte gleichzeitige Nebeneinander des Daseins der Dinge ist, als ein wirkliches, nicht ohne ein Nacheinander derselben vorhanden. Die Wissenschaft der irdischerfüllten Raumverhältnisse kann also eben so wenig eines Zeitmaaßes oder eines chronologischen Zusammenhanges entbehren, als die Wissenschaft der irdisch erfüllten Zeitverhältnisse eines Schauplatzes, auf dem sie sich entwickeln mußten. Die Historie bedarf eines solchen zu ihrer Entfaltung, sie wird in ihre Gestaltungen überall, sei es ausgesprochen oder nicht, ein geographisches Element mit aufnehmen müssen, auch in ihre Darstellungen; sei es nun, indem sie, wie bei Thucydides oder Johannes Müller, gleich zu Anfang ihrer Historien dieses in einem großen Ueberblicke voranstellt, oder, wie bei Herodot, Tacitus und andern Meistern, in den Fortschritt ihrer Darstellungen einwebt, oder, wie bei noch Anderen, es auch übergeht und nur den Ton oder die Färbung durch dasselbe beibehält. In einer Philosophie der Geschichte, wie sie früherhin Baco und Leibnitz dachten, Herder entwarf, wie sie neuerlich auf mancherlei Weise weiter zu führen versucht ward, mußte diesem geographischen Elemente, dem Raumverhältnisse des Erdballs, eine immer bedeutendere Stelle eingeräumt werden.

Die geographische Wissenschaft kann aber eben so wenig des historischen Elementes entbehren, wenn sie eine wirkliche Lehre der irdischen Raumverhältnisse sein will, und nicht ein abstraktes Machwerk, ein Compendium, durch welches zwar der Rahmen und das Fachwerk zur Durchsicht in die weite Landschaft gegeben sind, aber nicht die Raumerfüllung selbst in ihren wesentlichen Verhältnissen und in ihrer innern und äußern Gesetzmäßigkeit.

Das dunkle Gefühl wie das klar bewußte Bedürfniß hat daher auch von jeher die geographischen Wissenschaften an die historischen angereihet, und die Geographen, von Hekatäus, Dikäarch und Strabo an, haben ihre reichsten Ernten auf dem Gebiete der Geschichte eingebracht, die orientalischen Völker, wie Araber und zumal Chinesen, haben ihre Geographien fast ganz historisch gestaltet. Die Europäer hatten ihnen im Mittelalter den kirchlichen, in neuern Zeiten den politisch-statistischen Eintheilungsgrund aufgedrückt, bis eine moderne Schule, sich dieses fremdartigen Ballastes entladend, wähnte zu einer sogenannten ganz reinen Geographie übergehen zu müssen, um das eigentliche Wesen dieser, alle Proteusgestalten annehmenden Wissenschaft zu ergreifen.

Wenn nun diese, mit Buache's physikalischem Atlas und Gatterers kurzem Begriff der Geographie, nach natürlichen Quartieren beginnende Reform von den Geographen consequent durchgeführt worden wäre, so hätte aus ihrer Verwerfung alles Historischen eine blos physikalische oder sogenannte natürliche Geographie hervorgehen müssen, die, so vollkommen man sie sich auch ausgearbeitet denken möchte, doch immer nur ein Theil der geographischen Wissenschaft überhaupt sein würde, wenn wir dieser den vollen Inhalt nach obiger Bezeichnung, nämlich „als eine Wissenschaft des irdischerfüllten Raumes" zugestehen. Die Verarmung und gewissermaßen die Erstarrung, welcher das Leben der geographischen Wissenschaft jedesmal unterlag, sobald sie sich in jenen schwachen compendiarischen Versuchen, um desto reiner aufzutreten, aller historischen Bereicherung entäußerte, waren um so auffallender, da diese zugleich auch keineswegs tief genug in das Wesen der allgemeinen Physik eindrangen, um etwa von dieser Seite die Wissenschaft durch Begründung für dasjenige zu entschädigen, was sie ihr auf der andern Seite durch die Verweisung des Historischen versagten. Um noch sicherer zu verfahren, hätten sie eigentlich auch darauf ausgehen müssen, das geometrische und arithmetrische, oder das mathematische Element aus ihrer reinen Wissenschaft zu verbannen. Unbefriedigt durch dergleichen öfter sich wiederholende Zeitbestrebungen, welche von nicht geringem Einflusse auf das System des elementaren wie des Gymnasial- und des Unterrichts in den Wissenschaften überhaupt waren, und unsere Literatur mit einem Ueberflusse von mehr oder minder brauchbaren Hand- und Lehrbüchern überschwemmten, aber kein einziges die ernste Wissenschaft nur einigermaßen befriedigendes geographisches Compendium erzeugen konnten, gerieth man nun wieder, wie so häufig, von dem einen Extrem auf das andere. Unbefriedigt durch die reine oder natürliche Geographie, kam man wieder dahin, die historische Seite für die höhere Bedeutung dieser Wissenschaft anzusehen, und hoffte ihren Lehrbüchern für elementaren Schulunterricht, wie für die gelehrte Bildung, durch die Beimischung des Historischen die wahre Würze und die höhere Weihe zu geben. Wie man schon früher in dem Wahne stand, dasjenige für Militairgeographieen zu halten, wo Straßen, Brückenübergänge, Schlachtfelder, Festungen, Anzahl der Truppen u. s. w. verzeichnet sind, oder für politische Geographie und Statistik, wo die räumlichen Objecte des Staates nebeneinander gestellt, oder in Zahlen hintereinander summirt sind, so glaubte man nun den Stamm der geographischen Wissenschaft dadurch gleichsam erst zu veredeln und ihm seinen wahren Werth zu geben, wenn man ihm auch noch die verschiedenen Zweige der Geschichte einpfropfte. So kam nach manchen ältern Versuchen auch kürzlich das Lehrbuch der Geographie alter und neuerer Zeit für die unteren Schulen (von Schacht) zu Stande, in welchem zu jeder geographischen Orts- und Landes-Beschreibung auch ein geschichtlicher Anhang gefügt ist, der lehrreiche historische Anekdoten aus der Specialgeschichte, oder auch allgemeine historische Rückblicke enthält, die sich auf jene Oertlichkeiten beziehen; wie z. B. bei Graubündten eine kurze Geschichte der Räzier von der ältesten Zeit an, beim Rheingebiet ein kurzer Abriß der Geschichte der Schweizer-Republik, der Römer und Franken Kämpfe am Rhein, auch ein Abriß der Geschichte der Niederlande u. s. w.; dankenswerthe Beigaben, die gewöhnlich lehrreich, mitunter selbst geistreich ausgearbeitet wurden. So erschien mit dem Anspruch einer neuen Geographie für die obersten Gymnasialklassen, im letztvergangenen Jahre, die Arbeit eines sehr fleißigen Gelehrten (von Bolger), in welcher mit großer Sorgfalt jeder der behandelten Paragraphen, betreffe er Länder oder Völker, Städte oder Gebirge u. s. w., die Geschichte und Namengebung derselben im gedrängtesten Abrisse, mit der Beschreibung durch alte, mittlere und neuere Zeit, bis auf die neueste, durchführt, welche dies die vergleichende Geographie nennt, und die Erdkunde historisch als ein Ganzes darstellen wollte, nämlich die alte und mittlere Zeit für die Schule, und zugleich die neuere und neueste für das Leben. Auch diesem Werke, gleich dem vorigen, kann man eine gewisse Brauchbarkeit nicht absprechen; und doch, ohne das Gute, was beide Arbeiten uns befreundeter Männer enthalten, zu verkennen, oder diesen wie vielen andern verwandten Versuchen durch Tadel zu nahe treten zu wollen, muß man gestehen, daß dadurch wenigstens kein wissenschaftlicher Fortschritt geschehen ist, und also auch für die ächte Lehre, die vom Element bis zum vollendeten Umriß des Ganzen in keinem Punkte des wissenschaftlichen Zusammenhanges entbehren darf, kein wahrer Gewinn daraus hervorgehen kann.

Denn um diejenige Wissenschaft sieht es schlimm aus, welche erst des Reizes der Uebertragung, oder der Nutzanwendung aus andern Wissenschaften bedarf; sie wird, wenn sie des eignen Keimes der Entfaltung ermangelt, auch andere Wissenschaften, oder das Leben selbst, nie befruchten oder berühren, und die todtgeborne wird auch leblos bleiben, und durch keinen täuschenden Anstrich lebendig machen. Sie wird dann keinesweges als Disciplin zur humanen Ausbildung des menschlichen Geistes gehören und würde auch keine eigene Stelle in der Reihe der bildenden Schulwissenschaften verdienen.

Die geographische Wissenschaft konnte, vermöge der ihr eigenthümlichen Natur, anfänglich nur aus der gesonderten Betrachtung isolirter örtlicher Einzelnheiten der Räume, im Verbande mit den Erscheinungen eben so isolirter Zeitmomente historischer Personen, seien es wirkliche Individuen, oder Völker, oder ganze Reiche und Staatensysteme, hervortreten, um allmählig erst durch Ansatz zu wachsen, bis sie mit der Entdeckung des ganzen Objects ihrer Aufgabe, nämlich des ganzen Erdballs in allen seinen Theilen, nun erst zur eigenen Erkenntniß ihres Wesens gelangen lernte, um aus der Beschreibung sich zum Gesetz für das Beschriebene zu erheben, nicht zur bloßen Aufzählung, sondern zur Verhältnißlehre der irdischerfüllten Räume und zum Causalzusammenhange ihrer lokalen und allgemein tellurischen Erscheinungen (ut cum eventis causae copulentur, wie schon sehr frühe Bacon von Verulam sagt). In das Feld ihres Gebietes, das alle Formen des Erdballs umläuft, dessen weite Oberflächen im tellurischen Zusammenhange des Erdrings, oder in dessen organisch abgelösten Theilen und Gliedern durch die unendliche Mannichfaltigkeit seiner zahllosen Naturprodukționen der buntesten Mosaik gleicht, in dieses Feld ihres Gebietes verschlingt sich auch noch die ganze Folge der Zeiten.

.Was ist nun eigentlich die Aufgabe, die sie für die irdisch-erfüllten Räume des Erdballs zu lösen hätte, anders, als die Erforschung ihrer gesammten Verhältnisse; nämlich die der Räume, die der Erfüllung und die Relationen von beiden. Also:

Einmal die arithmetischen Verhältnisse, oder die Bestimmung ihrer Summen, Distanzen und Größen.

Dann die geometrischen Verhältnisse der Räume, oder ihre Gestalten, Formen und Stellungen.

Aber auch die materiellen Erfüllungen der Räume, nicht nach den Stoffen, Formen und inwohnenden Kräften des Materials an sich, und nach ihren Naturgesetzen, denn dafür sind die Lehren der Naturwissenschaften, der Physik und Chemie; sondern nach ihren Verbreitungsverhältnissen, Verbreitungssphären und Verbreitungsgesetzen über die Erde, die jene Wissenschaften nur zufällig etwa berühren, und nach den Erscheinungen, die aus ihren irdischgegebenen Combinationen unter sich, wie zu den Stellungen, Gestalten und Formen, zu den Summen, Größen und Distanzen hervorgehen.

Da zu den materiellen Erfüllungen durch die Naturkräfte und die drei Naturreiche: der Erdrinde in ihrem tellurisch-geognostischen Zusammenhange, dem Pflanzenkleide in seinem Gewebe und seiner Verbreitungsweise, der Thierwelt in den räumlichen Lebensgürteln und Lebenssphären ihrer mannichfachen Geschlechter, auch die Menschenwelt mit ihren Völkerschaften und geistig belebten Individuen gehört, die nicht, wie die mehrsten von jenen, an die Scholle gebunden, aber doch in ihrer physischen wie geistigen Entfaltung durch dieselbe mannichfach bedingt wurden: so sind auch nothwendig die Verhältnisse der Bedingungen dieser Räume, welche sie auch sein mögen, auf die leblose Welt wie auf die lebenden Organismen überhaupt und auf die geistig zu steigernde Entwicklung und Entfaltung menschlicher Individuen und Völker, ja des ganzen Menschengeschlechtes, ein wichtiger Theil dieser geographischen Wissenschaft. Aber da, wenn auch alle Gesetze, doch keineswegs diese Verhältnisse, diese materiellen Erfüllungen, diese Bedingungen, und somit auch alle daraus hervorgehenden Combinationen nicht feststehen, sondern einerseits, einem großen Erdorganismus angehörig, ihren eigenthümlichen Wandel und Fortschritt haben, wie einer eignen physisch-cosmischen Entwicklung unterworfen sind, das Menschengeschlecht in seinen Individuen wie in seinen Völkerschaften andererseits aber seinem eignen Entwicklungsgange nach ethischen Gesetzen folgt, in seiner Individualität wie in seiner Totalität aber, so lange es auf Erden wandelt, in den bedingenden Conflict mit der fortschreitenden physischen Entwicklung seines Wohnortes, der Erde, als Planet, gestellt ist: so sind auch diese in der Folge der Zeit immer anders, vom physischen auf das leibliche und geistige, fortschreitenden Verhältnisse und Bedingungen des Planeten und seiner Oertlichkeiten auf das Menschengeschlecht, gleichsam der Schlußstein für die Aufgabe der geographischen Wissenschaft.

Ihr Feld, das anfänglich in alle Gebiete des menschlichen Wissens einzugreifen scheint, und dann bei dem Verkennen des Wesens ihrer Aufgabe allerdings statt in die Tiefe, nur in die Breite und Fläche übergeht, und durch Ueberwucherung sich selbst das Erzeugniß der edelsten Frucht raubt, dieses ihr eigenthümliche Feld wäre demnach, solcher Betrachtung gemäß, genau geuug abgesteckt, um den, der es anbaut, vor jedem nachtheiligen Abirren in die Nachbargebiete zu hüten, die Verwirrung und Verflachung des Wissens dadurch zu mindern, Kraft und Zeit zur Verwendung für die Arbeit auf den Kern, statt des Spiels mit der Schaale, zu sparen.

Diese Betrachtung des Ganzen ist es, die uns allein das Maaß der Theile giebt, welche uns, nachdem wir an einem andern Orte von den arithmetischen und geographischen Verhältnissen der irdischerfüllten Räume, von den Formen derselben nach horizontalen Dimensionen gesprochen haben, auch gegenwärtig veranlaßt, einige nähere Bemerkungen zur Erläuterung desjenigen hinzuzufügen, was uns, statt jener historischen Anekdoten, als das so eben nur ganz im allgemeinen bezeichnete historische Element in der geographischen Wissenschaft erscheint, um dieser dadurch nicht sowol ihre höhere Bedeutung zu geben, als vielmehr ihre wahre Bedeutung nicht, wie es nur zu herkömmlich ist, zu entziehen.

Wir haben hier, wo eine erschöpfende Untersuchung dieses Gegenstandes nicht ausführbar wäre, nur Einzelnes aus der ganzen Masse, symbolisch für Anderes, herauszuheben, um an Dieses unsere Bemerkungen auch im Kurzen auf eine verständlichere Weise anzureihen.

Die Räume, die Zeiten, die Gestalten und Formen, die Raumerfüllungen in ihren Constructionen und Organisationen auf dem Planeten an sich — immer die einen und dieselben in ihren Werthen — bleiben in ihren Relationen zum Erdball, als Wohnhaus des Menschengeschlechtes gedacht, nicht dieselben, sondern sie ändern ihre relativen Werthe wirklich mit dem Fortgange der Jahrtausende und Jahrhunderte ab. Die Art der Raumerfüllung wird daher für die Betrachtung von Jahrhundert zu Jahrhundert, von Jahrzehend zu Jahrzehend eine andere. Denn wenn der Mensch, mit A. v. Humboldts Ausdruck zu reden, neue Organe sich schafft, um mit den genauesten Instrumenten, welche die beschränkte Sphäre seiner Sinneswerkzeuge erweitern, tiefer in die Erdrinde wie zu dem Meeresboden hinab zu reichen, und dort die Temperatur der Tiefen, die unbekannten Erdarten und Gewässer, die Salzlager, die dichteren Erd- und Wasserschichten und Alles, was ihnen zugehört, durch Batho- und Thermometer, durch Pendelschwingungen, durch Bohrversuche, Artesische Brunnen und dergl. zu sich herauf zu heben, was geschieht da Anderes, als daß die erfüllten Räume der Planetenrinde sich in der That in ein dem bisherigen verschiedenes Verhältniß dieses Wohnplatzes zum Menschen stellen. Und eben so, wie sich nach oben durch die Organe der Barometer, der Hygrometer und anderer Meßinstrumente, wie einst der Fernröhre, der Astrolabien und anderer Erfindungen des menschlichen Geistes, der Gesichts- und überhaupt der Gefühlskreis des Menschen wirklich erweiterte, in demselben Maaße rückte ihm auch die äußere Welt näher, die Relationen der Raumverhältnisse wurden für den von Menschen bewohnten Erdball andere.

Aber nicht nur die Distanzen nach unten und oben, sondern auch die Raumunterschiede nach allen Richtungen hin, werden durch ähnliche Fortschritte einer universellen Telegraphik umgewandelt; seien es neu erfundene Organe der genannten Art, oder wissenschaftliche Fortschritte, oder Kulturentwicklungen, wodurch die Völker sich in andere Räume verbreiten lernen, wie die Pflanzen und Thiere in andere klimatische Zonen gedeihlich übergehen, und die bis dahin unzugänglich gebliebenen, also fern abliegenden Enden der Erde, seien es eisige Polarkreise, oder himmelhohe Gipfelreihen, oder einsame, gleichsam bis dahin mondferne, oceanische Inseln, von denen keine Spur des Daseins für das Menschengeschlecht vorhanden war, mit in den Kreis der civilisirten Völkergemeinschaft gezogen werden. Was früher nicht vorhanden schien, tritt hierdurch im Dasein hervor; was früherhin fern lag und unerreichbar, tritt nun näher in die Berührung, ja in den Bereich des täglichen Verkehrs.

Die Raumerfüllung zeigt sich bekanntlich auf dem Erdball unter den beiden Formen des Rigiden und des Flüssigen, oder des Unbewegten und des Beweglichen; zu den Raumabständen der rigiden Oertlichkeiten kommen also auch die Raumunterschiede der flüssigen oder fließenden Formen, oder die räumefüllenden Bewegungen um den Erdball. Ihre Verhältnisse sind doppelter Art: die der Räume und der Zeiten, in denen ihre Bewegungen zu Stande kommen. Diese raumfüllende Bewegung ist wiederum doppelter Art: rein physisch, nach den Gesetzen der Mechanik, Physik, Chemie, wie die Verbreitungen und Bewegungen der Imponderabilien, der Wärme, der Electricität, des Magnetismus u. s. w., wo die Verbreitungen vielleicht schon mit den Erzeugungen nach Raum und Zeit in dieselben Grenzen mehr oder weniger zusammenfallen mögen; oder wo sie wahrnehmbarer, den Raum wirklich materiell ausfüllende Bewegungen sind, die ihre bestimmten Grenzverhältnisse in Raum und Zeit um das Erdrund gewonnen haben, wie die Windsysteme, die Ebben und Fluthen, die Strömungen der Meere, die raumwechselnden Metamorphosen der Atmosphäre in Wolkenbildungen, Meteoren aller Art, und die durch diese mit in Bewegung gesetzten, aber willenlos sich nur mechanisch fortbewegenden irdischen Theile oder Körper, seien sie lebloser oder lebender Art.

Aber doppelter Art, sagten wir, seien diese Verhältnisse, weil zu jener blos physischen auch noch eine andere, die beseelte Bewegung hinzukommt, welche dem irdischen Leben des Erdballs angehört, indem der Mensch die raumfüllende Bewegung beherrscht und sie zum Träger seiner Bestrebungen macht, wie durch das Seegel, oder die Aerostatik, oder die Pferdekraft, oder die Schnelligkeit des Rennthiers und des Dromedars, oder durch das Dampfschiff u. a. m. Hierdurch können nicht nur die Räume der irdischen Welt und ihre wichtigsten Verhältnisse wirklich in eine andere Stellung zum Menschengeschlechte gebracht werden, sondern auch die Zeiten, in denen jene nicht nur einmal entdeckt oder blos berührt, sondern auf dauernde Weise erreicht sind, können in den Kreis des täglichen Lebens der Völker des Erdballs wirklich mit eingeflochten werden.

Die größten Veränderungen, bedeutender als solche auch noch so großartige, wie durch Vulkane, Erdbeben oder Fluthen, oder andere zerstörende Naturerscheinungen, die momentan jede Aufmerksamkeit aufregen, haben sich hierdurch auf dem Erdball ganz allmählig, obwol unter den Augen der Geschichte, aber in ihrem Zusammenhange auf die Natur des Planeten, als Erziehungshaus des Menschengeschlechts fast unbeachtet in Menge zugetragen, und diesen, gegen frühere Jahrtausende, zu einem andern gemacht, als er früher war, und ihm ganz andere Verhältnisse seiner erfüllten Räume zu Stande gebracht. Ja, hierin liegt die große Mitgift des Menschengeschlechts auch für die künftigen Jahrtausende, sein Wohnhaus, seine irdische Hütte, wie die Seele den Leib, erst nach und nach, wie das Kind im Heranwachsen zum Jünglinge, seine Kraft und den Gebrauch seiner Glieder und Sinne und ihre Bewegungen und Functionen bis zu den gesteigertesten Anforderungen des menschlichen Geistes, anwenden und benutzen zu lernen. Hierin ist seine Aufgabe mit der des Pflanzers gleich, der den Acker, den er zu bebauen hat, erst nach und nach mit allen seinen Gaben erkennen lernt. Durch die Beseelung der raumfüllenden Bewegungen wurde schon zu der Phönicier Zeiten der indische Orient dem europäischen Hesperien näher gerückt; durch sie wurde zu Columbus Zeit die zweite Hälfte des Erdballs, die längst von der einen geahnet, aber noch unsichtbar und ferner lag als die Mondscheibe, ihr gleichsam angetraut; durch sie wurde die isolirte südwestliche Wasserhalbkugel der Erde, die australische, mit ihren tausend zerstreuten Eilanden erst seit einem halben Jahrhundert überall an die bis dahin geschiedene nordöstliche Landhalbkugel der Erde geknüpft, und die früher getrennt scheinende Gestadewelt des Planeten wurde in ihrem Gesammtkreis, in allen Zonen, zu einer Einheit erhoben für das System der Wissenschaft, wie für die Kulturwelt und für den Markt des gemeinen Lebens, des Tageverkehrs, der selbst nicht ohne merklichen Einfluß auf Geschichte, Politik und allgemeine Kultur bleibt.

In diesem Wechsel der physikalischen Verhältnisse des Erdplaneten durch das Element der Geschichte liegt der wesentliche Unterschied der Geographie, als Wissenschaft der Gesammtverhältnisse der tellurischen Seite der Erde, von den Theilen der Astronomie, welche bei Erforschung des Weltbaues und unsers Sonnensystems auch den Erdball in der Reihe der Planeten nach den cosmischen, oder nach den sich nicht abwandelnden absoluten Raum- und Zeitverhältnissen, nicht aber nach den relativen tellurischen, in ihre Betrachtungen einführt. Dieselben beweglichen Distanzen der Planeten unter sich, und ihre stets sich gleich bleibenden Sonnenumkreisungen, haben seit den Zeiten der Sesostriden keinen Wechsel in der Natur unsers Sonnensystems, wenn auch ein Fortrücken unserer Zeichen derselben, bedingt; aber die tellurischen Distanzen, durch rigide Formen scheinbar fixirt, haben gewechselt, und der Abstand Indiens vom ägyptischen Gestade Berenyke's wurde schon unter den Ptolemäern, seit Hippalus Durchschiffung des offnen indischen Oceans mit Hülfe der Monsune, um das Doppelte verkleinert, und wie sind seitdem die Gestade jener indischen Welt der ganzen Westseite näher gerückt durch die beseelte Bewegung der flüssigen Formen der Elemente!

Die Geographie als Wissenschaft unterscheidet sich aber auch von allen Zweigen der Physik und der Naturwissenschaften, die in dem Objecte mit dem ihrigen häufig zusammentreffen, dadurch, daß diese, außer dem oben schon Berührten, ebenfalls die Naturkräfte und Organismen an sich, nach ihren innern Gesetzen in ihren Wirkungen und Bewegungen untersuchen, aber nicht im tellurisch-geschlossenen Erdring und nicht als die Träger der beseelten Bewegungen in der Gesammterscheinung des Erdballs und den daraus für dessen Dasein oder Leben hervorgehenden Wechseln und Veränderungen. Das Weltsystem an sich bleibt sich daher in seinen unwandelbaren, absolut zu erforschenden Verhältnissen, wie die Gottheit, gleich; das Natursystem, wenn es auch in des weisen Salomo's und Aristoteles Verzeichnissen nur eine geringere Summe von Individualitäten desselben, gegen die jetzige Mannichfaltigkeit und Fülle, in sich schloß, blieb doch in dem Wesen, seinen innern Gesetzen, Organisationen und Erscheinungen nach, das eine und dasselbe durch alle Zeiten, wenn auch die Verbreitungs- und Kultursphären der einzelnen Naturproductionen sich, wie die Zahlen ihrer Individuen, mannichfach veränderten. Aber das Erdsystem ist nicht dasselbe geblieben, gesetzt auch in seinem kosmischen und physischen, doch nicht in seinem historischen Leben.

Denn, weil es das eine und fortdauernde war und blieb, das sich nicht durch neue Erzeugung, wie die lebendigen abgesonderten Organisationen auf ihm durch neue Geschlechter, verjüngen sollte, aber als abgeschlossener tellurischer Ring in eigenthümlicher Spannung des einmal gewonnenen Daseins auch nicht durch Chemismus und Polarisation, gleich seinen abgetrennten Theilen, das irdische Ziel der Vollendung sogleich im Moment des ersten Werdens und seiner Gestaltung, gleich der Crystallform, erreichte: so konnte sich das Erdsystem auch nicht, wie jene, immer wieder neu und ursprünglich gestalten, nicht, wie diese, in Verwitterung und Auflösung aus der einmal gegebenen Form zurückschreiten.

Es bewahrte gleich den andern Planeten seines Sonnensystems dieselben kosmischen Verhältnisse, wie jene, aber indeß seine Nebenplaneten für uns keinen individuellen relativ-erkennbaren Wandel erlitten, ward unser Erdsystem während seiner langen Zeitdauer als ein und dasselbe irdische Rund unter den vollen Einfluß aller irdischen, sei es der mechanischen, physischen oder intellectuellen, für uns wahrnehmbaren Gewalten gestellt, und die Progression ihres gesteigerten oder rückwärts schreitenden Einflusses mit in den Gang der Menschengeschichte verwebt.

Wie die Räume und Zeiten, so sind aber auch viele Formen und Gestalten (durch Emporhebungen, Eruptionen, Einstürze, Erdbeben, Fluthen), viele Arten der Materie (wie durch Verwitterung und Fäulniß), viele Stoffe (durch Chemismus), viele Kräfte in ihren Relationen auf der Erde, andere geworden. Die schroffsten Formen blieben nicht unnahbar, viele Gestalten wurden vernichtet, umgeändert, umgangen, überstiegen, durchbrochen (wie z. B. durch Naturgewalten, durch Kunststraßen, Kanalführungen); viele Materien wurden in ihrer Brauchbarkeit erkannt, benutzt, umgewandelt, verminderten sich oder häuften sich an (Schutt, Humus, Torflager); viele blieben nicht mehr als einzelne Gaben einzelner Räume verborgen. Viele Organismen verschwanden ganz, oder wurden an Zahl doch gemindert, oder aus den einen Räumen in andere zurückgedrängt. Man denke nur an die Gruppen der Petrefacten der See- und Landgewässer, an die Verdrängung der wilden Floren durch die Kulturfloren (z. B. aus Aegypten und der Lombardei), wie vieler Völkerschaften durch barbarische oder civilisirtere in ganz Innerasien und Amerika. Man verfolge das Verschwinden des Wildprets, der Heerden, der Pelzthiere, der Waldungen, die Verdrängung der Colosse aus den Polarmeeren und der Elephantenheerden aus der Mitte der Continente. — Also wilde, früher zerstörende Naturkräfte aller, auch mechanischer Art, aber auch aufbauende wurden gebändigt oder doch unschädlich gemacht, die klimatischen Einflüsse wurden durch Kulturmittel überwunden, die Tropenwelt wie der Polarkreis und die Gegenhalbe der Alten Welt, die Neuere, europäisirt; der Mangel durch

Kunst und Anbau an unzähligen Lokalitäten in Ueberfluß verwandelt; die Civilisirung lehrte überall der Natur Trotz bieten.

Und hiermit sollte nicht die größte Zahl der irdischerfüllten Räume des Erdballs, in ihren relativen Verhältnissen, ganz verschiedene Werthe gegen die der früheren Zeiten gewonnen haben? ihre Stellungen sollten dadurch nicht gänzlich verändert sein?

Unverkennbar ist es, daß die Naturgewalten in ihren bedingenden Einflüssen auf das Persönliche der Völkerentwicklung immer mehr und mehr zurückweichen mußten, in demselben Maaße wie diese vorwärts schritten. Sie übten im Anfange der Menschengeschichten als Naturimpulse über die ersten Entwicklungen in der Wiege der Menschheit sehr entscheidenden Einfluß aus, dessen Differenzen wir vielleicht noch in dem Naturschlage der verschiedenen Menschenracen, oder ihrer physisch verschiedenen Völkergruppen aus einer uns gänzlich unbekannten Zeit wahrzunehmen vermöchten.

Aber dieser Einfluß mußte abnehmen, der einzelne Mensch tritt in der ihm angewiesenen Lebensperiode aus dem Stande und den Beschränkungen der Kindheit hervor, die weit mehr als die Periode des Mannes noch den Natureinflüssen unterworfen ist. Die civilsirte Menschheit entwindet sich nach und nach, eben so wie der einzelne Mensch, den unmittelbar bedingenden Fesseln der Natur und ihres Wohnortes. Die Einflüsse derselben Naturverhältnisse und derselben tellurischen Weltstellungen der erfüllten Räume bleiben sich also nicht durch alle Zeiten gleich.

Nur für die stationären Völkerschaften verschiebt sich die Physik des Erdballs nicht, indeß sie für die in der Civilisation vor- oder rückwärtsschreitenden in einer beständigen Oscillation oder Metamorphose begriffen ist. Einige Beispiele werden dies aus dem Hergange selbst für einzelne Erdräume, wie für ganze Erdtheile hinreichend erläutern. — Der erste Bewohner des sandigen Nilthales war ein Wüstenbewohner, wie sein Nachbar links und rechts, der Libyer, der nomadisirende Araber, es noch heute ist. Aber das Kulturvolk der Aegypter verwandelte durch Kanalbau die Wüstenei in die reichste Kornkammer der Erde; sie erhoben sich über die Fesseln der Fels- und Sandwüsten, in deren Mitte sie durch weise Vertheilung der flüssigen durch die feste Form, durch Bewässerung, sich die monumentenreichste Kulturlandschaft erschufen. Durch die Trägheit und Tyrannei späterer Bewohner, bis zur Osmanenherrschaft, sank ein Theil des Thales, wie die Thebais, wieder zurück in die Wüstenei, oder ward, wie die reiche Mareotis, zu Sumpflandschaften. So gingen überall Wechsel der horizontalen Oberflächen vieler Länderbreiten vor sich, durch welche nicht nur ihre eigenen Räume sich umwandelten, sondern auch ihre Nachbarräume veränderte Weltstellungen erhalten mußten, in Beziehung auf Hemmung oder Contakt und jede Art raumerfüllender Bewegung, hinauf bis zum gesteigertesten Völker- und Handelsverkehr.

Gewissen rigiden Erdformen muß man solche veränderte Einflüsse nicht nur auf kurze Länderstrecken, sondern auf weite Erdbreiten einräumen. So z. B. war in den ersten Saeculn nach Christi Geburt der kultivirte Süden Europa's von dem noch unkultivirten keltischen und germanischen Norden durch eine große natürliche Scheidewand getrennt, durch das undurchbrochne, unwegsame Hochgebirge des Alpenzuges, der ganz Mitteleuropa vom Westen nach dem Osten durchsetzt. Ihm im Süden lagen die Kulturstaaten der Alten Welt; mit seinen Nordgehängen begann der barbarische Norden. Aber diese Form einer durch die Natur selbst hoch emporgerichteten Scheidewand, damals ihrer eigenen Quartiere wie der Völkergebiete, ist durch die Hälfte des letzten Jahrtausends geschwunden; sie ist in dem letzten Jahrhundert aus einer früher hemmenden Form durch Naturschönheit und Zugänglichkeit zu einem allgemeinen Lande der Völkeranziehung für ganz Europa geworden. Aus der Mitte derselben hat sich, aus ehemaliger Wildniß, eine ganze Reihe kultivirter Völker und Staaten von der Provence bis Steyermark historisch herausgebildet, die tiefsten Thalschlünde, die größten Höhen sind dicht bevölkert, mit der Lichtung sind die Wälder geschwunden, alle Thäler und alle Ketten sind durchgehbar, selbst für Lasten bequem und nach fast allen Richtungen hin überfahrbar geworden. Aus der Hemmung zwischen dem Süden und Norden, wie zu Hannibals und Cäsars Zeiten, ist dort nach allen Directionen hin ein Land der allgemeinen Passage entstanden. Man muß zugeben, wie das wilde, unnahbare Roß der Turkestanen Steppe zum gebändigten edlen Hausthiere der civilisirten Welt umgewandelt, eben so ist dies alpine Segment des Erdrings in ganz andere Relationen zu seinen Umgebungen getreten, und der Einfluß dieser grandiosen Naturform verliert immer mehr und mehr von der bindenden und fesselnden Gewalt für die Völker. Wenn schon die physikalische Natur und die Dimension fast dieselbe bleibt, so ist es das historische Element durch die neugeschaffenen Organe, durch beseelte Bewegung, durch den Kulturfortschritt, welches die Völker sich freier von Naturbedingungen bewegen lehrt. Die Kraft des Menschen und der Völker bemächtigt sich aber immerfort dieser Naturbedingungen und metamorphosirt sie.

In ähnlichem, jedoch erst auf halbem Wege stehendem Fortschritte dieser Art sehen wir das östliche Grenzgebirge Europa's, den Ural. Aus einer hemmenden Grenzform zweier Erdtheile, die Jahrtausende hindurch ihre Function vollkommen erfüllt hatte, begann dieser Gebirgszug seit einem Jahrhundert, seit Peter des Großen Zeit, sich zu einem Lande des Ueberganges zwischen Europa und Asien auszubilden; es wird die Zeit vielleicht kommen, wo sein Land der Passage keine Scheidewand mehr, wie bisher seit Herodotus Zeit, zwischen dem Osten und dem Westen der Alten Welt bildet; ja, diese Periode scheint bei ihm selbst näher zu stehen, als bei der weniger durchbrochenen Bergmauer des wilderen Kaukasus, ungeachtet diese weit näher gegen die Mitte des ältesten klassischen Bodens der Weltgeschichte gestellt ist. Aus dieser Betrachtungsweise, wie das historische Element in die physikalische Natur und Weltstellung der Gebirgsformen aller Zonen der Erde eingreift, entwickelt sich eine ganze Tonleiter von Verhältnissen, die weder eine physikalische, noch eine historische genannt werden kann, wol aber ein reiches Territorium der tellurischen Gebiete der geographischen Wissenschaft ausmacht.

Wie aber mit den Formen des Flachlandes, der Thalstufen, der Gebirgszüge, eben so ist es mit denen der Sandwüsten, der

Steppenboden, der Ur=Waldreviere, der Marschländer, der Sumpflandschaften und anderer mehr.

Wie mit den einzelnen Land= und Meerestheilen, so mit ganzen Continenten und Oceanen. Früherhin waren die Gestade, die Meere, die Oceane nur Hemmungen auf dem Planetenringe; nur die flüchtigsten Formen, die der Atmosphäre, überflogen sie. Die Metallschätze der verschiedenen Theile der Erdrinde, die Vegetation, die Thierwelt, die Völkerwelt, alle nahmen erst späterhin gänzlich veränderte Sphären ihrer räumlichen Verbreitungen ein; denn nur weniges wurde vorher willenlos, wie der Flugsand, die Kokosnuß, das Treibholz, die Eisscholle, oder die Seeblase, der Seetang, von den Strömungen der Winde und Oceane von Gestade zu Gestade gewälzt. Gegenwärtig scheiden die Meere nicht, wie ehedem, die Länder= und Erdtheile; sie sind es, welche die Völker verbinden, ihre Schicksale verknüpfen, auf die bequemste, selbst auf die sicherste Weise, seitdem die Schifffahrt zur vollkommensten Kunst herangereift ist, seitdem der schnellste und leichteste Transport durch die Beseelung der Bewegungen der flüssigen Elemente, welche bei weitem den größern Raum (3/5 gegen 2/5) auf dem Erdrund einnehmen, das Verknüpfungsmittel aller Kulturvölker geworden ist.

Der Fortschritt der oceanischen Schifffahrt hat sogar die ganze Stellung der Erdtheile, der Continente und aller Inseln gegen die frühere Zeit zu einer andern wirklich gemacht.

Wie hätte sonst die vulkanische Klippe von St. Helena, Jahrtausende hindurch wie nicht vorhanden, seit 3 Jahrhunderten als Mittelstation zu weiter Ueberfahrt erst bekannt geworden, in dem zweiten Jahrzehend des XIX. Jahrhunderts trotz ihrer oceanischen Ferne in eine Nachbarinsel unsers Erdtheils verwandelt, unter die sorgfältige Hut der europäischen Mächte gestellt werden können?

Die Seefahrt von Europa zum Cap der guten Hoffnung, nach welcher die portugiesische Marine, die erste des XV. Jahrhunderts, fast einhundert volle Jahre (von Don Henrique el Navegador bis auf Barthol. Diaz und Vasco de Gama) steuerte, bevor es erreicht werden konnte, zu demselben Cap, ist bei der jetzigen ge=

nauesten Kenntniß der Winde, der Strömungen, der Jahreszeiten, zu einer bloßen Ueberfahrt geworden von einem Erdtheil zum andern. Denn diese Fahrstraße von 2000 geographischen (direct an 1400) Meilen, zwischen 50 bis gegen 40 Grad nördlicher und südlicher Breiten, wird regelmäßig in 55 bis 60 Tagen zurückgelegt, und der Schiffer durchfliegt mit der seegelnden Fregatte jede 24 Stunden gegen 40 deutsche Meilen. Das Südende Afrika's liegt also heutzutage dem Nordwesten Europa's wirklich um weniger Tage näher als damals um eine weit größere Summe von Jahren.

Zu einer China-Fahrt von dem Auslauf des britischen Kanals bis Canton, hin oder zurück, brauchte man noch am Ende des XVIII. Jahrhunderts in der Regel 8 bis 9 Monat Zeit, wenn das Glück gut war, oder länger. Gegenwärtig ist diese Passage um mehr als den halben Erdball auf weniger als die Hälfte der Zeit reducirt, auf vier Monat, selten werden fünf dazu verbraucht. Selbst hier (in Berlin) in der Mitte der Landwelt erhielten wir am 3. März 1832 Berichterstattungen aus Canton, die, dort am 16. Oktbr. datirt, also nur 4 Monate Zeit zur Rückfahrt gebraucht hatten, da sie noch auf den Philippinen aufgehalten waren. Nach dem Durchschnitt der letzten 13 Jahre gingen alle Schiffe von London nach Bombay in einer mittlern Zeit von 121 Tagen, die langsamsten brauchten 142, die schnellsten 103 Tage Zeit zur Zurücklegung dieser Entfernung.

So ist es gegenwärtig mit allen andern oceanischen Fahrten, und die nordamerikanischen Schnellsegler brauchen, wie es dem Bedürfniß ihrer mehr insulirten Lage auch vollkommen entspricht, oft noch ein Drittheil weniger Zeit zur Durchschneidung der oceanischen Räume, als die Schiffe der Briten. Das New-Yorker Packetboot nach Liverpool macht wol die Fahrt von 800 geogr. Meilen in nicht immer vollen 16 Tagen Zeit, und durchfliegt also 50 geogr. Meilen in 24 Stunden; die Ueberfahrt nach London geschieht regelmäßig in 25 Tagen. Der atlantische Ocean ist also in der That hierdurch in einen schmalen Meeresarm oder in einen großen Kanal verwandelt.

Die engeren Binnenmeere, die Bayen, die Meeresarme sind durch die Dampfschiffe schon vielfach in kurze Meeresbrücken des schnellsten Ueberganges im Gegensatz der Landwege umgekehrt; im baltischen Norden wenigstens in der einen Hälfte des Jahres, im mediterranen Süden, der Levante, das ganze Jahr hindurch. Der Meteor, als erster Versuch der Dampfboote für die mediterrane Verknüpfung der Levantestationen mit England eingerichtet, brachte die Handelsbriefe von Corfu vom 3ten März, die aus Maltha vom 7ten, aus Gibraltar vom 10ten zum 24sten März nach Falmouth, und hatte doch noch in Cadiz Aufenthalt gehabt, um Ladungen einzunehmen.

Durch die Regionen der Windstillen auf den Oceanen, wie z. B. in den äthiopischen Gewässern, ward die beflügelteste Schifffahrt früherhin zum Stillstande gebracht; die Dampfschifffahrt befreit selbst von dieser Fessel: denn durch solche furchtbare Gebiete ziehen ihre Gefäße am schnellsten hindurch.

Aber auch die Gewässer der Continente, die kolossalen Landströme haben ihre ursprüngliche Länge verloren; sie sind häufig schon um das 6- bis 7fache ihrer wahren Länge verkürzt, und die Einseitigkeit ihrer Direktion ist durch die mit Dampf getriebene Bewegung zur Doppelseitigkeit gesteigert, mit und gegen ihre Gefälle thalauf wie thalein.

Das Stromsystem des Missisippi, eines der größten der Erde, das nahe an 54,000 deutsche Quadratmeilen, also die Arealfläche eines Drittheils von Europa, mit dem Netz seiner tausend Flußarme bewässert, durchspült diesen Raum von der Quelle bis zur Mündung in seiner längsten Ader, dem Missuri, auf einer Stromentwicklung von 730 deutschen Längenmeilen, und der Missisippiarm, der Ohio, der Illinois und andere seiner Zuflüsse sind von nicht viel geringerer Länge. An 300 Dampfboote sind gegenwärtig auf dem Wassernetze dieses Stromsystems in Bewegung. Zur beschwerlichen Schifffahrt stromauf, von Cincinnati auf dem Ohio an 100 deutsche Meilen (500 engl. M.) bis Pittsburg, brauchte man vordem wol 60—70 Tagefahrten; gegenwärtig ist dieselbe Strecke in 9 Tagen zurückgelegt. In Cincinnati allein wurden von 1811 bis 1831, in 20 Jahren, 111 Dampfboote zu den Fahrten auf jenem Wassernetze gebaut, und, diese mit inbegriffen, auf allen Weſtſtrömen (Western Waters) der Vereinigten Staaten überhaupt in Summa 348, von denen im Jahr 1831 faſt 200 (nämlich 198) dort in vollem Gange waren. Louisville am Ohio und St. Louis, die Haupthandelsſtadt in Kentucki, am Zuſammenfluß des Miſſuri und Miſſiſippi, zwiſchen denen in einer Entfernung von 126 geogr. Meilen (630 engl. M.) ſtets 6 Dampfboote gehen, die in 10 oder 11 Tagen die Hin- und Rückfahrt zurücklegen, und wiederum St. Louis, von wo den koloſſalen Miſſiſippi hinab (240 geogr. Meilen, 1200 engl. Miles) bis New-Orleans, zur Meeresmündung, ſtets eben ſo viele Dampfboote in Bewegung die Hin- und Herfahrt regulär in 24, zuweilen auch ſchon in 18 Tagen vollenden, dieſe Orte und alle ihnen zugehörigen Landſchaften ſind einander alſo auf eine merkwürdige Weiſe wirklich näher gerückt; das ganze Stromſyſtem des Miſſiſippi, vom mexikaniſchen Golf bis zum Michigan- und Huron-See hinauf, hat hierdurch ganz andere Dimenſionen gewonnen, und von New-Orleans, gegen alles Schnellſtrömen und gegen die Ohio-Katarakten hinauf, ward Pittsburg gleich anfangs (1816) in 3 Wochen Zeit, wahrſcheinlich gegenwärtig in weit kürzern Perioden, regelmäßig erreicht.

Die bis dahin ungebändigt geweſenen beweglichen Naturgewalten der Continente ſind nun hierdurch dem Menſchen nach jeder Direction unterthan, und die Verſchiebung aller continentalen Verhältniſſe nach dem Innern der Länder zu, aus denen alle Ströme hervorquellen, mußte gegen die bis dahin ſtarre Phyſik der rigiden Erdrinde eine nothwendige Folge davon ſein.

Wenn in andern Erdtheilen der koloſſale Maaßſtab dieſer Metamorphoſen auch nicht wie in Amerika hervortreten kann, ſo ziehen ſie doch überall, ſei es in größerem oder kleinerem Maaßſtabe, dieſelben Folgen nach ſich, und es entſtehen auch hier ſchon bis dahin unerwartete Regungen und Verknüpfungen, wenn auch fürs erſte nur der kleinſten, der topographiſchen Art, oder für den Marktpreis und nähere Diſtanzen, die jedoch nicht ohne Einfluß auf allgemeine Kultur bleiben werden. Der Austausch der frischesten Produktionen, auch von dem Großhandel abgesehen, wird beschleunigt, wenn z. B. durch die Dampfschifffahrt auf dem deutschen Rhein schon die Obstwälder der Pfalz, von Heidelberg und dem Rheingau den Markt von London, wie dies im letzten Jahre der Fall war, in Zeit von wenigen Tagen mit den ersten frischreifen Kirschen und Trauben versehen. Auch in Indien trägt der Ganges schon seine Dampfschiffe auf und ab, von Calcutta bis in die obern Provinzen Hindostans, über Benáres, Agra und Delhi hinaus; eine Fahrt, zu der früherhin wegen Wind- und Wasserhemmungen regelmäßig bis 4 Monate Zeit nöthig waren, die gegenwärtig in 2 bis 3 Wochen durch das Packetboot des Kometen von 24 Pferde Kraft zurückgelegt wird. Auch der bengalische Golf wird nun schon, zum Trotz jeder Jahreszeit, bis zum Golf von Martaban mit Rangoon an der Mündung des Irawadi, des großen Stromes von Awa, regelmäßig auf diese Weise ununterbrochen verknüpft; selbst bis Sincapore, hin und her, zu jeder Monsunzeit die Malaccastraße durchschnitten. Nur der Chinese, der überall stationär ist, verachtete in Canton das erste Feuerding, wie er es nannte, als es ihm dort zum ersten Male zu Gesicht kam, und so lange diese, vielleicht nur scheinbare, Gleichgültigkeit gegen den Fortschritt des Fremden behauptet wird, werden auch die horizontalen Distanzen im Innern des chinesischen Reiches dieselben bleiben, indeß sie in den Nachbargebieten, wie in Australien, Indien und anderwärts, in ganz verschiedenartige Verhältnisse sich umwandeln. Wie auch die Völkerverhältnisse durch solche beseelte Bewegung gleich den landschaftlichen Räumen sich verändern und ihnen gleichsam folgen müssen, ist aus den frühern Kolonisationen, dem Gange des Handels, den Kriegesexpeditionen hinreichend bekannt, und wir erinnern hier nur gelegentlich als merkwürdiges Beispiel der neueren Zeit, statt aller andern, an die Selbständigkeit der Embassaden durch die Dampfschifffahrt in die Mitte treuloser Völker, wodurch vermittelst der ersten raschen Stromauffahrt im tiefen Irawadistrome bis zur Birmanenresidenz Awa durch den Gesandten John Crawford eine Distanz von 540 engl. Mil.

(108 geogr. Meilen) stromauf in 20 Tagfahrten im Dampfschiffe Diana von Rangoon bis Awa, unabhängig von jedem Lokaleinfluß, zurückgelegt werden konnte, wodurch man den Handelstraktat für Indien, als Schluß des Birmanenkriegs, im Oktober 1826, wenn auch nicht erzwang, jedoch ungemein beschleunigen konnte.

Auch die australische Südwelt liegt nicht mehr so weit entfernt von Europa wie ehedem, und sie konnte daher, obwol noch nicht seit einem vollen Jahrhundert entdeckt, doch mit unerwartet beschleunigter Progression in den Kulturkreis der historisch weit ältern und entwickeltern continentalen Seite des Planeten rasch eintreten. Nach Australien zu gelangen ist heutzutage bequemer und in kürzerer Zeit möglich, als z. B. in die Mitte unsers Nachbar-Erdtheils, aus dem die ersten Keime der Kultur zu uns herübergewandert sind, nach Inner-Asien! Dieselben Räume werden jetzt in andern Zeiten von der Marine durchlaufen; Hafenorte an den Gestaden der Nord- wie der Südmeere, auf allen Küsten des Alten und Neuen Continents, wie auf allen Gruppen der Inselwelt, bieten Asyle, haben ihre Schiffswerfte, ihre heimischen Steurer und Lenker gefunden, und sind zu beseelten Gliedern der Oceane herangereift.

Die Erdnatur, die tellurische Physik, kann nach und nach durch die geistige Herrschaft des Menschen und durch den Fortschritt der Jahrhunderte, in Bezug auf das Gesammtleben der Völker, nach allen Seiten hin ganz veränderte Gestalten und Werthe gewinnen. Ja, sie hat sie schön gewonnen. Die Westwelt ist uns weit näher gerückt; Amerika ist von Europa nur noch um 4 bis 6 Wochen Zeit entfernt, und so auch die andern oceanischen Länder. Europa ist aber, wie anderwärts gezeigt ward, unter den Erdtheilen derjenige geblieben, der noch immer mit allen andern in dem vortheilhaftesten continentalen wie maritimen Contacte steht, und dieser letztere würde nach einer Durchbrechung der Landenge von Panama noch mannichfaltiger, hinsichtlich der Weltstellung noch merkwürdiger sein, weil, wie schon A. v. Humboldt nachwies, dann die Ostküsten Asiens dem atlantischen Gestadelande der europäischen Civilisation, oder der ganzen Westhälfte Europa's, noch um 1500 geogr. Meilen, das ist um ein Viertheil des Erdumfangs, näher gerückt und in directen Verkehr gesetzt werden würden, indem dadurch wirklich zu Stande käme, was der kühne Colombo suchte, womit dieser Weltentdecker durch seine Aurea Chersonesus sich so scharfsinnig getäuscht hatte, da er bekanntlich sein aufgefundenes West-Indien für das Ost-Indien des Ptolemäus hielt.

Die Ausbildung des tellurischen Erdrings hat also ihre Endschaft, ihre Vollendung auch noch keineswegs erreicht; es stehen ihr, man braucht nur an eine nicht unmögliche Durchbrechung der Landenge Suez aus der Levante nach dem Orient zu denken, in den historischen Zeiten vielleicht noch größere Umgestaltungen bevor, als die in den vorhistorischen, in denen jene Sanddünen-Reihen von Suez, wahrscheinlich die gegenseitigen Meere noch nicht schieden, die beiden zur Seite liegenden Erdtheile also auch noch nicht verknüpften. Aber wir sehen schon aus jener Hinweisung auf Europa, wie gewisse Planetenstellen mit gewissen Entwicklungsfähigkeiten für das ganze verschiebbare, d. i. der Entwicklung fähige Erdsystem vor andern vorzugsweise begabt sein können, daß weder gleichmäßige Wiederkehr, oder Stillstand der Erscheinungen, wie an einem menschlichen Uhrwerke, bei dem Planetenrund eintritt, noch auch keineswegs jede Stelle desselben in dieser Beziehung zu gleichartiger Entwicklung berufen scheint. Gegen diesen merkwürdigen Fortschritt der Gestadeseite der Erde hat sich das Continent der Alten Welt, obwol im Ganzen fortschreitend, doch theilweise, gegen den Osten hin, nach Zeit und Distanzverhältnissen, wie nach seinen Kulturen, gewissermaßen umgekehrt. Es hat seine ehemalige Kulturmitte auf die Gestadeseite geworfen, sein Inneres nach Außen gewendet, und ist dagegen vielfach in Wüstenmitte versunken. Denn es stehen die Länderbreiten Inner-Asiens (alle Verhältnisse gleich gesetzt) offenbar viel weniger wie ehedem, z. B. zu Alexanders Zeit, oder im Mittelalter, zu den Zeiten des Chalifats, oder der Kreuzzüge, unter sich einzig auf dem Landwege durch Landstraßen, Produktenaustausch, Kulturfortschritt, Tradition und Umsatz aller Art in Verbindung, in Wechselverkehr; vielmehr findet dieser nur vorherrschend auf dem Wasserwege statt durch die asiatische Gestadewelt und die genäherten Küstenreviere. Die Innenseite ward vielfach geschlossen.

Ost-Indien wie West-Indien, der ganze Sundische Archipel, könnten heutzutage weit eher, wie selbst das räumlich so benachbarte transkaukasische Grusinien, als wirklich integrirende Theile Europa's, von West-Europa, Großbritannien, Holland, Frankreich, angesehen werden, gleichsam als maritime Gliederungen der europäischen Welt, die in ununterbrochener Berührung, in unausgesetztem gegenseitigen Verkehr stehen, ungeachtet ihrer weiten Abstände. Ihre scheinbar weit auseinander liegenden Oertlichkeiten sind durch die beseelte Bewegung ihrer Zwischen-Meere hin und her und durch die vielen Mittelstationen und Uebergänge einander weit mehr genäherte und befreundete Planetenstellen geworden. Sie sind es weit mehr, als z. B. heutzutage das durch Naturform zusammengehörige Quell- und Mündungsland des Euphrat- und Tigrislaufes, als das Quell- und Mündungsgebiet des Gihon-Systems und andere, weit mehr als so viele topisch aneinander grenzende Binnenlande, wie Bengalen mit Tübet, Persien und Afghanistan mit Sogdiana oder Kaschmir, Syrien mit Asia minor, und dieses wieder wie ganz Armenien, Kaukasien und die Bucharei, die westlichen continentalen chinesischen Territorien unter sich und mit Ost-Europa. Seit Jahrhunderten waren ja Südost-Europa und das mittlere West-Asien an ihren continentalen Gegenseiten, ihrer nachbarlichen Angrenzung ungeachtet, so gut wie ganz geschieden anzusehen. Durch die bisher kaum gebahnten Gebirgsketten des Kaukasus und Taurus, mehr durch die Raubsteppen der Kirgisen und Turkomannen, durch die eingewurzelte Barbarei und Tyrannei der türkischen Horden, endlich noch weit mehr durch die mächtige Scheidewand der Religion aller Mohamedaner, zumal der Osmanen gegen alle christlichen Völker.

Wie gewaltig greifen aber solche historische Elemente mit in die Natur des Erdballs ein; die Oberfläche ganz West-Asiens, schon allein die des einst so blühenden, paradiesischen Sogdiana, des nun an Prachttrümmern so reichen Asia minor, spricht dies von selbst aus. Aus der Weltbetrachtung über die räumlichen Zustände unsers Planeten, in seinen Gesammtverhältnissen, können solche hemmenden Gewalten so wenig wie die fördernden verwiesen werden, wenn die Wissenschaft nicht eben die Lösung der Aufgabe der Individualitäten, der Erscheinungen, die überall aus den generellen hervortreten, verscherzen und so die Zeit-Charakteristik der Planetenräume übergehen will, die in der Darstellung des Ganzen einen ähnlichen Werth, wie die Biographie oder der Charakter der zeitgemäß handelnden Personen in der Geschichte einnimmt. Ohne sie würde es auch ganz unmöglich sein, nur einigermaßen die Mannichfaltigkeiten der räumlichen Erscheinungen auf dem Planetenrund zu übersehen, und die herkömmliche Redensart einer gleichförmigen Behandlungsweise in der geographischen Abfertigung der Länder, Völker und Staaten der Erde ist gleich inhaltleer, wie die gleichmäßige Durchführung einer Universalgeschichte, oder die einst so beliebte Redeweise von einer Gleichheit der Menschenrechte. Auch schon die eine Betrachtung würde hinreichen, jene historischen Elemente nicht aus der geographischen Wissenschaft zurückzuweisen, wenn man bedächte, daß selbst die physikalischen Verhältnisse der Erdräume in ihrem wahren Lichte nur dann erst vollkommen hervortreten, wenn sie in ihren Rückwirkungen auf den Menschen und auf den Gang der Geschichte ganz aufgefaßt und begriffen sind, das erforschte Gesetz des Naturforschers, des Physikers, giebt immer nur erst den Begriff, die Definition, aber nicht den vollen Inhalt der Thatsache, der Erscheinung, weil das Gesetz nur der Schlüssel der Thatsache des Geschichtlichen ist.

Wenn auch, der Theorie nach, die geraden Linien die nächsten sind, so sind es in der Physik der Erde, welche überhaupt die Anwendung rein mathematischer Begriffe zurückweiset, gewöhnlich die krummen, die sich nach diesen, sehr verschiedenartig vertheilten Individualitäten des tellurischen Erdringes richten; und die directe, weit kürzere Straßendistanz von 1500 geogr. Meilen zwischen Kronstadt an der Newa und Peter- und Paulshafen in Kamtschatka kann nur während der Winterhälfte, so lange der Schneemantel Sibirien deckt, durch Landbahnen die weiteren Seebahnen eben dahin überbieten. Zu allen Transportanlagen im Großen ist hier der Seeweg, selbst um die Peripherie der ganzen Alten oder Neuen Welt herum, der nächste zum günstigsten Ziele.

Die kleinste Inselgruppe im weiten Oceane der Wasserwelt konnte, wie etwa die der Sandwich-Insulaner, auf dem Wasserkreuzwege dreier Erdtheile liegend, durch Hafenbildung, Flottenbau, Selbstentwicklung auf die Marktpreise gewisser Umsätze, wie des Pelzhandels für Rußland, China, Nordamerika und den Handelsgang aller drei Continente, Ost-Asien, Australien, West-Amerika, nicht unbedeutenden Einfluß gewinnen; ja, ein Punkt auf einer günstig gelegenen und durch ihre locale Physik in den Zeitverkehr in die historische Entwicklung fördernd eingreifenden Stelle des Erdrings kann, bedeutender als ein Flächenraum vieler Quadratmeilen, durch den richtig ergriffenen Moment schon in der kürzesten Reihe der Jahre, eines Jahrzehends, wie einst Alexandria, Ormuzd, oder Macao, die Havannah, wie heute der Freihafen zu Sincapore, den größten Einfluß auf den zugehörigen Archipel oder Ocean gewinnen. Und wie hätte bei jener gänzlich und plötzlich veränderten Weltstellung der Erdtheile seit dem Anfange des XVI. Jahrhunderts das Kapland, später nur zur abhängigen Kap-Kolonie zu Privat-Handelszwecken der Holländer angesiedelt, in den letzten Jahrzehenden erst durch die Briten zur politischen und merkantilen Weltwarte in der Australseite der Oceane erhoben, wie hätte jenes merkwürdige Süd-Vorgebirge der Alten Welt, in jener Zeitperiode richtig gehandhabt, durch seine einzige Lokalität einflußreich werden können für das Schicksal der ganzen Südhalbkugel der Erde!

Welchen merkwürdigen raschesten Entwicklungsgang nimmt nicht gegenwärtig, bei allerdings schon weiter als damals fortgeschrittener harmonischer Entwicklung des großen Gestadegürtels zwischen dem Land- und Wasserkreise, die unter allen vielleicht begünstigste Planetenstelle Australiens, nämlich die Insel Van Diemensland, der europäisirte Antipode Großbritanniens! Nur darum, weil ihre begabten physikalischen Verhältnisse nach Küsten- und Hafenbildung, Bodennatur, Bewässerung, Klima, mit der für die Australwelt günstigsten Weltstellung gegen die andern Erdtheile, gegen die Meeres- und Windbewegungen und mit der europäischen freien Kolonisation in demselben Erdraume zusammenfallen. Und darum zeigt sich ihre Entwicklung in gesteigert-raschester Progression, weil die Südhalbe der Erde bei größerm Inselreichthum doch minder als die Nordhalbe des Erdballs durch entwicklungsfähige continentale Formen begünstigt ward; diese Insel aber, auch ihrer Arealgröße wegen, eine der ausgezeichneteren Stellen unter den australischen Flächenräumen mit dem dem europäischen gleichen Fruchtboden für Agrikultur einnimmt, dessen Ertrag nur bei der Vollendung der Schifffahrt den weiterspornenden Gewinn giebt.

Wenn daher die alte Welt den Schauplatz ihrer Geschichten nur auf den beengten Orbis Terrarum der Römer beschränken mußte, das Mittelalter ihn schon überall bis an die äußersten Enden der Gliederungen der Alten Welt, nach dem Norden, Süden und Osten ihrer großen Landveste, ausdehnte, so spannte die Geschichte der neuern Zeit ihr reiches Gewebe der Begebenheiten über den ganzen Erdball aus. Das historische Element greift also auf sehr verschiedene Arten in sehr verschiedenen Zeiten in die Physik des Erdballs ein, aber auch in sehr verschiedenartigen Progressionen und Weisen.

Denn in frühern Jahrhunderten und Jahrtausenden, als die Völkergeschlechter überall mehr auf ihre Heimathen und auf sich selbst angewiesen waren, wurden sie von der allgemeinen tellurischen Physik kaum berührt; desto mächtiger griff aber die locale Physik der Heimath, die vaterländische Natur in die Individualitäten der Völker und Staaten ein. Daher wol eben die edler begabten, zu Kultur sich erhebenden aus der ihnen gegebenen engern Sphäre individueller und doch harmonisch-vollendeter in der Erscheinung, in schöneren und bestimmteren historischen Gestaltungen und Characteren hervortraten, als die der neuern Zeiten. Sie entwuchsen, unberührt von der Fremde, noch ganz dem heimathlichen Himmel und Boden, der in seiner vollen jungfräulichen Kraft ihr ganzes Geäder und alle Glieder durchdrang mit seinen nährenden Gaben und Kräften. Dadurch trat bei ihnen alles Nationale auch wirklich vaterländisch und heimathlich in großer Einheit auf; so bei Aegyptern, Persern, Hebräern, wie bei Hellenen und Italern, als noch keine moderne Verpflanzungsweise oder Kolonisation, Umtausch, Verkehr durch Hin- und Rückwirkung auf und aus der Fremde der Kulturentwicklung in der Heimath vorherging, um einen noch größern Ertrag für das Allgemeinere zu erzielen.

Die alte Geschichte trug auf ihrem heimischen Boden nicht, wie die neuere, den Schmuck der ganzen Fremde, sondern jedesmal nur ihre heimathliche Frucht, aber die vollständiger gereiftere, wie die edelste Dattel nur der libyschen Palme entfällt, wie die erhabenste Ceder um die Jordanquellen und auf dem Libanon wuchs, wie die Platane der Hellenen ihr prachtvollstes Laubgewölbe um das Gestade des Archipels der Hellenen auf europäischer wie auf asiatischer Seite erhebt und die Pinie ihr fächerartiges Schirmdach über italischen Boden ausbreitet.

Damals war die größte räumliche Annäherung der drei Erdtheile der Alten Welt noch hinreichend genug, durch innere Mannichfaltigkeit dem klassischen Boden der Weltgeschichte zur Folie zu dienen; damals hatten die einfachern Elemente noch größere Bedeutung. Aber mit der Weltverbindung durch die Oceane verloren die Verhältnisse jenes einseitigen Maximum der Annäherung, ihre für das Ganze überwiegende Bedeutung. Zur richtigen Beurtheilung ihrer Raumverhältnisse, nach der gegenseitigen Stellung ihrer Länder und Völker, mußte man seitdem zu den Continenten auch noch die Oceane mit ihren Bewegungen hinzunehmen.

Es besteht also auch eine andere tellurische Physik für die alte, eine andere für die neue Zeit, und wenn wir für jene und das Mittelalter wirklich den Orbis Terrarum mit seinen gelegentlichen Erweiterungen nach den wirklichen Raumdistanzen und den Arealflächen mathematisch genau verzeichnen, so müßten wir für diese, die neuere Zeit, außer jener richtigen Angabe der Raumverhältnisse, auch noch die Kunst der Graphik für die gleichrichtige Eintragung der Zeitverhältnisse erfinden, in denen diese Räume wirklich erreicht und durchschnitten werden können und gegenseitig in den wahrhaft lebendigen Verkehr treten, sei es durch physikalische oder beseelte Bewegungen. Oder wir müßten es verstehen, die Combination von beiden zu einem Totalbilde zu vereinen, etwa durch mehrere durchsichtige, übereinander hingleitende, hin und her verschiebbare Globularscheiben, oder durch partikuläre Ortsverrückungen, oder durch andere Hülfsmittel.

Wie würden aber dann die einen Räume schwinden, die andern sich ausdehnen, die Höhen sinken, die Uebergänge sich mehren; Europa's Gestalt würde noch, in manchen Theilen wenigstens, am mehrsten sich gleich bleiben, und ältere wie neuere Zeit- und Raumverhältnisse sich decken. Aber in Asien würde schon die südliche Gestadewelt viel zu sehr sich zusammenziehen, um noch das in lauter Hemmung zurückgesunkene Inner-Asien mit Gestadelinien ganz zu umgrenzen, und so würde fast auf allen Theilen der Planetenrinde die Inkongruenz beider Verhältnisse die seltsamsten Zerrbilder der positiven leblosen Formen hervorbringen. Die Erinnerung an solche Verschiebungen und Zerrbilder rufen wir gegenwärtig aber nur darum hervor, weil sie durch den Gegensatz eben deutlich zeigen, welchen Verdrehungen unsere Begriffswelt unter dem täuschenden Schein von positiven Wahrheiten wirklich sich hingiebt und unterworfen ist, wenn wir in den tellurischen Verhältnissen, wie bisher, nur das Leblose statt des Lebendigen ergreifen und das historische Element neben der geographischen Wissenschaft unbeachtet liegen lassen, daraus ganz verbannen, oder auch etwas nur theilweise hie und da gelten lassen, wo es von dem einen oder dem andern Autor zufällig einmal besprochen sein möchte, ohne es jedoch in die Systematik dieser Wissenschaft als ein integrirendes Element mit aufzunehmen.

Wie irrig aber würden noch die Vorstellungen von unserem Sonnensysteme geblieben sein, wenn wir dabei nur die sich gleich bleibenden Sonnenfernen und Planetenabstände, wie früher, ohne die Abweichungen der Keplerschen Gesetze und Newtonischen Attractionstheorien hätten beachten wollen, welche überall die Perturbationen der Planetenbahnen oder das harmonische System ihrer wahren Umlaufszeiten und Räume bedingten. Wie jene Attractionsgesetze und Verhältnisse auf die Bahnen der Planeten unsers Sonnensystems einwirken, ebenso bedingt auch der Gang der historisch-erfüllten Zeiten durch Anziehung und Abstoßung die Perturbationen der Räume unsers Erdsystems und ihre Functionen.

Daß jenes Zerrbild des durch eigenthümlichen Organismus belebten Erdballs aber eben jene blos mathematische Seite, die leblose Landkartenansicht sein würde, wenn sie sich vermessen wollte, als inhaltvolles Lebensbild der Anschauung zu dienen, dies wird noch wenig geahnet und tritt auf dem Markte unserer Tagesliteratur kaum im Bewußtsein hervor.

Alles Gesagte möchte wol hinreichend scheinen, um die blos zufällige historische Beimischung von dem historischen (nothwendigen) Elemente der geographischen Wissenschaft genau zu unterscheiden, welches nicht müßig, sondern gestaltend, überall als mitbedingender Grund der Erscheinungen auftritt.

Es möchte zugleich damit dargethan sein, daß es eine geographische Systematik giebt, und daß in ihrem Gegenstande, wie bei allen Organismen, der Theil nur aus dem lebendigen Ganzen begriffen werden kann, ohne welches jede Theilbetrachtung unvollkommen, einseitig, unwissenschaftlich bleibt.

Diese wissenschaftliche Theilbetrachtung der Länderräume, als wirkliche Theile oder zusammengehörige Glieder eines planetarischen Ganzen, sei sie physikalisch, ethnographisch, ethisch-politisch, würde die Aufgabe der Specialgeographie sein, die wir noch nicht besitzen, und erst in diese beiden Zweige der allgemeinen und der Special-Beschreibungen könnte die Staatengeographie wahrhaft wissenschaftlich eingreifen.

IV.

Der tellurische Zusammenhang der Natur und Geschichte in den Productionen der drei Naturreiche,

oder:

Ueber eine geographische Productenkunde.

(Vorgetragen am 14. April 1836.)

Die Kenntniß der gesonderten Productionen der Erde, nach ihrer räumlichen Verbreitung über die Formen des Festen und Flüssigen, in ihren quantitativen und qualitativen, absoluten wie relativen Verhältnissen zu den einzelnen Ländern und Völkern der Erde, wie zum ganzen Systeme des Erdballs (auch zu den Corporationen oder gesonderten Staaten und Gemeinschaften, die sich willkürlich in dessen Oberfläche getheilt und deren Productionen sich gegenseitig entzogen, oder durch Verkehr seit Jahrtausenden mitgetheilt, ja ganz überliefert haben), eine solche Productenkunde hätte, wenn auch nur auf sehr fragmentarische Weise, doch von jeher, und mit Recht, einen nicht unwesentlichen Theil der geographischen Wissenschaft ausmachen müssen. Dies ist aber bisher noch keineswegs der Fall gewesen. Durch den überall hervortretenden Reichthum ihrer Mittel geblendet, vergaß sie deren Anordnung und gelangte daher nicht zu ihrer Anwendung. Sie erhob sich nicht über ihren materiellen Besitz, der ihr unbelebt blieb und so zu einer nutzlosen Last ward. Sie drang nie bis zu einer systematischen Uebersicht ihres ganzen Schatzes vor, der ohne das Bewußtsein seines Inhaltes weder für sie, noch von ihrem Standpuncte aus für das System der Wissenschaften überhaupt, fruchtbar werden konnte. Wären ihr nicht von außen her die benachbarten Wissenschaften (der Geschichte, der Physik, der Climatologie, der Mineralogie, Geologie, Botanik, Zoologie) entgegengekommen, sie würde auch heute noch, wie es bis vor einem Viertel-Jahrhundert der Fall war, mit ihren Schätzen, gleich einem Kinde mit Goldstücken, nur spielen.

Die Systematik und genaueste Beschreibung dieser Productionen des Mineral-, Thier- und Pflanzen-Reiches, könnte man vielleicht sagen, fänden wir schon auf das vollständigste in den Naturhistorien; die Aufzählung ihres Vorkommens nach den Einzelnheiten der Räume in den Geographien; ihre Anwendung, Benutzung zur Kleidung, Unterhalt, Bedürfniß aller Art wären im Völkerleben und durch die Gewerbthätigkeit der Menschen, einem großen Theile nach, wenigstens schon allgemein bekannt.

Aber, dies zugegeben, und noch mehr, daß die Naturwissenschaft sogar den innern, nothwendigen Zusammenhang des ganzen Systems der Naturerscheinungen, wie nie zuvor, wissenschaftlich darzulegen, die außerordentlichsten Fortschritte gemacht hat: ist darum auch schon die Relation dieses innern, organischen Zusammenhanges in allen seinen tellurischen Beziehungen ermittelt und dargelegt? Keineswegs! noch fehlt diese Darstellnng nach Inhalt und äußerm Zusammenhang, wie nach den Localbedingungen jeder Art, dem Vorkommen und der Begrenzung nach im Raume, wie der Entfaltung und Einwirkung nach in der Zeit; oder nach Naturgesetz und Geschichte, sei es der Gegenwart wie der Vergangenheit. Es fehlt die Nachweisung dieses Totalverhältnisses wie seiner gesonderten Glieder auf die allgemeinere oder individuellere Entwicklung der tellurisch gruppirten Erdräume mit ihren zugehörigen Völkergruppen; es fehlt diese Nachweisung auf den Gang der Völkerverbreitungen, der Cultur, der Industrie, des Handels, der Colonisationen und auf die davon abhängigen secundären Verbreitungen der Productionen selbst. Alle diese Verhältnisse, ihre Combinationen und Auflösungen, im Besondern wie im Allgemeinen, sucht man noch vergeblich in den Compendien der Geographie; in denen der allgemeinen Geschichte sind schon einige Resultate mitunter berührt, ohne den Grund ihrer Entstehung zu kennen, in den naturhistorischen Forschungen sind die Gründe vieler Erscheinungen nach ihren Elementen, in Beziehung auf die Organismen, mit Meisterschaft entwickelt, aber ohne ihre tellurische Einwirkung und den ethnographischen Erfolg zu beachten, der andern Disciplinen überlassen blieb.

Allerdings hat dennoch die Verwendung der Productionen, dieser mannichfaltigsten Mitgift der Erde, auf dem Markte des Lebens, im Gewerbe der Völker mit der frühzeitigsten Erkenntniß und dem sichern Bewußtwerden ihres Werthes die weiteste Ausbreitung durch viele Zonen und Culturstufen der Länder und Völker gewonnen. Nicht minder entschieden und durchgreifend war aber die große Macht der Gesammtheit dieser Verhältnisse, wie die tiefgreifende Wirksamkeit specieller Theile derselben, nicht blos auf den Markt des Lebens, sondern auch auf die Entwicklung, Förderung, Richtung der Gefühle, Einbildungen, Ideen und der ganzen Gedankenwelt der humanisirten Bewohner, zumal auf die primitive Anregung ganzer Völkerthätigkeiten, wie z. B. des Agricultur- und des Hirten-, des Jagd- oder Fischerlebens, der philosophirenden, der religiösen Richtungen u. s. w. Aber eben diese Wirksamkeit ist im allgemeinen bewußtloser in ihren Grundwirkungen oft noch bis heute geheimnißvoll geblieben, und konnte auch vor einer gewissen errungenen Höhe der allgemeinen Civilisation nicht zur Anerkennung gelangen.

Es fehlt also noch eine wissenschaftlich durchgeführte Kunde der natürlichen Productionen in ihrem Verhältniß und in ihrer Beziehung auf das Erdganze, wie auf ihre Verwendung durch die Menschenwelt. Es fehlt gänzlich die Verhältnißlehre der materiell erfüllten tellurischen Räume, nach den individuellen Ergebnissen der drei Naturreiche, hinsichtlich ihrer localen Verbreitung; eine Lehre, welche eben so wesentlich zur Erkennung unsers Planeten und seiner Organisation gehört, als die der Erforschung seiner mehr als Continuitäten sich darbietenden allgemeinen Erscheinungen, welche die Physik der Erde in ihrem Zusammenhange weit frühzeitiger darzustellen bemüht war.

Wenn wir bei Betrachtung der Räume nach Größen und Formen in der Geographie das mathematische Element, und bei der Raumerfüllung nach Continuitäten in der Geo- und Hydrographie die Physik nicht entbehren können, wie sich dies aus frühern Untersuchungen ergab, so tritt uns hier im Reiche des Mannichfaltigsten, nach Individualität Gesonderten der Raumerfüllung das naturhistorische Element der geographischen Wissenschaft auf das Bestimmteste entgegen, welches für dieselbe Wissenschaft, als Theilnahme an ihrer vollendeteren Gestaltung, eben so unabweisbar sein wird, als das historische Element, das wir früherhin für gleiche Zwecke nur in die ihm gebührenden Schranken zurückzuführen versuchten.

Einiges, bei täglich sich mehrender Vorarbeit, Beobachtung, tiefgreifender Naturforschung in allen Zweigen ihrer Systeme, läßt sich vielleicht noch mehr als bisher von dieser Seite für die Wissenschaft des Erdplaneten gewinnen, wenn eben dieses naturhistorische Element in seinem wahren Verhältniß zu derselben von den Geographen bestimmter erfaßt wäre. Sie würde dadurch von der einen Seite in Stand gesetzt, die andrängende Fluth seiner Ueberschwemmung auf ihrem Bereiche zu hemmen und in die angemessenen Kanäle zur Befruchtung ihres ganzen Feldes zurückzulenken; von der andern Seite dagegen würde sie, für den reichen Gehalt seiner Gaben empfänglicher geworden, einen erhöhteren Standpunct, gleichsam ein neues Organ der Betrachtung für Natur und Geschichte gewinnen durch die Combination des tellurischen Zusammenhangs von beiden, in den characteristischen Individualitäten der drei Naturreiche.

Die Erde überhaupt, in ihrem Ganzen wie in ihren einzelnen Abtheilungen, nach Wasser- und Landflächen, nach Gegenden und Landschaften, zeigt sich, wo nicht menschliche Kunst sie hie und da gänzlich umgestaltet haben mag, immer nur als Erscheinung von Naturproducten der mannichfaltigsten Art, die wir, in der Regel bewußtlos, im Zusammenhange in ihren natürlichen Combinationen auffassen, oder als gesonderte Gruppen und individualisirte Gestaltungen wahrnehmen und uns überall dieselben wieder vergegenwärtigen müssen.

In ihrem Zusammenhange, in ihrer localen Gruppirung, in ihrer eigenen Vertheilung bieten sie der Anschauung unmittelbar die Characteristik der Erdräume oder den Complexus der Landschaften dar, dessen instinctmäßige Totalauffassung einen unverkennbaren Eindruck auf die Entwicklung und das äußere wie das innere Leben, auch des unausgebildetsten Naturmenschen, hinterläßt. Dieser Eindruck ist so tief, daß eben die Entbehrung dieses Zusammenseins von Naturverhältnissen gewisser Art, mit allem Zugehörigen, sei es Bergnatur oder Ebene, Waldgrund, Steppe, Insellaud, Meeresgestade, Lüfte u. s. w., in warmen oder kalten Zonen, an welche nun einmal das sinnlich-geistige Menschenleben von Kindheit auf, wie an sein ihm eigenthümliches Element der Existenz geknüpft war, vom Unbehaglichen und Unheimlichen bis zum krankhaften Gefühle des Heimwehs gesteigert werden kann, in welchem sogar das ganze Wesen des Menschen sich in Sehnsucht aufzulösen vermag. Und es ist noch eine für die Psychologie unbeantwortet gebliebene Frage, ob der geheime Zauber dieser Sehnsucht, die sich in jedem Kinde frisch verjüngt zeigt, bei versagter Befriedigung, da keine Kunst und Wissenschaft ihn völlig zu lösen vermag, nicht durch das ganze von der Natur losgesagte Culturleben stets ein unheimlicher Begleiter desselben, auch in seinen höchsten Entwicklungen, bleiben wird, worauf so manche Erscheinungen der Culturvölker hinweisen.

Aber der volle Genuß dieses Zusammenhanges von heimathlichen Naturverhältnissen ist es dagegen, der die Kraft ganzer Völkerschaften, die ihn ungestört und in vollem Maaße besitzen, zu einer oft bewundernswürdigen Sicherheit und Höhe steigert, von welcher die von der Natur halb oder ganz Gesonderten und so fern Stehenden, mit ihrer selbstgeschaffenen neuen Kunstwelt Umgebenen kaum eine Spur besitzen oder auch nur Ahnung haben, so wenig als es dem europäisch Civilisirten gegeben ist, an unverletzbare Reinheit der Feuerflamme oder Wasserwelle gleich dem

Hindu zu glauben, oder, nach so langer Ueberlieferung mathematischer Wahrheiten aus der Urzeit, das Entzücken der ersten Entdecker der arithmetischen Zahlenverhältnisse zu theilen.

Es ist wohl keinem Zweifel unterworfen, daß ein so tiefer Eindruck des planetarischen Natursystems in seiner räumlich localisirten Anordnung, wie auf die jugendliche Entwicklung jedes einzelnen Menschen, so noch weit mehr auf die ganzer Völkerschaften, auch abgesehen von allen andern begleitenden Wirkungen, nicht ohne den wichtigsten Einfluß auf gemüthliche und geistige Umgestaltung des innern Menschen wie auf dessen individualisirte Erscheinung nach außen, in den verschiedenen Regionen des Erdballs, durch die Jahrhunderte der Menschengeschichte hindurch, geblieben sei. Hierin liegt also, außer der Geschlechtsabstammung, eine mitwirkende Bedingung für die Entwicklung der Völkerindividualität durch die Naturumgebung, welche sich als unfreiwillige Lebensgewöhnung dem Gemüthe des Menschen unverkennbmr einprägt, zugleich aber auch dasselbe wieder zu einer dem Locale stets gemäßen geistigen Thätigkeit und Production anregt.

Der nomadisirende Araber, mit der umherschweifenden Phantasie, verdankt wol seine freiere, ungebundene, gestaltlose Gedanken- und Märchenwelt, mit der er sich die leeren, unermeßlichen Räume seines Bodens, wie seines ewig klaren, wolkenlosen Himmels auszufüllen strebt, eben so sehr der Natur seiner Heimath, in welcher sein feurig-thätiger Geist und Leib sich Alles erst erjagen und erschaffen muß, wie der in sich gekehrte, festgesiedelte, aber in die üppigste Natur gleichsam verwachsene Hindu, diesseit und jenseit des Ganges, die seine mit dem phantastisch-theosophischen Hervorsprossen der Götter aus Ranken, Blumen, Bäumen und der Transmigration der Menschenseelen in Thierleiber — jener alles überwuchernden Fülle wunderbarer und colossaler Pflanzen- und Thierformen, jeder Stelle seiner Heimath, in allen Arten der reizendsten und schreckendsten Gestalten, die dem ganzen Völkergeschlechte, das sich in dieser Umgebung bewegt, ohne sich über sie erheben zu können, die Unterthänigkeit des Menschen unter die Naturgewalt, sei es die der Berge, Gewächse, Thiere, oder göttlicher, dämonischer und darum auch menschlicher Herrscher (Tyrannen) als eine nothwendige einprägte.

Wenn diese beiden Hauptrichtungen geistiger, frei umherschweifender, oder in sich gebannter, streng verketteter Entwicklung tropischer Erdbewohner der alten Welt, von Arabien westwärts durch das ganze dürre, vegetationsleere Libyen bis zum Atlas, und ostwärts vom wasserreichen Indus über den Ganges und das feuchte und vegetationsreiche Hinterindien, zur ungezählten Inselschaar der Sunda-Welt hinaus, in vielen Gradationen und Steigerungen die vorherrschenden Gegensätze bilden: so zeigt sich schon darin, daß nicht etwa in dem Climatischen von Licht und tropischer Wärme, die ihrem beiderlei Boden gemeinsam sind, die bedingende Ursache dieser Verschiedenheit ihrer ideellen Gestaltungen liegen könne, sondern daß zu der Physik der Tropen, die von astronomischer Stellung abhängig ist, noch ein blos tellurisches Verhältniß, nämlich die räumliche Zusammenwirkung des Natursystemes in seiner localen Gesammterscheinung, hinzutreten mußte, um ganzen Völkergruppen des Morgenlandes solche charakteristisch verschiedenartige Richtungen auf Jahrtausende hinaus in ihren theosophischen, philosophischen und poetischen Productionen und überhaupt solche Gepräge zu geben.

Diese Gepräge werden so mannichfache Formen annehmen, als die landschaftlichen Naturen des Erdkreises in wesentlich verschiedenartigen Charakteren hervortreten und auf Erd- und Wasser-Wirthschaft, Jagd- und Bergleben, Hirtenstand, Festsiedlung, Umherstreifen, Kriegführung, Friede und Fehde, Isolirung und Gesellschaft, Rohheit und Gesittung u. s. w. einwirken. Durch ihre Stellungen gegen Licht und Wärme aber, sei es im polaren oder tropischen Gebiete der Erdräume, oder in ihren mittlern Breiten, überall werden sie wieder durch die Naturumgebung allein schon, abgesehen von jeder andern Einwirkung, die mannichfaltigsten Farben, Töne und Modificationen gewinnen.

Die Ossianische Dichtung auf der nackten Heide des rauhen, wolkenreichen schottischen Hochgestades entspricht einem andern Naturcharakter ihrer Heimath, wie der Waldgesang des Canadiers, das Negerlied im Reisfeld am Joliba, das Bärenlied des Kamtschadalen, der Fischergesang des Insulaners, und alle diese sind nur einzelne Laute der vorherrschenden, gemüthlich-geistigen Stimmung und Entwicklung, welche den Naturvölkern, aus denen sie hervortönen, durch das Zusammenwirken des sie umgebenden Natursystems, durch den Totaleindruck ihres Naturelements, dem sie angehören, eingeprägt und wieder entlockt wurden.

In wie fern ein solcher Eindruck aus dem Naturzustande durch höhere, geistige Vermittlung sich auch in einen Culturzustand des Individuums, wie eines ganzen Volkes, fortzupflanzen im Stande ist, zeigt sich auf jonischem Boden in dem Homerischen Gesange, der, unter dem begünstigsten Himmel, am formenreichsten Gestade der griechischen Inselwelt hervorgerufen, wie er diese noch heute herbeizaubert, auch in diesem Gepräge für alle folgende Zeit die klassische Form gab.

Die Einwirkung dieses Zusammenhangs der Naturproductionen, nach Formen und Inhalt in ihrem Gesammtdasein, in ihrer Totalwirkung, nach allen tellurischen Erscheinungen auf das Menschengeschlecht in seinen mannichfachen Gesellschaften, wird keineswegs den geringern Antheil an dessen Erziehungs- und Entwicklungsgeschichte genommen haben. Aber die Betrachtung dieses Gegenstandes, des Totaleindrucks der Natur auf den Menschen, müssen wir in die besondere Abtheilung einer Ethnographie verweisen; die tiefere Untersuchung der dabei zur Sprache kommenden Grundverhältnisse fehlt noch, wie eine wissenschaftlichere Begründung der Völkerkunde überhaupt.

Man ist in den Versuchen zur Erklärung der verschiedenen Characteristik der Völker, die offenbar in einem Compler von Natur und Geschichte, von Grundtypus, Uranlage, Tradition und individuellem Bildungsgange zu suchen sein wird, entweder bei innern oder äußern Umständen, wie Körperschlag, Temperament, Lebensweise, Wohnort, Clima, Gebräuchen, Sprache, religiösen Richtungen, oder wol gar bei ganz äußerlichen und einzelnen noch materiellern Bedingungen, aus denen man Alles glaubte nachweisen zu können, stehen geblieben, wobei man leicht jenen ganzen

Zauberkreis der Natur, jenes Zusammenwirken des Naturdaseins, oder das ganze Naturverhältniß, unter welches ein Volk gestellt ist, aus dem Auge verlor, welches doch erst jede besondere Einwirkung bedingen wird.

Manche der feinern geistigern Probleme der mannichfaltigsten Art, die hier zur Sprache kommen, hat bisher nicht die Wissenschaft, sondern fast nur die Kunst nächst der Poesie, insbesondere die Landschaftmalerei zu lösen versucht, wenn sie sich zur historischen Charakteristik ihrer Aufgabe erhob, und der Künstler sich dasjenige, was den Menschen und das Volk in der landschaftlichen Natur bewußtlos ergreift und bestimmt, zum Bewußtsein brachte, um es wieder bis zum lebendigsten Anklange schlummernder Gefühle und Gedanken darstellen zu können.

Doch nicht von diesem Natur-Verbande nach den landschaftlichen Erscheinungen, oder den dadurch charakterisirten Erdlocalitäten sollte hier die Rede sein, obwol dieser Zusammenhang eben die allgemeinste Grundlage unserer Betrachtung ausmacht; sondern, da hier die analytische Untersuchung offenbar der synthetischen Betrachtung vorausgehen muß, nur von der individuellen Vertheilung der gesonderten Naturkörper nach den Organisationsstufen der drei Reiche, in Gemäßheit ihrer für das Gesammte charakteristischen Gruppen, Geschlechter, Gattungen, Arten.

Wollte die Erdkunde hier sich zu einer Naturphilosophie erheben, von der Idee eines Erdorganismus, den übrigens zu bezweifeln keine hinreichende Ursache vorhanden zu sein scheint, ausgehen, und aus diesem das Auftreten und die Entfaltung ihrer Bestandtheile systematisch darzulegen versuchen, so müßte sie bei ihrem in der That noch zu unvollkommenen und ganz lückenhaften Zustande, wie früherhin so manche geologische Systeme, ins Unendliche abirren, da sie als historische Wissenschaft noch viele Bausteine zu brechen und zu bearbeiten hat, um einen Bau aufzuführen, dessen Besitz wir erst künftigen Geschlechtern überlassen wollen. Aber, nach herkömmlicher Art der Compendien, dabei stehen zu bleiben, bei jedem Lande, bei jeder willkürlich begrenzten Provinz die einzelnen Producte der verschiedenen Naturreiche nur summarisch aufzuzählen, und ihr Vorkommen wie ihre Brauchbarkeit und Anwendung ganz zufällig aneinander zu reihen, dies wird ihr, auch abgesehen von der unnützesten Weitläuftigkeit, noch weniger zu einem wissenschaftlichen Zusammenhange verhelfen. Wenn jene erste constructive Methodik immer weit hinter der Naturfülle zurückbleiben muß, und von unvollkommenen, allgemeinsten Voraussetzungen zu irrigen oder doch unbefriedigenden Resultaten im Besondern gelangt, denen die Thatsachen nur in verrenkter Form anzupassen sind, um nicht zu inconsequent zu erscheinen, so ist die zweite, die Aggregat-Lehre, bloßes Gedächtnißwerk; ihr reeller Inhalt bleibt verborgen, unter sich unverbunden, nirgends tritt Ursache und Bedingung der Erscheinung hervor; es ist keine gegenseitige Vergleichung, kein Fortschritt zur Steigerung des Inhalts, keine Befruchtung des Vorhergehenden für das Folgende möglich. Es fehlt ihr selbst die Einsicht in die Natur des Gegenstandes, und dessen Verhältniß tritt weder zu der genannten Erdlocalität und ihrer Physik, noch zu den Bewohnern und ihrem Bedürfniß, noch zu dem System des Erdganzen überhaupt hervor. Auf jenem kühnen, aber doch geistigern Wege wird, nach vielen Verirrungen, doch nach und nach durch Kritik eine Wahrheit nach der andern gewonnen werden können; auf diesem wird man nur auf demselben Punkte materieller Beschränktheit stehen bleiben, ohne, was auch bisher der Fall war, nur im Geringsten vorwärts zu schreiten, und nur das nächste geringere Bedürfniß des Wissens dadurch allenfalls befriedigt zu haben meinen.

Das rastlose Bemühen der neuern Zeit, jene Mängel durch ein geordnetes und möglichst vollständiges systematisches Verzeichniß der Naturproducte jedes Landes zu ersetzen, und Mineralogien, Floren, Faunen zu sammeln, hat, streng durchgeführt, sein großes Verdienst. Denn wie erwünscht muß nicht die genaueste Kenntniß des mineralogischen Reichthumes eines Landstrichs und die Erforschung seiner Flora oder Fauna sein! Aber diese ist Gegenstand des Naturstudiums, z. B. des speciellen Zweiges der Botanik, der mineralogischen Topographie u. s. w. in ihrem systematischen Zusammenhange.

Abgesehen von der Unmöglichkeit, nach demselben Maaßstabe die Naturproducte, wenn auch nur die wichtigsten, aller Länder der Erde zusammenzustellen, was nur der Gegenstand zahlreicher besonderer Werke sein könnte, so würden dabei, auch auf das mäßigste Quantum beschränkt, doch überflüssige Wiederholungen nicht zu vermeiden sein, und das Hauptbedürfniß der geographischen Wissenschaft, das Verhältniß des Raumes, den die Naturproducte einnehmen, würde nicht anders als nur im Einzelnen, immer nur in Fragmenten und ohne nähern Zusammenhang unter sich und mit dem Ganzen, berücksichtigt sein. Allerdings ließe sich vieles geographisch Lehrreiche in dieses naturhistorische Netz eintragen; aber dieses würde immer nur Zufälliges sein, da die verbindende Anordnung der zahllosen Details das Natursystem wäre, nicht aber das geographische Element, nämlich das Räumliche der Erscheinung, welches von jenem, als das ordnende, beherrscht bliebe und daher selbst nirgends in seinem eignen Wesen hervortreten könnte.

Die neuere Zeit hat den Mängeln früherer Sorglosigkeit, oder dem bloßen Pedantismus systematischer Summirungen der Naturproductionen in einigen lehrreichern geographischen Arbeiten dadurch zu begegnen gesucht, daß sie, statt der Naturgeschichte, die Physik, zumal die Climatik zu Hülfe rief, um durch ihren Beistand den unendlichen Reichthum der Naturproducte in ihrer Verbreitung zu ordnen. Unstreitig führt dieser Weg schon näher zum Ziele, da die letztere, die Climatik, selbst nur localisirt, in bestimmten tellurischen Regionen sichtbare Gestalt gewinnt, und auch in der Physik schon aus den allgemeinsten gewisse, speciell angewandte Lehren von den Naturkräften sich zu tellurisch darstellbaren Reihen, Regeln und Gesetzen erhoben haben, die für gewisse Puncte, Linien und Regionen der Erde allgemeinere Gültigkeit erlangen konnten.

Solche Lehren sind die von den astronomischen Breiten und Längen, den absoluten und relativen Höhen, von den Temperaturen der Erdrinde, der Atmospäre und der Oceane, die von den Jahreszeiten, den Isothermen, Isochimenen und Isotheren, von den herrschenden und variabeln Winden, den hygrometrischen Erscheinungen, dem atmosphärischen Niederschlage, von dem oceanischen oder Küsten- und Continental-Clima u. a. m. Durch sie hat die physikalische Geographie in kürzester Zeit die außerordentlichsten Fortschritte gemacht und wesentlich dazu beigetragen, der allgemeinen Erdkunde erst einen mehr innerlichen Zusammenhang zu geben. Sie sind auch ungemein fruchtbar für eine systematische Productenkunde geworden. Indem jene Lehren thatsächlich gewisse Normalverhältnisse bezeichnen, durch welche die Existenz gewisser Organismen bedingt sein wird, so muß deren Combination auch gewisse Verbreitungszonen dieser Organismen im allgemeinen bezeichnen, auf welche ihre Existenz nur angewiesen sein kann.

Aber bis jetzt sind doch nur hie und da einzelne dieser physikalischen Gesetze zu Hülfe genommen, um dieses und jenes Vorkommen der Naturproducte daraus zu erläutern. Es haben sich daraus vorzüglich für die Vegetation, die vom Boden und Clima am abhängigsten ist, gewisse Regionen oder doch Limitationen ergeben, innerhalb welcher das Leben gewisser Gewächsklassen möglich, oder von denen dieses Leben zurückgewiesen wird. Noch ist uns aber kein Versuch bekannt, den ganzen Verein dieser physikalischen Verhältnisse in seinem bedingenden Einflusse auf die Vertheilung und Gruppirung der Naturproducte überhaupt nachzuweisen.

Nur in Beziehung auf Clima und Vegetation von Europa hatte Schouws Naturgemälde des genannten Erdtheils diesen Gegenstand wissenschaftlich zu ordnen versucht und, nach dem Vorgange früherer Ermittelungen durch Andere, daselbst z. B. die vier Hauptgürtel vegetativer Regionen wildwachsender Bäume durch Thatsachen nachgewiesen: der Kiefer und Birke, der Buche und Eiche, der Kastanie, der immergrünen Laubhölzer und die Hauptgürtel der Culturen des Getraides, des Weinstocks und des Oelbaums.

Solche Vegetationsgürtel wildwachsender Pflanzen und Culturgewächse, nebst den Hauptrepräsentanten dieser vegetativen Zonen, welche man so passend die Climamarken genannt hatte, ließen sich über alle Gebiete der Erde verfolgen, wodurch die sonst unübersehbaren Massen und Arten sich in tellurisch-geordnete Regionen,

Gruppen, Gliederungen zerlegen, denen sich dann jedes Besondere als Regel oder Ausnahme natürlicher Weise unterordnen ließe.

Unzählige Verhältnisse dieser Art sind seit A. v. Humboldts Erforschung des tropischen Amerika's, Rob. Browns Bekanntmachung mit der Gestadewelt Australiens und Afrika's, v. Buchs Beobachtungen subtropischer und temperirter Zonen, Links antiquarisch-botanischen Forschungen und vieler Anderer einzelnen Bemerkungen zur Sprache gekommen, aber noch auf keinen der außereuropäischen Erdtheile oder der Inselwelt zur Anordnung der vegetativen oder animalen Productionen für das geographische Compendium angewendet oder benutzt, den ersten Versuch einer elementaren Darstellung der allgemeinsten Verhältnisse in „v. Cansteins Charte von der Verbreitung der nutzbarsten Pflanzen über den Erdkörper" und den so eben erst erschienenen Grundriß der Pflanzengeographie von Meyen, der durch eigne Anschauung reichlich ausgestattet ist, etwa abgerechnet.

Ohne uns hier in die Mannichfaltigkeit des Besondern, nach diesen physikalischen Classificirungen des Vegetationsreiches, weiter einzulassen, welche als Regulativ zur Uebersicht der Anordnung der Pflanzen-Gattungen und Arten über den Erdball ganz unentbehrlich, von der entschiedensten Wichtigkeit sind und immer bestimmtere Werthe gewinnen werden, bleiben diese jedoch nur auf das eine der drei Reiche beschränkt, und es sind noch die physikalischen Regulative für die tellurische Anordnung der Naturproducte der beiden andern zu suchen übrig.

Die Productenkunde des Thierreichs wird sich hier, wie die des Pflanzenreichs, unmittelbar an die naturhistorischen Forschungen über die geographische Verbreitung der Thiergeschlechter, wie sie vor längerer Zeit schon Zimmermann versuchte, zu halten haben, die im freiern Verhältniß zu Klima und zu absoluter Erhebung, wie nur theilweis an die Vegetationsverbreitung geknüpft, weniger an den Boden gebunden, nach Lebensart, Nahrung und andern Umständen auf weitere oder engere Kreise angewiesen, ganz andern Gesetzen folgen, ganz andere Verbreitungssphären einnehmen, die aber bisher noch weniger als die vegetativen übersichtlich waren, und vielfach in jene ein- und übergreifen.

Eine viel reichhaltigere und feiner abgestufte physikalische Tonleiter für die verschiedenen Regionen des Erdballs, als die bisher durch physikalische Instrumente so mühsam erhaltene, dürfte aber gewonnen werden, wenn die lebenden Organismen der Pflanzen- und Thiergeschlechter selbst in ihren individuellsten Verbreitungssphären zu den Climatometern dieser physikalischen Tonleiter benutzt würden, und wenn eben so auch die mehr oder minder von den Climaten und Localitäten abhängig gedachten Geschlechter und Arten der Thiere, wie Vögel, Insecten, Amphibien, Fische u. s. w., nach ihren Verbreitungsweisen schon bekannt und unter einander verglichen wären, worüber selbst die demgemäß modificirten Formen der See- und Landvögel, zumal die amerikanischen Formen der Vögel nach Lichtensteins Untersuchungen über den genannten Erdtheil, schon für das Ganze sehr lehrreiche Aufschlüsse gegeben haben. Die Blüthenkalender z. B. jeder Pflanzenart an jedwedem Orte der Erde, die Wanderkalender der Zug- und Strichvögel und anderer Thiere an den Ankunfts- und Abgangstagen für die verschiedensten Erdlocalitäten, würden die Scalenverzeichnisse jener organischen Climatometer für ihre ganze Verbreitungssphäre darbieten und nicht ohne wichtige Beiträge für das Ganze sein.

Die Productenkunde des Mineralreiches, gänzlich unabhängig von jenen physikalischen Bedingungen der Außenseite der Erdfläche, welche ihren Einfluß auf das Dasein und Gedeihen der lebenden Organismen ausüben, wird dagegen für die zufällige Erscheinung ihrer Schätze in den obern Schichten der Erdrinde ihre Regel und Anordnung nur in der Geognosie, d. i. in der wissenschaftlichen Erkenntniß der großen Erdmassen finden, welche die Erdvesten bilden, weil von deren innerer Construction und äußerer Verbreitungsweise nach horizontaler Ausdehnung und Uebereinanderlagerung, wie nach Senkung und Hebung, auch die Beschaffenheit ihrer untergeordneten Theile, ihrer Gliederung, wie des Erdganzen abhängig wurde. Wenn demnach in den Pflanzen- und

Thierverbreitungen der alten und neuen Welt, der polaren, tropischen und temperirten Seiten der Erde, in Wasser und Land, die verschiedenartigsten Mannichfaltigkeiten der Formen und Gestaltungen, wenn auch in unter sich immer noch verwandten Vergesellschaftungen und Verhältnissen auftreten, so findet dagegen in den Producten des Mineralreichs, bei der Identität ihrer Arten und Lagerungen, wie der Analogien der Form und Gruppirung, in der alten wie in der neuen Welt und durch alle Zonen, die größere Einförmigkeit in der Weise ihres Vorkommens statt. Den großen Erdtheilen ward, wenn auch keineswegs ihre räumliche, doch ihre mineralogische Individualität versagt, die sie dagegen ebenfalls in botanischer und zoologischer Hinsicht zur Mitgift erhielten.

Es liegt aber die dennoch vorhandene, nicht geringe geognostische Mannichfaltigkeit jener Erdganzen vielmehr in der relativen, wie in der absoluten Verschiedenartigkeit der Formen und Massen, nämlich ihren Gruppirungen nach relativen Lagerungen, Entblößungen und Gliederungen, deren quantitatives Verhältniß überall wechselt, wenn auch das qualitative der Massen sich gleich bleibt, die aber noch obenein von vielfach wechselnden, untergeordneten Bildungen durchschwärmt werden. Indem nämlich die einen der Gliederungen ihre Stellung behaupten, oder zu quantitativ vorherrschenden Körpermassen, d. i. zu großen Formationen, werden, treten die andern als begleitende oder minder selbständige Glieder zurück, lassen Stellvertreter zu oder verschwinden, der Analogie in der Gruppirung unbeschadet, fast gänzlich. Auch lassen sie einzelne isolirte Trümmer ihres frühern allgemeinern Daseins stehen, oder werden zu entführten Transportmassen, da die Reste abgestorbener Organismen in ihren Formen der Regel nach alle verschwinden, jedoch die des Mineralreichs auch nach der Zertrümmerung fortbestehen, selbst jene verschwindenden lebendigen Formen in ihrem Schooße für die Folgezeit aufbewahren und sogar immer wieder zu jüngern neuen Formationen in veränderter Gestalt und Ausbreitung sich aufbauen.

Da diese Formationen und gegliederten Gruppirungen aber,

intensiv gleichartig, alle Längen und Breiten des Erdballs nur extensiv ungleichartig durchsetzen und aus den Tiefen zu den Höhen nach denselben Verhältnissen hinaufsteigen, so bieten ihre Verbreitungssphären an der Außenseite der Erdrinde ein ganz anderes System von Erscheinungen dar, als die früher genannten der Pflanzen- und Thierwelt.

Sie haben das Eigenthümliche, da überall derselben Gebirgsart, wie bei den Thier- und Pflanzengattungen, auch dieselbe äußere Gestaltung oder die plastische Form in der Erscheinung auf der Erdrinde mitgegeben ist, daß auch überall auf dem Erdball die verwandten Formen der Gestaltung mit den geognostisch gleichartigen Räumen, aber in bestimmten Schranken nach Maaß und Form, von Berg und Thal u. s. w. wieder hervortreten, die für das Fortbestehen der organischen, nur für gewisse Verhältnisse begabten, Existenzen auch überall nothwendig waren. Daher die landschaftliche Natur auf allen Seiten des Planeten ihrer Grundlage nach gleich, nur relativ verschiedenartig gruppirt, zerstört, wieder aufgebaut, dagegen absolut verschiedenartig und unendlich mannichfaltig nach Zonen und Climaten durch Vegetation gefärbt und überkleidet erscheint.

Nicht Aufzählung aller vorkommenden Mineralien, so wenig als die der vorkommenden Thierarten, welche nur in eine Fauna des jedesmaligen Landes gehört, wird also eine Productenkunde des Mineralreichs in der geographischen Wissenschaft enthalten; sondern das Charakteristische ihres Vorkommens zu den Raumverhältnissen im allgemeinen, wie zu jedem Landestheile, der insbesondere zur Betrachtung gezogen wird. Nämlich die Massenverbreitung der Erden und Gesteine, der Urmassen, der Schiefer, der Kalkzüge, der Sandarten, wie das sich isolirende Vorkommen einzelner charakteristischer Arten derselben, wie der Basaltgänge, Trachytgruppen, der Porphyrkeile, die Metallgänge, die Goldländer, die Zinnstreifen, die Salzbänke, die Salzquellen, die Linien der mineralischen und thermalen Wasserbrunnen, die Torfwiesen, die Diamantlager, die Kiesebenen, die Zonen der Rollblöcke, die Muttergesteine, die Transportlager u. s. w. Da diese Charakteristik nur aus der geognostischen Beschaffenheit der Erdrinde, oder der gesetzmäßigen Vertheilung der Erdmassen nach ihren innern und äußern Constructionsverhältnissen hervorgeht, so sind diese, wie die Physik und Climatik für die lebenden Organismen, das Regulativ für die Verbreitungssphären der aufzuführenden Mineralkörper. Die plastischen Formen der Erdräume bieten die localen Modificationen ihrer individuellen Erscheinungen und ihrer Verbreitungsverhältnisse dar, nach den Quartieren und Lineamenten, welche durch die geognostischen Formationen bestimmt sind.

Aber eben nur das Resultat dieser Gesetzmäßigkeit, oder der Abweichungen der räumlichen Anordnungsweise unorganischer Naturkörper in ihren relativ wichtigsten Productionen, nicht die Theorie oder die Wissenschaft der Geognosie selbst, noch weniger die systematische Mineralogie in ihren vollständigen Abrissen und Auszügen sind, so wenig als die der Floren und Faunen nach der Systemfolge, oder die der Climatologien und Physiken, wie dies doch in der Regel mehr oder weniger, wenn auch nur oberflächlich, geschieht, den geographischen Compendien einzuverleiben.

Irren wir uns nicht, so hätten wir auf die angedeutete Weise, wenn sie nur auch schon in Ausübung gebracht wäre, schon alle Anforderungen, welche man bisher an eine allgemeine Productenkunde, als einen Theil der Erdkunde, zu machen sich für berechtigt hielt, weit überboten, und wirklich finden wir noch in keinem Lehrbuche oder Handbuche diesen angewandten Theil der geographischen Wissenschaft, oder auch nur einen Versuch, der einigermaßen diesen Andeutungen entspräche. Wo Einzelnes dafür gethan, da ist dieses ausschließlich ein Vorbehalt der physikalischen Geographie, oder zum speciellen Nutzen anderer Disciplinen geschehen.

Dennoch möchte bei genauerer Betrachtung sich ergeben, daß mit jener Anordnung nach physikalischen Regulativen noch keineswegs die Forderungen, welche an eine Productenkunde überhaupt, als Zweig der Erdkunde, zu machen sind, erschöpft werden. Auf jenem angedeuteten Wege sind überall nur erst die negirenden Schranken der Existenz der Naturkörper gesucht; aber der specifische

Charakter, der sie für gewisse Erdräume fesselte und nur auf diese anwies, ist darum noch nicht ermittelt; ihr positives Leben, der Mittelpunkt der Naturthätigkeit in der reichsten localen Entfaltung der Naturproducte, darum noch keineswegs gefunden. Den allgemeinsten Verhältnissen einer auf jene Weise geordneten Productenkunde müßten die Naturkörper, in ihren sprechenden Individualitäten, erst Ton, Klang, Farbe und Licht, Form und Gestalt geben, um jenes Productionensystem zur wahren Anschauung zu bringen.

Das eigentliche naturhistorische Element wäre in jener Anordnung noch kaum zur Sprache gekommen, welches eben in der Individualität jedes für sich gesondert zu betrachtenden Naturkörpers, nach Gattung, Species, Individuum, besteht, nach der nur ihm eigenthümlichen äußern und innern Art seiner Existenz und demnach auch seines Vorkommens, seiner natürlichen Verbreitungsweise, welche darum von jedweder andern eine individuell verschiedenartige sein wird, falls auch Vergesellschaftungen stattfinden, die aber nichts anderes als nur durcheinandergreifende sein werden.

Es müßte daher die individuelle Verbreitungssphäre jeder besondern Art der Naturkörper für sich erst ermittelt sein, ehe die der ganzen Gattung hervortreten könnte, deren verschiedene Arten öfter zwar in denselben Erdlocalitäten gesellschaftlich, aber vielleicht noch häufiger in verschiedenen Erdlocalitäten stellvertretend erscheinen. So unendlich mannichfach die physikalischen Verhältnisse der Naturkräfte in Conflict mit den Verhältnissen der Formen und Stellungen des Erdkörpers treten, und so unendliche Combinationen von Erscheinungen dadurch in den natürlichen, tellurischen Quartieren des Planeten hervorgerufen werden, so unendlich verschiedenartig, wenn auch vielfach verwandt und in einander übergreifend, werden auch die ihnen entsprechenden Organisationen der Thier- und Pflanzenwelt sein.

Nicht die naturhistorische Lehre dieser Organisationen, sondern nur ihre Ansiedlungsweise an eine bestimmte Heimath und die Erforschung des Raumverhältnisses zu dieser Heimath, in den üppigsten Culminationen ihrer Entwicklung, wo sie am gedeihlichsten den höchsten Grad der Vollkommenheit, oder der Menge nach die größte Zahl erreichen, wo sie als herrschende Formen hervortreten, bis zu ihren stufenweisen Verkümmerungen oder Abartungen und dem Verschwinden an den Grenzen dieser natürlichen Verbreitungssphären, wird der Gegenstand der geographischen Darlegung in der Productenkunde sein müssen. Aber nicht blos diese primitive Heimath und das natürliche Vorkommen der Naturkörper wird es hier genügen kennen zu lernen, da ja ihre gegenwärtige Verbreitungsweise eine ganz andere ist, als ihre ursprüngliche war. Denn bald wurde sie erweitert oder auch mehr zusammengedrängt, beides durch Naturkräfte oder Menschenhand, die zerstörend oder gedeihlich auf sie einwirkten, wie durch Wanderung oder Jagd, Cultur oder Ausrottung, Verpflanzung, Wandel, Verkehr oder sonstige Entführung.

Die individuelle Untersuchung des Vorkommens der einzelnen Naturkörper in einer allgemeinen Productenkunde der Erde, oder der Bemächtigung des naturhistorischen Elementes durch die geographische Wissenschaft unter den Regulativen, welche die Lehren der Physik, der Climatik, der Geognosie darbieten, hat demnach dreierlei Hauptaufgaben zu lösen, um zu den Verbreitungsgesetzen derselben über den Erdball zu gelangen.

Einmal hat sie die Naturheimath und ihre räumliche Sphäre von der Culmination oder der tellurischen Lebensmitte ihres individuellsten Gedeihens, gewissermaßen ihrem Paradiesleben, ihrem Paradiesclima, womit in der Regel auch wol die primitive, die Ur-Heimath zusammenfallen wird, bis zu den Grenzen ihrer Verkümmerungen, ihrer Vereinzelungen, ihres völligen Verschwindens überhaupt darzulegen, wie z. B. bei Getraidearten, Obstbäumen, Gewürzpflanzen u. s. w.

Zweitens hat sie die Region der natürlichen Wanderungen der Naturkörper durch Vermittlung der Naturkräfte in andere als die primitiven Räume nachzuweisen, wodurch die Sphäre der Naturheimath sich in eine Wanderungsheimath erweitert, die dem Umfange nach sich nicht selten unendlich vervielfacht. So z. B. die Wanderungen der Gebirgstrümmer, der verschwemmbaren

Mineralien und Schuttmassen durch die Lüfte und die Gewässer, oder der mit den fließenden Wassern, den Windbewegungen und Meeresströmungen, oder durch Thiere, Vögel u. s. w. entführten Pflanzen, Wurzeln, Sämereien, endlich der selbstwandernden und unsteten Thierfamilien über die Erde durch die Wasser und Lüfte. Es zeigen sich bei dieser Nachweisung schon von selbst sehr viele Modificationen in den Erscheinungen der Naturkörper; es treten dadurch die verschiedenartigen Wanderungssphären der Naturkörper in ihrem lebendigen Zusammenhange an das Licht hervor.

Es ist begreiflich, wie hier schon das rein naturhistorische Element, welches in die geographische Betrachtung gezogen ist, durch das physikalische der bewegenden Naturkräfte den mannichfachsten Raumveränderungen unterworfen wird, und wie somit schon die unbeseelte physische Bewegung die größten Umwandlungen in dem naturhistorischen Elemente, in Beziehung auf den planetarischen Erdring, herbeigeführt haben muß, während sie als Träger der beseelten Bewegungen, wie wir anderwärts gezeigt haben, dessen Raumverhältnisse durch die Zeit selbst umgestalteten.

Die dritte Aufgabe aber würde die Cultur-Sphäre zu erforschen haben, welche jene Naturkörper durch den Einfluß der Menschengeschichte oder des historischen Elementes gewannen, indem sie aus ihrer Naturheimath oder ihrer natürlichen Wanderungs-Sphäre, sei es in den verschiedensten Zeiten der Vergangenheit oder Gegenwart, durch gesellige Wanderung mit Menschen und Völkern zu Land und zu Wasser, oder durch Verfolgung, wie durch Uebersiedlung, Civilisation, Zucht, Cultur der verschiedensten Art, im Fort- und Rückschritt oscillirend oder perpetuirlich und sich wiederholend, eine neue Culturheimath erhielten.

Wie unmittelbar sich die Lösung dieser Aufgabe an die Menschen- und Völkergeschichten in ihren verschiedenen Civilisations- und Culturverhältnissen anschließt, und recht eigentlich das Band der Verknüpfung der Naturhistorie mit der Ethnographie durch Vermittlung der Erdkunde bildet, ergiebt sich ohne weiteres von selbst, ohne fruchtlos in das Gebiet jener verwandten Wissenschaften abzuschweifen und ohne zu ihrem eigenen Nachtheil die scharf gezogene Grenze geographischer Wissenschaft zu überschreiten.

Indem die Verfolgung des ersten Gesichtspunktes, die Erforschung der Naturheimath, zu dem primitiven Vorkommen im gedeihlichsten Boden und Clima jedes Naturkörpers zurückführt, wird damit zugleich die eigenthümlich vergesellschaftete Naturausstattung jeder Erdlocalität durch ihre Urproductionen charakterisirt, wodurch ihre Archäologie für Land und Volk und die Civilisirung beider nicht selten ein überraschendes Licht erhält. Es springen zugleich durch die anhaltende Verfolgung dieser Untersuchungen die vorzugsweise begabten Planetenstellen im Gegensatz der minder begabten für das Auge sichtbar hervor, die von einer bestimmten Naturseite her zu einem höhern Einfluß auf das Ganze durch ihren Naturreichthum berufen waren, oder durch die individuelle Mitgift, die ihnen von Anfang an zu Theil wurde.

Die Untersuchung der natürlichen Wanderungssphäre führt dagegen zur Unterscheidung der festgewurzelten Productionen des Erdballs, die, wie Gold, Diamanten, Gewürze u. a., ein localer Naturegoismus nur an einzelne kleinere, tellurisch-auserwählte Räume fixirte, von den beweglichern, welche durch die verspendende Hand der Natur auf weitere Räume vertheilt werden sollten, um zu verschiedenen Resultaten für das Ganze zu führen. Indeß jene in der Folge der Zeiten zu merkwürdig anregenden Anziehungspunkten der Begier und Habsucht der Völker oder zu Antrieben höherer Art werden mußten, war es nothwendig, daß diese immer mehr und mehr durch Naturkräfte ausgebreitet, wie die Wanderheerden oder Sämereien, die Kokosnuß durch Wellenschlag und Strömungen, gleichsam cosmopolitisch die minder begabten Räume auch für andere, zumal auch für menschliche Existenz befähigten.

Wie durch jene ersteren, die in sich abgeschlossenen, stationären Productionen, gleichsam das insulare Verhältniß der verschiedenen Gaben der drei Naturreiche hervortritt, so wird durch diese, die wandernden, welche zu natürlichen Beherrschern weiter Erdräume werden, gleichsam das ungemein verbreitetere continentale Verhältniß derselben nach den mannichfachsten Erscheinungen und Modificationen repräsentirt.

Die Untersuchung der Culturſphäre und der gewordnen Kulturheimath führt aber zu jener merkwürdigen Klasse der Naturproducte, die man noch im höheren Sinne, wie es einen König der Thiere und eine Königin der Gewächse, Löwe und Palme, giebt, zu den edelsten der Naturproductionen überhaupt zählen möchte, weil sie, analog den Menschen und den Völkern (die sich auch in civilisirbare und fortschreitende, wie in stationäre, verkümmerte und verschwindende unterscheiden) zu höherer Entwicklung ihrer Individualität befähigt, durch Zeit und Zucht derselben entgegenreifen und, die Völker mit ihren Colonisationen von Stelle zu Stelle begleitend, neue Heimathen in so großer seegensreicher Ausdehnung und solcher veredelter Selbständigkeit gewinnen, daß ihr Naturleben dagegen ganz verschwindet, ja daß sie von einer Naturheimath völlig abgelöset, wie das Pferd, das Kameel, der Reis, die Cerealien u. v. a., dem Menschengeschlechte ganz zu seiner Existenz durch die verschiedensten Erdräume überwiesen sind.

Alle diese Verhältnisse können nur aus den Annalen der Geschichte, also auf historischem Wege, aus den Zeiten in die Gegenwart der Räume eingetragen werden; die Physik, die Climatik, die Naturhistorie, welche das Regulativ der Verbreitungszonen in dieser Gegenwart nachweisen will, muß, was sie nur zu oft versäumt hat, hier zuvor von der Historie und Geographie sich geleiten lassen.

Haben wir diese dreierlei Verbreitungssphären, wenn auch nur der wichtigsten Erdproductionen, die sich gleich Wasserkreisen von ihren jedesmaligen Mittelpunkten aus höchst mannichfaltig in- und durcheinander schwingen und über kleinere oder größere Räume des Erdenrunds auf das merkwürdigste verbreiten, näher ermittelt und von jedem durch Naturproduction für das Ganze classischen Erdpunkte aus verfolgt, so sind damit auch nicht unwichtige Schritte für die Menschenkenntniß, nach ihren Antrieben von der Naturseite aus, geschehen. Die angewandten Theile, die Ethnographie, die Länder- und Staatenkunde haben für Agricultur, Industrie, Gewerbe, Handel, Verkehr, Colonisation u. a. m. das Material ihrer naturhistorischen Grundlage, mit Beziehung auf den schon vorhandenen oder noch zu erwerbenden Natur- und Cultur-Reichthum derselben, erhalten.

Das Auseinanderliegen dieser verschiedenen Verbreitungssphären führt auf die Bahnen des Verkehrs, auf die Arten und Richtungen des Handels, und weiset die unentwickelten Gründe ihres Ganges nach, zu denen oft keine Annalen der Geschichte zurückgehen.

Ihr gegenseitiges Uebereinandergreifen in verschiedene Länderräume führt zu der natürlichen Combination einheimischer mit fremden Productionen, Agriculturen und Gewerben, die entweder ihre Erfüllung schon erlangt haben, oder noch ein neues, fruchtbares zu gewinnendes Feld der Thätigkeit darbieten.

Die Verschiedenartigkeit, die Uebereinstimmung, die Mannichfaltigkeit, die Körperlichkeit der Begabung, nicht nur der größern und kleinern Naturgebiete der Erde, sondern auch die eigenthümlich sich unterscheidende Art dieser natürlichen Characteristik der nun auch politisch gesondert zu betrachtenden verschiedenen Länder, Reiche, wie ihrer untergeordneten Provinzen, ja der geringscheinendsten Erdlocalitäten, tritt hiedurch überall in den bestimmtesten und vollständigsten, quellengemäß ermittelten Umrissen hervor.

Der Antheil, den alle diese Erdräume durch ihre specifische eigenthümliche Mitgift, von dieser Seite her, an dem Entwicklungsgange des Planeten wie der einzelnen Völker, Reiche, Staaten genommen haben, in der Gegenwart wirklich nehmen, oder für die Zukunft noch zu gewinnen befähigt sind, stellt sich dadurch überall in das gehörige Licht. Daraus geht der naturhistorische Character der Erdtheile und jedes besondern Ländertheiles erst hervor: ihre primitive Begabung und Anregungsfähigkeit für das Ganze wie für das Besondere, ihre verschiedenartige Empfänglichkeit und Befähigung für cosmopolitische Entwickelung, ihr Geben und Nehmen in Beziehung auf die Geschichte der Menschheit, ihre active und passive Miteinwirkung auf das Gesammte.

Die Erdkunde wird, wenn sie auf diesem Wege die allgemeine Productenkunde natur- und quellengemäß durchzuarbeiten im Stande gewesen, auf eine erschöpfende Weise für ihre Zwecke und Bedürfnisse aller Raumverhältnisse der Art zu entwickeln und zu erfüllen im Stande sein, zugleich aber auch die wissenschaftliche Form für den materiellen Theil ihres Inhaltes gefunden haben, die ihr bis jetzt gänzlich noch fehlte.

Anmerkung. Als Beiträge zu einer in diesem Sinne bearbeiteten Productenkunde dienen die besondern Abhandlungen über die Verbreitungs-Sphären der Dattelpalme, Kokospalme und einiger andern Palmarten; die von Pisang (Musa), Mango, Pfeffer (piper nigrum), Areka, Zimmt; die Verbreitungs-Sphären des indischen Elephanten, des indischen Löwen, der indischen Perle und des indischen Banyanen-Baumes, welche vorgelegt wurden und theilweise in verschiedenen Bänden der Allgemeinen Erdkunde seitdem schon öffentlich mitgetheilt sind [1].

Anmerkung (1852).

[1] Später sind zu diesen noch die Verbreitungen von Thee, Kaffee, Zuckerrohr, Baumwolle, Seide, Opium, Weihrauch, vom Kameel, von Diamanten, Tabaschir u. a. hinzugekommen, die in einem nächsten Bändchen zusammengestellt werden sollen.

V.

Ueber räumliche Anordnungen auf der Außenseite des Erdballs und ihre Functionen im Entwicklungsgange der Geschichten.

(Vorgetragen am 1. April 1850.)

Werfen wir den Blick auf einen Erdglobus, der, wenn auch in noch so großem Maaßstabe, uns doch nur als winziger und also höchst unvollkommener Repräsentant für die äußerlichste Gestaltung unsers planetarischen Erdkörpers erscheinen kann, aber doch in seiner, eine unendliche Mannichfaltigkeit als Einheit zusammenfassenden Kugelform einen sinnlich überwiegenden Eindruck auf die Imagination und unzählige mit ihr in Verbindung stehende Ideen ausübt, so tritt uns zunächst die in größter Zerrissenheit erscheinende Verwirrung seiner in einander und durch einander greifenden Vertheilung der Länder- und Wasserflächen vor das Auge, in denen nicht die geringste Spur von einer scheinbaren Ordnung ihrer Gegensätze wahrzunehmen. Keine mathematische, von gradlinichten Figuren oder geometrisch gestalteten Räumen, keine graden Linien in Reihen, keine Punkte, nur das mathematisch darüber hingezogene Netz, das von dem Himmel erst auf die Erde übertragen ward, giebt uns für das sonst in sich Maaßlose ein künstlich zum ersten Anhalt bestimmtes Maaß, und selbst ihre beiden Pole sind nur mathematische, aus ihrer Rotation heraus construirte Punkte, die uns in ihrer Realität noch gänzlich unbekannt geblieben. Keine architectonische Symmetrie, an die unser Auge bei menschlichen Kunstwerken so gewöhnt ist, nicht einmal die

Symmetrie, wie sie in den Organismen der Pflanzen- und Thierwelt, in den individuellen Gestaltungen eines Unten und Oben, zwischen Basis und Krone der Gewächse, oder einer linken und rechten Seite in der Gesichts- und Körperbildung der Thiere und Menschen hervortritt, ist hier wahrzunehmen. Ja dieses völlig unsymmetrische, scheinbar ganz regellose, schwierig mit einem und auch wol mit vielen wiederholten Blicken aufzufassende Ganze hat darin etwas Sinneverwirrendes, Unheimliches, dem nur die Namengebung und Anderes zu Hülfe kommen muß, um sich nicht sehr bald von einer blos gedankenlosen, chaotisch widrig erscheinenden Ansicht abzuwenden. Man hat sich daher auch mehr zu den Einzelnheiten ihres Inhaltes, als an die Betrachtung ihres ganzen zusammengehörigen Aeußern gehalten, und die compendiarische Geographie hat daher ihren Hauptreichthum in der Beschreibung der Theile gesucht. Sie ist daher auch nur elementarisch bei der Benennung und Beschreibung der Einzelnheiten geblieben, sie hat sich nicht zu den Verhältnissen und allgemeinen höhern Gesetzen erhoben, durch welche erst die Wissenschaft zu einer Einheit, zu einem Ganzen gelangen kann.

Obwol der Planet der Erde in seiner maaßlosen Uebersichtlichkeit ein ganz Anderes ist, als sein verjüngter Maaßstab im künstlichen Globus, der nur schwache Lineamente von jenem auf seiner Oberfläche und nur symbolisch andeuten kann, so sind wir doch genöthigt gewesen, die Sprache, in der vom Erdball als von einem planetarischen Ganzen die Rede ist, erst von seinem schwachen Repräsentanten uns zu abstrahiren. Denn auf diese Weise ist auf dem Abbilde der größte Theil jener Terminologie für die räumlichen Verhältnisse der Erde gewonnen, die doch eigentlich aus der Natur des Gegenstandes selbst und nicht aus dem schwachen Abbild hätte hervorgehen sollen. Da hier jedoch nur größtentheils das von außen her überhin gesponnene mathematische Netz maaßgebend war, so ist die Sprachbestimmung sehr einseitig und unvollkommen geblieben, und noch heute in keinerlei Hinsicht ausreichend und erschöpfend für die wissenschaftliche Betrachtung eines organisirten Ganzen, weder für dessen horizontale Ausbreitung, noch für dessen Dimension nach Höhe und Tiefe, und noch weniger nach seinen Functionen.

Die Werke der Natur zeigen jedoch im Gegensatze der menschlichen Kunst den charakteristischen Unterschied, daß, wenn diese auch den höchsten Stempel der Vollendung in sich zu tragen scheinen, symmetrisch, schön, anpassend, bis in das kleinste geregelt sich zeigen, doch bei genauerer Untersuchung der innere organische Zusammenhang fehlt, und mikroskopisch untersucht, die größte Rohheit ihrer Composition sich immer mehr und mehr herausstellt, sei es das feinste Gewebe, das eleganteste Uhrwerk, das in schönster Harmonie sich zeigende Gemälde, die glätteste Politur der Marmor- oder Metallfläche. Dagegen löst sich die scheinbare Unsymmetrie, Ordnungslosigkeit, chaotisch auftretende Außenseite der Werke der Natur, je tiefer die Betrachtung, die Forschung, selbst die mikroskopische Untersuchung eindringt, in immer feinere Elemente und Organisationen auf, sei es im feinsten Faden des Spinnennetzes, dem bewunderswürdigen Baue der Pflanzenzellen, dem Geäder der thierischen Organismen, oder in den krystallinischen Formen oder Blätterdurchgängen der unorganischen, fast unsichtbar für das unbewaffnete Auge gewordenen Krystallisationen und Moleculen. Aber nicht blos nach der materiellen Feinheit, auch nach der geistigen Größe der Construction und ihrer Functionen findet dieser Gegensatz statt, wie die physiologische Forschung lehrt, die überall auf zusammenhängende Wirkungen der Naturkräfte, auf Systeme und ihre Naturgesetze geführt hat, denen die Wissenschaften der Chemie, Physik, Optik, Mechanik und viele andere erst ihr Dasein verdanken.

Sollte dieser Gegensatz bei dem größten der uns näher bekannt gewordenen Naturkörper, unserm Planeten, und wären wir auch nur mit seiner äußerlichsten Oberfläche und auch mit dieser fürs erste nur noch ganz oberflächlich bekannt, nicht stattfinden? und diese, wie durch blinde Naturgewalt wild zerrissen erscheinende Außenseite blos einer zufälligen system- und zwecklosen, chaotisch wirkenden neptunischen und plutonischen Dictatur und gegenseitig sich nur zufällig bedingenden Gewalt ihre gegenwärtige bei einem Gesammtüberblick die Sinne verwirrende Erscheinung angenommen haben? Wie wäre dies mit dem Geschick ihrer Belebungen, ihrer Bevölkerungen, mit den Schicksalen des Menschengeschlechts, seinen Geschichten und Entwicklungen zu vereinen, wenn wir auch nur bei dem einen Gedanken stehen bleiben, daß der Planet nur als das Erziehungshaus und mit allen seinen Einrichtungen als die große Erziehungsanstalt des Menschengeschlechts in ihrem irdischen Vorübergange erscheinen kann.

Jede Pflanze will ihren gedeihlichen Boden haben, um von der Wurzel bis zur Krone blühen und zur Frucht sich entfalten zu können, jedes Geschöpf in dem Elemente, für das es geboren ist, leben und weben, da es sonst untergeht; und der Mensch, die Entfaltung des Menschengeschlechts so viele Jahrtausende hindurch, in so vielen Millionen seiner Individuen, sollte an einen, blos durch feindliche Antipathien der Naturgewalten, sei es durch Neptun oder Vulkan in den Erden und Oceanen, oder durch Hitze und Kälte in den Lüften gestalteten Wohnort, an ein durch sinnlose Willkühr verzaubertes Wohnhaus gefesselt sein? An eine Heimath, die in keiner Harmonie mit den Bedürfnissen der fortschreitenden Entwicklung seines Geschlechtes stände, weil wir in ihr nur erst, wenn schon in einem noch unerschöpften Reichthum von Mannichfaltigkeiten an ihren Oberflächen, doch nur die geballte Masse eines noch ungeregelten, in seinen elementaren Theilen festgerannten, erstarrten, sogenannten unorganischen Körpers zu erblicken wähnen, der in sich abgerundet, schon fertig von der Drehbank der Welten in das Universum geschleudert durch die große rotirende Wurfbewegung nun seinem eignen Schicksale für alle Zukunft überlassen geblieben? — Sollte ihm allein die fortbildende Kraft einer innern Organisation versagt worden sein, welche doch für alle seine Geschöpfe auf ihm eine so charakteristische Mitgift geworden? — Wir haben Fingerzeige genug, die uns hinreichend warnen, in dem Moment der Gegenwart nicht den Maaßstab für eine Ewigkeit zu suchen, den auf unsere Sinne wirkenden Eindruck nicht für den Gegenstand, der ihn hervorbringt, zu halten, das aufgestellte Naturgesetz nicht für das Werk unsers Scharfsinns, unserer Systematik anzusehen, sondern für einen glücklichen Fund dessen, was schon längst und immer vorhanden gewesen, nur für uns, wie so Vieles, noch verschleiert geblieben und noch nicht von uns erfaßt war. Die Genesis der sich bildenden Nebelflecken zu Welten, der Wind, der uns trifft und am andern Ende entsteht, als da wo er herzukommen scheint, sind uns, wie unzähliges Andere, lehrende Beispiele geworden, nicht aus der uns scheinbaren Verwirrung und Gesetzlosigkeit auf den Mangel von Zusammenhang und Ordnung zurückzuschließen.

Bei der Anordnung der Außenseite unsers Planeten und dem innern Zusammenhange seiner scheinbar willkührlich zerstreuten Theile werden wir, je tiefer wir in die Erkenntniß ihrer Natur eindringen, mehr und mehr eine höhere Symmetrie und Harmonie, wie eine progressive Entwicklung auch ihrer blos räumlichen Verhältnisse wahrnehmen, je mehr und mehr die Naturwissenschaft und Geschichte uns in ihrer Entschleierung derselben unterstützen. Was hat die astronomische Ortbestimmung, die Geodäsie, die Hypsometrie, die Geognosie, die Meteorologie, die Physik in dieser Hinsicht nicht schon gethan, und welche Aussicht bietet sich für die Gesetzmäßigkeit in der räumlich-planetarischen Anordnung nicht dar, wenn wir auch den Entwicklungsgang der Menschen und der Völkergeschichten, wie die Produktionen der Naturreiche nach ihren heimathlichen Erscheinungen, mit in die Frage der Verhältnisse der räumlich-planetarischen Formen hereinziehen, wozu hier einige Andeutungen folgen mögen.

Die Anordnung der dreierlei Hüllen, unter deren Formen der Erdball sich zeigt: Luft, Wasser und Land, die auf verschiedene Art über dessen Umfang vertheilt wurden, übergehen wir, da sie bekannt genug sind, und bemerken nur, wie die räumliche und die physikalische von beiden harmonirt, da in beiden das Wasser die mittlere Stellung in jeder Hinsicht einnimmt, in Beziehung auf Genesis, wie auf Metamorphose und Raumverhältniß.

Wir übergehen eben so das bekannte Verhältniß der continentalen Massenanhäufung in der nördlichen Hemisphäre, wodurch der maritime Gegensatz in der südlichen hervorgerufen wurde und das Uebergewicht der Wärmeverhältnisse, wie der menschlichen Bevölkerungen nach Zahl und gegenseitiger Berührung, nach Austausch der Produktionen, wie der Erfahrungen und der Ideen, sich in der nördlichen Hemisphäre gegen die arctische Seite der Erde anhäufen mußte. Wir haben erst kürzlich die großentheils hierdurch gesetzmäßige Verschiebung aller allgemeinen Temperaturverhältnisse und der speciellen Klimatik in ihren Einzelnheiten durch alle Monate und Jahreszeiten um das ganze Erdenrund hindurch, in bestimmten Thatsachen kennen lernen.

Auch das Verhältniß der pyramidalen südlichen Zuspitzung der keilförmig gestalteten Südenden in der antarctischen Hemisphäre können wir als allgemein bekannt voraussetzen, nach seinen Einwirkungen auf die Anordnung im Ganzen, da auf diese A. v. Humboldt aufmerksam gemacht hat. Wir erinnern nur daran, daß alle Südenden der Continente auch in der nördlichen Hemisphäre gegliederter sind (wie in Europa, Asien, Amerika, Australien), als die Nordenden, und daher auch zugänglicher werden sollten für alle Arten der Lebensthätigkeiten.

Weniger beachtet in seinen allgemeinsten wie speciellsten Einwirkungen ist der größte Gegensatz auf dem Erdball, den wir die nordöstliche Landhalbkugel und die südwestliche Wasserhalbkugel genannt haben, oder vorherrschend die Land-Welt und die Wasser-Welt, die tellurische und die maritime Seite der Erde. In dieser die offenen großen Oceane, in denen nur die Inselgruppen zerstreut liegen und die Enden der Continente hineinragen; in jener, die überwiegende Masse der rigiden Continentalform, welche die Gewässer nur gleich Binnenmeeren einschließt. In der einen Neu-Seeland der Mittelpunkt des äußern Wasserkreises; in der andern die Umgebungen der Nordsee, zumal Süd-England, die Antipode von Neu-Seeland im Mittelpunkt des Landkreises; durch seine insulare Stellung zu allen Meeresbewegungen und dem Binnen-Gestade der diese Insel umgebenden Landwelt maritim am meisten bevorzugt, schon durch die Natur im Mittelpunkt des durchbrochnen, mit Meeresgassen nach außen verbundenen Landkreises für diesen zunächst, vom Anfang an, auf die Herrschaft der Meere angewiesen.

In der einen Erdhalbe liegen alle Ländermassen vorherrschend vereint, in der andern Wasserhalbe zerstreut; in der einen das Uebermaaß des trocknen, in der andern des feuchten Elements. Auf dem großen Gürtel des Gestadelandes zwischen beiden, der den ganzen Erdball als größter Kreis in diagonaler Richtung zwischen Meridianen und Parallelen gegen N.O. und S.O. umgiebt, befindet sich dadurch die schmale, aber mannichfaltig geänderte und gegliederte Zone des Uebergangs von der einen zur andern Erdhalbe, und eben darum in ihr die Ausgleichung ihrer Gegensätze, die sich überall in diesem Gestadegürtel unmittelbar schon in dem tagtäglichen Wechsel der Land- und See-Winde, wie noch in vielen andern Wechselverhältnissen ausspricht. Denn in diesen Ring des großen Gestadelandes der Erde, der die Nord- wie die Süd-Hemisphäre durchschneidet und gegen den äußern Wasserkreis sich hinneigt, fällt die ganze Ostküste Afrika's, die ganze Süd- und Ostküste Asiens, die ganze Westküste Amerika's, welche den Ring vollendet, der jedoch gegen den antarctischen Süden ungeschlossen bleibt, denn eben diesem Süden fehlen die Continentalbildungen, und also kann daselbst auch kein Uebergang zwischen Land- und Seeflächen stattfinden, dem so viele Wechselverhältnisse der Meteore, der Feuchtigkeitsniederschläge, der Windrichtungen, der Küstenströmungen und Fluthendirectionen ihr geregeltes Dasein verdanken.

Es läßt sich nicht verkennen, daß schon in diesen für die Physik des Erdganzen, wenn schon nur linearen, jedoch sehr vielseitig sich durchkreuzenden grandiosen Anordnungen ein höheres Gesetz vorwaltet für das Leben der Erde, als eine blos äußerlich für das menschliche Auge symmetrische Regulirung darbieten würde, daß also der scheinbar anfänglich fast sinneverwirrende Anblick der willführlichen Zerstücklung und Zerrissenheit der Oberfläche der Planetenrinde seiner tiefern organischen Bedingungen nicht entbehren wird, wenn auch zum Beispiel unsere noch zu unvollkommenen Tiefenmessungen der Meere und unsere nur erst theilweise geognostische Kenntniß der Bestandtheile und Construktion der Continente noch keinen hinreichenden Grund, über die jetzige so ungleiche Vertheilung der Länder- und Wasserflächen auf der ganzen Außenseite der Erdrinde ein Urtheil zu fällen, gestatten mag.

Eine vorherrschend tellurische und maritime Seite des Erdballs in ihrer diagonalen Ausdehnung über alle Längen- und Breiten-Zonen mußte auch dieselben Gegensätze in Atmosphäre, Vegetation, Thierwelt, als überall verschiedenartige Modification bedingen; ja das Leben und Weben der Menschen und Völker mußte in beiderseitig ganz verschiedenartigen Formen auftreten, in sofern der Mensch abhängig sein sollte von seinem Wohnorte und dessen Natur. Die Erscheinungen in den Menschen- und Völker-Geschichten mußten in beiden ganz verschiedenartige sein, und die Kulturgeschichten einen ganz entgegengesetzten Gang der Entwicklung nehmen. Die Landwelt mußte sich im Gedränge der Populationen und der übergreifenden Reibungen wie des dadurch bedingten Austausches zuerst kultiviren, die Wasserwelt mußte einen Haufen roher bleibender Völkergruppen beherbergen, bis die Schifffahrt entdeckt und zur Weltschifffahrt vervollkommnet war, wodurch auch für sie aus einem stationären Zustande der Tag einer progressiven Entwicklung herannahen sollte. Die Völkerschaften, welche den großen Gestadegürtel auf der Grenzzone zweier Gegensätze des Erdballs bewohnten, wurden dagegen durch weit mannichfaltigere Naturimpulse auch schon in ihren elementaren Entwicklungen begünstigt, wie die erythräischen Aethiopier, selbst noch die Aegypter, Araber, die Inder, Chinesen und West-Amerikaner, wie sich dies auch in den Azteken-Ruinen Californien's, Mexico's und Peru's im Gegensatz der Rückseiten aller dieser Völker kund giebt.

Indem wir in dem Bisherigen von Mittelpunkten, größten Kreisen, Gürteln, Zonen, Erdhalben, Hemisphären, pyramidalen Gliederungen u. s. w. sprechen mußten, ist es nicht unbeachtet zu lassen, daß, da in der Physik schon alle diese mathematischen Begriffe von Hälften, Punkten, geraden Linien, Parallelen bloße Analogien bezeichnen können, dies bei ihrer Anwendung auf Raumerfüllungen der Erdoberfläche, wobei noch das Oscillatorische dieser Verhältnisse im Gegensatz des Stationären hinzutritt, mehr der Fall sein muß, daher wir uns hier auch für das folgende Sprachverständniß in geographischen Dingen der Ausdrücke von geometrischen Figuren, Rhomboëdern, Triangeln, Ovalen u. dergl. in gleichem annähernddem Sinne wol bedienen dürfen, ohne dadurch Veranlassung zu Begriffsverwirrungen zu geben.

Eine andere Anordnung der äußern planetaren Oberfläche als die, welche das neptunische Uebergewicht jenes Wasserkreises bedingt, gewinnt dieselbe durch das Uebergewicht eines vorherrschend fortwährend wirksamen Feuerkreises, nämlich durch das vulkanische Uebergewicht auf der einen Seite des Erdballs, von dem die andere größere Seite desselben, wenn auch nicht ganz, doch größtentheils befreit bleibt, und wenn auch bei ihren jetzt friedlichstillern Hebungen, voll von Spuren solcher frühern analogen Thätigkeiten, doch nur einzelne, sporadisch zerstreute Gruppen derselben auch heute, aber nur in periodisch unterbrochner Wirksamkeit, sich zeigen.

Dieser Feuerkreis ununterbrochen thätiger Vulkanreihen ist von einem der ersten Geognosten unsers Jahrhunderts um das große Becken des so mächtigen Ost-Oceans oder der stillen Südsee nachgewiesen, wo dieser nur zum Theil mit dem so eben genannten größten Kreise des Gestadegürtels zusammenfällt. Mit einem Theile desselben an den westamerikanischen und den nordostasiatischen Gestade-Curven deckt er sich; in einem andern Theile, dem südostasiatischen, zieht er in verschiedenen Parallelen an ihm auf den Reihen der Gestadeinseln vorüber, bis er endlich ganz von jenen divergirend gegen S.O. in die Mitte der Südsee zurückweicht. Hierdurch wird er zu einem, nicht dem größten Kreise wie jener, sondern nur einem kleinern Kreise des Erdenrundes angehörenden Kranze, der nur zum Theil mit dem Gestadegürtel sich deckt, aber in seiner Mitte, im Schooße des Ostoceans, die Tausende von isolirten, emporgehobenen, kleinern basaltischen Inselchen und Inselgruppen herbergt, die alle gleichartig nach plutonischen Gebirgsarten und Gebirgsformen, aber längst abgeschwächt in ihrer submarinen Thätigkeit, aus den Wassern hervorstiegen. Dieser fortwährend thätige Kranz selbst fällt im Osten der Südsee mit dem an 1000 Meilen langen Längenzuge der Cordilleren am Westrande des amerikanischen Continents zusammen, auf dessen Rücken Alex. v. Humboldt einige 50 bis 60 noch feuerspeiende Berge und Krater zählte, zwischen deren Intervallen noch viele ungezählte sich anreihen. Auf der Westseite des großen Ostoceans fällt aber im Parallelismus mit den Küstenkonturen des australischen und ostasiatischen Festlandes die Linie der Reihen-Vulkane, die L. v. Buch nachwies, auf den langen Normalzug der langgestreckten Gebirgsinseln. Mit gleichlaufenden, gegen N.W. gerichteten, oder unter sich parallelen Längenaxen ziehen diese, im Innern und Aeußern gleichförmig, ebenfalls an 1000 Meilen weit von der Doppelinsel Neu-Seeland bis zu dem Nordende der Philippinen mit einer Gabelung ihrer Direction in den Molukken, von 80 wüthenden Feuerschlünden, die nur an ihrer Ostspalte hervortreten, fortwährend bewegt. Von da an schließt sich in großer convexer Curve der Kranz gegen Nord über die Gruppen von Japan, den Kurilen, Kamtschatka, den Aleuten, Unalaschka mit ihren noch bis zu einem halben Hundert thätiggebliebenen Vulkanen, die theils, wie die australische Reihe, maritim auf Inseln, theils, wie die amerikanische, continental auf Festland sich hinzieht. Derselbe Kranz schließt sich wieder an das Nordende des Cordilleren-Zuges mit dem St. Elias-Vulkan und dem neben ihm sich erhebenden Cerro de Buen-Tiempo an, so daß der ungeheure Feuerkreis von mehr als 200 thätigen Vulkanen, fortwährend in Wirksamkeit versetzt, wol diesen Namen verdienen mag.

Nur im Süden bleibt der Ring dieses vulkanisch thätigen Feuerkranzes ungeschlossen, obwol er im polaren Norden durch die Trennung der Continente der Alten und der Neuen Welt, welche dort beinahe verschwindet, nicht gehindert wurde, in seinem tieferwurzelnden Zusammenhange von dem einen zum andern der großen Continente fortzuschreiten und subterrestrisch zu verbinden, was maritim geschieden erscheint. Dort convergiren allerdings auch die Continente N.O.-Asiens und N.W.-Amerika's bis auf wenige Stunden Unterbrechung in der Cook-Behrings-Straße, und dies schon möchte auf die Gleichzeitigkeit der Genesis des Vulkankranzes aus der mächtigen Erdspalte mit der Hebung und Aufschwellung ihres im Rücken liegenden ganz flachen Continentes hindeuten. Bestätigung scheint in der Südhemisphäre die entgegengesetzte, negative Erscheinung in der großen Lücke des nichtgeschlossenen Ringes zwischen den auf 1000 Meilen von einander abstehenden Südhörnern Amerika's am Cap Horn und Südaustraliens in Tasmanien darzubieten, wo mit den Continentalbildungen auch der sie begleitende Vulkankranz gänzlich verschwindet, wo nun, im Gegensatz des inselreichen Ostoceans im Innern des Feuerkranzes, der inselarme, fast inselleere Ocean außerhalb desselben Kranzes seinen Anfang nimmt und über den übrigen noch größern Theil der Erde sich ausbreitet. Denn erstaunen muß man bei Durchmusterung der außerhalb desselben liegenden maritimen Seite der Erde, so wenig Inselbildungen aus ihrem unendlich weitern Schooße hervortreten zu sehen. Während die Bande der großen äquatorialen Inselzone, die in der diagonalen Richtung der Ekliptik von den Philippinen gegen S.O bis zur einsamen Osterinsel mit ihren noch ungezählten, dichtgedrängten Inselpunkten die blaue Südsee durchzieht und belebt, weshalb man sie wol mit einer sternenreichen Milchstraße am Himmel verglichen hat (deren Inselstraße auch noch von einer zweiten, obwol schwächern Inselparallele in weiterem nördlichen Abstande, von der japanischen Gruppe an in gleicher Richtung gegen S.O. bis zum kolossalen Vulkan der Sandwich-Gruppe begleitet erscheint), findet der Forscher nach Inselbildung dort außerhalb des Feuerkranzes ihre größte Armuth. Dem Seekapitän ist diese, im Gegensatz jenes Inselreichthums, wohl bekannt. Der antarctische Weltumsegler konnte in der ganzen Südhemisphäre, südwärts der genannten Lücke des Vulkankranzes bis auf die jüngste Entdeckung des Victoria-Landes mit seinen Vulkanen durch James Roß, nur einzelne vereinsamte Klippen und Felsen, nur Splitter, die kaum Inseln zu nennen sind, bis zu den Klippen Alexander I. und Peter I. auffinden, und in dem großen Raume des Südeismeeres, den James Weddel (1822) durchschiffte, war keine einzige hervorgehoben. Auch in den nördlichern Breiten des großen indischen Weltmeeres, zwischen West-Neuholland und S.O.-Afrika, sind die oceanischen Klippen Kerguelens, St. Paul und Amsterdam als solche kaum des Nennens werth. Das Inselpaar Bourbon und Mauritius ist von allen andern verlassen. In dem atlantischen Weltmeere, außer den antarctischen Klippen von Sandwichland bis zur Neu-Süd-Shettland-Gruppe, zeigen sich nur in dessen äthiopischer Breite, zwischen West-Afrika und Ost-Afrika im Süden des Aequators, die von einander weitabstehenden oceanischen Inselpunkte: Trinidad, St. Helena, Ascension, die aus den größten Tiefen des Oceans, die jemals gemessen worden, 14,550 Fuß engl., also Montblanc-Höhe gleich, nach James Roß erster, und nach dessen zweiter Messung sogar aus 27,600 F. Tiefe emporsteigen mußten, um an die Oberfläche des Meeres zu gelangen.

Erst im Norden des Aequators, als Antipoden der Südsee-Inseln, treten wieder einige zahlreichere, aber immer engbeschränkte, centrale, vulkanische Inselgruppen über der Meeresfläche hervor, wie in den Canarien, Azoren, Faröer, bis nach Island hinauf, das jedoch nicht mehr den offenen oceanischen, sondern den polaren Gestadeinseln zuzuzählen sein wird, wo in der Nähe beider Pole nordwärts mit John-Mayen-Insel und südwärts mit Mt. Erebus, 12000 F., wie James Roß, der Entdecker von Victoria-Land sagt, die Feuerbildungen in verjüngter Kraft und Thätigkeit wieder ihr Territorium gewinnen, das eine lange räumliche Unterbrechung erlitten hat.

Die hebende, sichtbar gewordene Feuer-Gewalt, die also außerhalb des großen Vulkankranzes aus der ungeheuersten Tiefe des Oceans nur auf sparsame Eruptionsstellen concentrirt blieb, die aber um so größere Inselgruppen hervortrieb, mußte sich einst in unendlich größerer Wirksamkeit über den ganzen Boden des Südseebeckens verbreiten, weil aus demselben außer den sichtbaren Inseln auch eine Unzahl unsichtbar gebliebener aus dem seichteren, mitemporgeschwollenem Seegrunde, als Untiefen, Bänke, Klippen, Tafelinseln, sich nur so eben bis in die Nähe der Seeoberfläche erheben konnten, wo die Tausende von Korallenbänken und Koralleneilanden, soweit die Undulationen der Fluthen reichten, sich auf ihnen ansiedelten. Aber die hebende, unsichtbar bleibende Dampf-Gewalt, auf diese Tausende von einzelnen Punkten vertheilt, scheint doch zu ohnmächtig geblieben zu sein, um das Ganze zu einem über der Meeresfläche sichtbar werdenden Continente emporzuschwellen, dessen submarine Verbreitung nur dereinst durch zusammenhängende Sundirungsreihen zu ermitteln sein wird.

Diese Wirksamkeit auf große Strecken, nicht blos auf einzelne Punkte gerichtet, zeigte sich dagegen überall nach der Außenseite des Vulkankranzes, in der Hebung der sichtbar gewordenen Alten wie der Neuen Welt, deren zusammenhängender höchster Plateaubau seine gewaltigsten Stirnen überall gegen den Vulkankranz emporthürmte; nach der entgegengesetzten, von ihm abgewendeten Seite aber, nämlich gegen das Innere der Landwelt, ihre Hauptsenkungen gewann, die alle gegen Norden, Nordwesten, Westen und Nordosten in der Alten wie in der Neuen Welt, gegen den ihnen nord-atlantischen Ocean und die arctische, polare Länderbreite des Planeten in die größten Depressionen übergingen. Unstreitig weil dahinwärts die hebende Gewalt nach oben in bestimmten Progressionen gegen die Mitte der gemeinsamen Depression abnahm, desto mehr aber in derselben Richtung in horizontaler Dimension über die polare Seite des Erdballs sich als seine trockne, aber flache Erdrinde verbreiten konnte. So trat die große Continentalbildung im Gegensatz mit der großen Inselbildung des Planeten hervor, durch welche der Entwicklungsgang der Menschengeschichte für Vergangenheit und Zukunft seine Grundanlage als Mitgift erhielt.

Auf der Westseite der australischen Reihenvulkane, deren kein einziger auf dem westlich gegenüber liegenden, doch so nahen Boden des Festlandes bekannt ist, breitet sich das Flachland eines ganzen Erdtheils, die große Niederung von Neuholland aus, zu deren massigen, größern Emporhebung die unter dem Südseebecken so thätige plutonische Gewalt schon bei ihrem Entstehen viel zu abgeschwächt war, um sie höher zu heben. Sogar das zwischen ihr und dem vorüberstreichenden Inselzuge von Neu-Guinea beschlossene, so sehr seichte Korallenmeer (the Great Barrier) konnte aus dem Seegrunde nicht mehr als trocken gelegter Landgrund emporgehoben werden, oder sank wieder unter die Wellen zurück.

Dieses große Gebiet der australischen Depressionen eines ganzen Erdtheils setzt auch weiter nordwärts des insularischen sundischen Isthmus mit seinen vielfachen Durchbrüchen zwischen Carpentaria und S.O. Malacca, auf asiatischen Boden, in den flachen Küstenländern von Hinterindien, Tunkin und Ost-China's Seegestade fort, bis die hohe Anschwellung des Centralplateaus von Asien in seinem Ostrande an den Steilküsten von Leaotong und Korea, der isolirten großen Vulkangruppe von Japan gegenüber, und weiterhin ihnen die Grenze setzt.

Dieser Erscheinung ganz analog liegen auch in Süd- und Nord-Amerika alle großen Depressionen des Erdtheils unmittelbar außerhalb des Vulkankranzes des continentalen Cordillerenzuges, wie der durch ihn auf seinen Schultern mitemporgetragenen, sehr hohen, aber nur schmalen und langgezogenen Plateaubildungen. Innerhalb der Depressionen zeigt sich in ganz Ost-Amerika, in seinem weiten Areal, kein Vulkan mehr, so wenig wie in Australiens Flachland, eine merkwürdige Analogie; und die Senkungen der großen Depressionen, wie ihre Stromsysteme zeigen, gehen hier nur nach der Außenseite des Feuerkranzes, der in diesem Erdtheil ganz mit dem großen Gestadegürtel zusammenfällt, dessen innere Seite steil zum Tiefmeere der großen Südsee abstürzt, während die Außenseite der continentalen Depressionen überall in terrassirten Stufenländern sich gegen den äthiopischen und atlantischen Ocean, mit nur niedrigbleibenden Berggruppen hier und da, verflacht.

Gehen wir nun von dieser beachtungswerthen Analogie der Stellungen, der anliegenden Depressionen und ihrer Senkungen in beiden Seiten der Neuen Welt, der amerikanischen wie der australischen, gegen den stets aus den tiefen Spalten seines Hitzheerdes sich selbst wie seine Nachbarschaften neugestaltenden und hebenden continentalen wie insularen Feuerkranz über, zu dem Gesammtbau des Alten Continentes.

Hier wiederholt sich dasselbe Gesetz der Anordnung des Ganzen in der analogen Construktion gemeinsamer Hebungen, Senkungen und Depressionen, nur mit den Modifikationen, die aus seiner südwärts gegliederten Form und aus der Entfernung seiner Südgestade von dem gegen Südost in die Südsee zurückkehrenden Feuerkranze der insularen Reihenvulkane hervorgehen mußten, da der Normalzug seiner Gestadelinie von dieser Abwendung vom Feuerkranze an nun gegen Südwest, der Richtung des großen Gestadegürtels, von Süd-China, Hinter- und Vorder-Indien, über das Südende Arabiens, der Ostspitze Aethiopiens und der ganzen weiten Südostküste Afrika's, die Madagaskar-Seite entlang, bis zum Cap der guten Hoffnung folgt.

Hier ist es nun lehrreich für das Ganze, was Alex. v. Humboldt für das centrale, rhomboëdrisch gestaltete Plateau Ostasiens zuerst nachgewiesen hat, da dessen partikuläres Verhalten sich in der Gesammterscheinung als gesetzmäßig wiedererkennen läßt. Nämlich daß die Diagonale, welche dieses Centralplateau von S.W. gegen N.O. durchsetzt und in seine nordwestliche und südöstliche triangulaire Halbe (die tibetische und die mongolische) theilt, zugleich die Axe der größten Anschwellung des ganzen Plateaus bezeichnet, der die größte Massenerhebung gegen S.O. liegt, ihr gegen N.W. aber die gemeinsame Absenkung beginnt. Die größte Anschwellung gegen S.O. ist in der Hochfläche Tibets bis zu 14,000 F., und in den Gipfelerhebungen der Himalaya-Kette über 20,000 und 25,000 F. absoluter Höhe gemessen. Die steil gegen das südchinesische, hinterindische und bengalische vorgelagerte Tiefland abstürzende Stirnwand dieser massigen Erhebung scheint sich zu noch größeren Höhen, wahrscheinlich den kolossalsten des Planeten, emporzuthürmen. Obwol noch keine direkten Messungen dies darthun, so scheint außer andern Gründen auch die gegen Ost zunehmende Gipfelerhöhung darauf hinzudeuten, wie dies die jüngste Höhenmessung des Kintschindschinga in Sikim, durch Colonel Waugh und Hooker, zu 26,438 F. par. beweiset, der noch höher als Jawahir, Dhawalagiri und Tschamalari in der südöstlichsten Steilwand des Himalaya-Zuges emporsteigt, dem aber noch viele andere ebenbürtige an Riesenhöhe gegen Ost zur Seite stehen.

Jenseit der diagonalen Axe der größten Anschwellung des Centralplateaus, mit dessen mongolischer, nördlicher Halbe, beginnt aber dessen gegen N.W. terrassenförmig, in breiten und langgedehnten Stufen immer niedriger werdende Senkung durch die ganze Alte Welt hindurch bis zum Eismeer am nordsibirischen und nordeuropäischen Gestade.

Diese Senkung vom Südrande der hohen Kobi über Peking, 8000 F. über dem Meer, geht nach dem Nivellement der russischen Akademiker in der Richtung gegen N.W. durch die Mitte der Kobi in 5000, 4000, 3400, 2400 F. abfallenden Stufenhöhen bis zur Tiefe des Baikalspiegels 1200 und zu der noch tieferen des Dsaisang-Sees, an den Quellen des Irtysch, zu nur 1000 F. Meereshöhe über. Diese Senkung, die ganze Ausdehnung des Alten Continentes verfolgend, schreitet gleichmäßig gegen West in die große und nun schon bekanntere Tiefe des Aral- und Caspischen Sees (—72½ F. par.) fort; sie erreicht um Tobolsk nur noch 100 F. Meereshöhe und ist längst in die große Depression der Alten Welt, und in der Mitte der ganzen tellurischen Erdhalbe, nämlich in die Caspische und Pontisch-baltische Ost-Europa's übergegangen, wo sie dann noch weiterhin als flache Erdscheibe des Polarlandes, in gleichförmiger Gestaltung und Einheit, in allen drei Welttheilen (Asien, Europa und Amerika) den Nordpol umlagert.

Dasselbe Gesetz der Massenerhebung zu den größten Höhen an den Südoststirnen der Steilabstürze gegen den großen Gestadegürtel, sowie ihrer Senkungen nach den entgegengesetzten Richtungen, gegen das Innere der tellurischen Seite der Erdhalbe zu, wiederholt sich nun auch in allen größern und kleinern zusammenhängenden oder abgerückten Plateaubildungen in der Richtung des großen Gestadegürtels, und läßt aus den analogen Erscheinungen auf analoge Kräfte und Wirkungen bei der Entstehuug zurückschließen. Die Normaldirektion der Axenanschwellung der Massenerhebung Central-Asiens fällt aber mit der allgemeinen Massenerhebung des ganzen Erdballs in dieselbe diagonale Richtung für den ganzen Länderkreis der großen Continente zusammen; so daß in dieser partikulären Erhebungs-Diagonale nur das Gesetz der Anschwellung der ganzen Erdrinde in der Richtung einer allgemeinern Erhebungsdiagonale, der größten und höchsten Massen für den ganzen Erdball ausgesprochen erscheint, welche charakteristisch verschieden ist von der nicht selten diametral entgegengesetzten Richtung der Partikularerhebungen der Gebirgszüge, die aus der Direktion der Spalten ihren Verlauf angewiesen erhielten, wie diese durch Elie de Beaumont systematisch und in chronologisch-geologischer Aufeinanderfolge zu gruppiren versucht wurden.

Im persischen Plateau steigt die Südoststirn in Belludschistan bis zu der bedeutenden Höhe des Tafellandes von Kelat zu 8000 F. Meereshöhe empor, während ihre nordwestliche Senkung schon in Ispahan auf die Hälfte, in Teheran auf 3700, in Kom auf 2000 F. hinabgesunken ist und nordwärts gegen die Bucharei und den Aral-See noch schneller abfällt, zum Südende des caspischen Sees plötzlich abstürzt unter den Spiegel des Oceans. Das Plateau von Dekan erreicht gegen Süd in den Nilgherri, nahe dem Cap Comorin, seine größten Hebungen, im Plateau von Utacamund 9000 F.; es senkt sich mehr und mehr gegen die Hochebene von Mysore, Malwa, Mewar, nordwärts nach dem Vindhyan hinab bis zum Tieflande Sind, dessen Nordende die Himalaya-Mauer entgegentritt. Ebenso hat das Plateau Arabiens, in Nedsched (d. h. Hochland), im Südostwinkel Hadramaut, Oman und Jemen seine größte Höhe erreicht (die Weihrauchberge von Makalla 5000, Dschebel Achdar in Oman 6000, Dschebel Taäs über Taäs 7000 F. nach Botta); gegen Sanaa nordwärts schon zu 4000 F., in der Nähe von Mekka zu Taif auf 3000 F. in den größten Höhen abgesunken, ist nach der Bahrainküste des persischen Golfs und gegen Syrien das Tiefland gegen den Schat el Arab und die mesopotamischen Flächen die ganze Erdfläche nur noch in weiten Niederungen ausgebreitet. Selbst die Sinai-Gruppe, obwol in innerster Spaltung des Rothen Meeres, und nur eine partikuläre Erhebung mit geringer, nördlich angelagerter Plateaubildung, folgt dennoch diesem allgemeinen Gesetze. Auch sie hat ihre Steilseite zur größten Höhe gegen dieses Rothe Meer emporgerichtet, so wie, im weit kolossaleren Maaßstabe, die ganze Massenanschwellung des südlichen und östlichen Erdtheiles Afrika's in seinem Hochlande gegen die Seite des indischen Oceans das Maximum seiner Anschwellungen erhielt: (in den Schneebergen 10000 F.), am Quellgebiet des Orangerivier wenigstens 6000 F. im Süd des Aequators, unter diesen westwärts Mombaza bis zur Höhe der Schneeberge nach Rebmanns jüngster Entdeckung, im obern Habesch, auf Shoa's Plateau um Angololla 9—10000 F. nach Harris, und im nördlichen Habesch im Gondar 7000 F. nach Rüppell (im Shamen 13000 F.). Die größte Senkung Afrika's geht bekanntlich nordwärts zur Depression der weiten Sahara und der langen Tiefspalte des Nillaufes, also gegen das Innere der großen Gesammt-Depression der ganzen tellurischen Erdhalbe (zum Theil durch das Mittelmeer bedeckt), zu der ebenso die große Vertiefung des flachen Ost-Europa, die pontische, sich hinabsenkt, sowie die partikuläre des Gebirgslandes von Mittel-Europa gegen die Ostsee und Nordsee.

Nur das System der Meridian-Gebirge ist es, welches diese Gesammtniederung der Nordwestseite des Erdballs unterbricht, da dieses bekanntlich in den 3 großen Gebirgs-Parallelen, des Ural, der scandinavischen Alpen und der Alleghennys, diese Gesammtsenkung der Nordhemisphäre in ihre untergeordneten Quartiere theilt, die bald mit Land-, bald mit Wasserflächen bedeckt sind und allen drei nördlichen Erdtheilen angehören. Die für sich fortstreichenden Linien der freistehenden Gebirgsketten von O. nach W., wie Kaukasus, Karpathen, Alpen, Pyrenäen, sind unabhängiger hervorgetreten von diesem compakten Gesammtbau, dem nur die Randgebirge der Plateau-Anschwellungen unterworfen waren; sie bilden für sich, zumal gegen den nach Westen hin gegliederten Continent der Alten Welt, selbständiger hervorgetretene Systeme, welche den europäischen Erdtheil charakterisiren.

Wir haben bisher nur 5 bis 6 der auffallendsten äußeren, allgemeinsten Anordnungen in der Physik des Erdballs angedeutet, insofern sich diese in den Raumverhältnissen nachweisen und weiter verfolgen lassen, nur als Thatsachen in den Gesammt-Erscheinungen der Erdrinde, ohne auf ihre möglichen Ursachen oder auf die aus ihnen hervorgehenden Wirkungen im Einzelnen überzugehen, denn diese sind leicht einzusehen. Aus dem letzteren großen Gesetze der allgemeinen Depression ergiebt es sich zum Beispiel zunächst für unsere Erdseite sogleich von selbst, wie dadurch die große zusammengehörige Völkerfamilie der alten Kultur-Welt, nur mit geringerer Zerstreuung nach den äußern Gliederungen, nach ihren großen Zuglinien im Maximum der räumlichen Annäherung der 3 Erdtheile auch zusammengeführt wurde auf den Einen großen zugänglichern und förderlichern Schauplatz ihrer Thätigkeiten, der eben dadurch der klassische Boden der Weltgeschichte werden sollte, zu dem alle Bahnen des Völkerverkehrs, wie Flüsse zu einem gemeinsamen Becken hinleiteten, weil die großen Depressionen nach ihren größten Ausdehnungen durch die Mitte der Alten Welt, von Erdtheil zu Erdtheil, innerhalb gleichartiger Temperaturen von O. nach W. (nicht wie in Amerika durch verschiedene von N. nach S. getrennte), die Völkerverbindungen und ihre Ueberlieferungen aller Art ermöglichten. Denn nur nach der Außenseite blieb die Stirnwand der undurchbrechbaren Plateauerhebungen die zu schwer überwindliche, völkerhemmende, ja scheidende Naturform, wie sie selbst das schroffste Gegitter der innerhalb der Senkungen erhobenen Gebirgsketten-Bildungen, die überall mehr oder weniger durchbrochen sind, dem Gange der Völkerentwickelung nicht entgegenstellte.

Es lag hier nur daran, in der scheinbaren Regellosigkeit die Spuren einer höhern Symmetrie und Harmonie hervorzuheben, von welcher die elementare ungeübte Ansicht bei dem ersten Ueberblick keine Ahnung haben kann, weil die Naturmannichfaltigkeiten, die schon aus diesem durch- und übereinandergreifenden Netze von Normalen zu groß ist an Besonderheiten und daraus hervorgehenden Eigenthümlichkeiten (lokalen Individualitäten), um ohne tiefer eingreifendes Studium auch begreiflich zu sein.

Und doch sind hier nur die grellsten Lineamente und Contouren berührt, die von unzähligen feineren modificirt werden; wir blieben jedoch fürs erste bei diesen stehen, weil ihr Netz den ganzen Erdball umspannt.

Gehen wir nun im zweiten Theil unserer Bemerkungen zu den Gestaltungen der Erdtheile über, welche für sich abgeschlossene Individualitäten der Planetenrinde bilden, die unter dem allgemeinsten Einfluß jener Normalen stehen, aber deren jeder durch die ihm eigenthümlich gewordene Plastik seinen besondern Charakter in sich trägt: so wird das, was wir Harmonie in den tellurischen Bildungen in Beziehung auf den Gang der Menschengeschichte und den progressiven Fortschritt in der Entwicklung des Planetenlebens genannt haben, vielleicht noch klarer als aus früherem hervorgehen.

Daß schon in der ganzen Gruppirung der Massen des Erdsystems die für alle Zeiten feststehende Gegeneinanderstellung der Erdtheile, die nicht wie die rollenden Planeten-Glieder im Sonnensysteme veränderte, wechselnde Stellungen einnehmen sollten, einen mit den Rotationen der Erde harmonirenden Einfluß ausüben mußte, ergiebt sich schon aus den auch historisch gewordenen Gegensätzen von Orient und Occident, die in fortschreitenden Uebergängen sich über den ganzen Erdkreis verbreiten. Denn dieser ist in dem Bewußtsein der Völker gegen den Aufgang und den Untergang, wie gegen den kalten Norden (Land der Hyperboräer) und den heißen Süden (der Aethiopen), längst vorhanden gewesen und geblieben vor der namentlichen Absonderung von Erdtheilen. Wie die Zeit vom Morgen zum Abend, von Hoffnungen zu Erfüllungen, den heißen Mittag durchschreitet, bis die alles beschwichtigende Nacht (gleich der polaren Erdseite) außerhalb jenes Verlaufs als Gegensatz auftritt, ebenso liegen auch im Raume: Orient in Asien zum heißen Libyen und dem Occident in Europa, und ebenso wieder die ganze Alte Welt gegen die Neue im Westen, als Orient und Occident kosmisch vertheilt. Das hohe Alterthum und die

Neuzeit, die Vergangenheit, Gegenwart, Zukunft, die Wiege der Völker, ihrer Geschichten und Kulturen, in dem Orient; der Fortschritt des entwickeltern Völker- und Staaten-Lebens, wie des ganzen Ideenkreises und seiner Einwirkungen, im Occident — Alles dies tritt nur im Causalzusammenhange und gesetzmäßig mit der Gruppirung der kosmischen Weltstellung der Gesammtmasse des Planeten hervor; selbst der Völkerstillstand im hellen, heißen, geistig trägen, materiell übervölkerten Sudan, wie die noch nicht geschehene Völkererweckung im sparsam bewohnten, dunkeln und kalten Norden, stehen damit in Einklang und werden auch fortbestehen, so lange nicht Kunstmittel im Fortschritt der Menschengesellschaft erfunden sind, Naturhemmungen und Naturimpulse völlig zu besiegen und das Menschengeschlecht mehr und mehr von den Fesseln der Natur, wie der heimathlichen Scholle zu befreien; wie schon durch die Nautik die Meereseinsamkeiten und Meeresscheiden überwunden, durch die Lenkung des Dampfes die Raumunterschiede völlig verändert, und durch die Colonisation und das Plantagewesen die Gaben und Populationen der einen Seite des Erdballs in die andere übertragen sind.

Jene Gegensätze gehen schon dem Chinesen in seinem Si-yu (Occidens), der Sanskritwelt in ihrem Para (Prasier) und Apara, dem wahren Morgenlande der alten Welt, auf, dessen Götter nur noch weiter im Osten, wie Oannes der Chaldäer, Brahma der Hindu, gleich der Sonne dem Meere entsteigen. Weiter im westlichen Fortschritt wiederholten sich dieselben Gegensätze, wo der Grieche sein Anatolien (ἀνατολικὴ sc. χῶρα) in Asia minor, sein Hesperien in Italien, der Römer sein Morgenland in der Levante, sein Hesperien am Westrande der Erde in Spanien und den Insulae fortunatae erkannte, wie der Araber seinen Occident, den el Magreb, ebenfalls dort einzeichnete. Der Europäer rückt ihn über den Ocean nach der Neuen Welt hinaus, so wie die mit ihm wandernden Begriffe, Anschauungen, Völkerverhältnisse, deren räumliche Bedeutung aber mit dem Fortschritt der historischen Ausgleichung dieser Gegensätze mehr und mehr schwinden muß. Das Land der sonneverbrannten Aethiopen wie der Hyperboräer der Homerischen Zeiten, im Süden und Norden des griechischen Archipels, ist längst zurückgewichen, wenn auch dem Hindu sein Hyperboräerboden oder Nordland, Uttara-Kuru, bis heute geblieben und das äthiopische Libyen sich zu einem ganzen afrikanischen Erdtheil erweitert hat.

Diese an sich reellen Gegensätze mit ihren Naturverhältnissen konnten mit dem Fortgang der Geschichten, die in sie eingreifen, für die Völker zu blos relativen Beziehungen werden, wo die Natureinflüsse der Erdräume durch die Kulturverhältnisse ganz andere geworden sind; daher hieraus auch ein wesentlicher Unterschied der Methodik in der Behandlung alter und neuer Geographie hervorgehen sollte.

Die kosmische Gruppirung und Weltstellung der Erdtheile wird immer von Einfluß bleiben, wenn dieser auch in seiner einstigen absoluten Schroffheit durch den Fortschritt der Zeiten, wie z. B. der maritimen Weltverbindungen, großen Modifikationen unterworfen war. Der klassische räumliche Boden der Weltgeschichte in dem Maximum der centralen Annäherung der drei Erdtheile der Alten Welt, vom Indus zum Tiberstrome und vom Nil zum Oxus und Tanais, wird für alle Nachwelt jedoch hinsichtlich aller Hauptbegebenheiten des sich erst aus der Wiege der Völker entwickelnden Menschengeschlechts, denen er als gestaltende Folie unterliegt, in den Zeiten früherer Jahrtausende auch der klassische Boden bleiben, weil er eben der gestaltende war; aber die Civilisation hat den für gewisse Perioden bevorzugten Räumen der einen Seite des Erdballs allerdings den allein herrschenden Einfluß genommen und auf andere Räume übertragen.

Die verschiedenen Planetenstellen haben für die verschiedenen Perioden der Geschichte verschiedenartige Mitgift, Begabungen, Empfänglichkeiten, aber auch eigenthümliche Entwicklungsfähigkeiten erhalten, die erst mit dem Fortgang der Geschichten zur Anerkennung kommen können; nur ein geringer Theil derselben hat sich erst in seinen Functionen für das Weltganze offenbart; der Kreislauf ihrer Entwickelungen hat erst begonnen durch die Vergangenheit einiger Jahrtausende sichtbar zu werden; der bei weitem größere Theil liegt unsern Augen noch verschleiert. Die größten Tiefen der geistigen Natur des Menschen konnten sich in vielfachen Gestaltungen uns frühzeitiger offenbaren, weil wir ihr um vieles näher standen; dagegen mußten die göttlichen Geheimnisse des Planeten dem flüchtigen Erdenbürger weit längere Zeiten verborgen bleiben.

Wenn in der Vergangenheit zumal die Natur der Meere sammt ihren Functionen durch die Kunst der Nautik, — durch das Segelschiff erst die Systematik der Winde und der Meeresströmung, — durch das Studium der Hafenzeiten die Erscheinung der Fluthen und Ebben, für das Ganze des Erdballs, und wie viele Produktionen desselben erst spät in ihren Heilkräften kund geworden: so haben auch gewisse bevorzugtere Striche der Ländertheile durch die Begünstigung der Civilisation uns erst zu ihrer eigenen genaueren Kunde geführt; der bei weitem größere Theil der Planetenoberfläche liegt in dieser Hinsicht aber noch brache, weil nicht blos die Wissenschaft, sondern auch erst der Geschichtsgang der Kulturwelt selbst das Räthsel der Naturgeheimnisse der planetarischen Lokalitäten zu lösen vermag. Wir sind erst noch in der Erkenntniß der Elemente der Entwickelungen der äußersten Oberfläche unseres Planeten befangen; in der Gegenwart treten uns so erst ihre geognostischen Verhältnisse aus den Tiefen hervor; welchen Einfluß werden die noch nicht erschöpften Metalllager und Steinkohlenfelder an so vielen Enden der Erde ausüben, welchen die Uebersiedelungen, Colonisationen, Missionen der verschiedensten Art auch in solchen von der Geschichte noch unberührten Localitäten, oder wo die Aussaat der Kultur erst spärliche Ernten gab, wo ihre geistige Natur noch keine belebende, das Ganze erwärmende Funken aus dem Boden geschlagen, wie dies auf dem klassischen Gebiet der Weltgeschichte doch an so vielen Stellen schon geschehen war.

In welches neue Stadium der Bedeutung für die ganze planetarische Oberfläche in ihrem Verhältniß zum Menschengeschlecht sind nicht die Tiefländer, die Ebenen, die Niederungen z. B. erst seit ganz kurzem getreten durch die Eisenbahnlinien wie durch die

Kanalisation, die im kolossalsten Maaßstabe durch die Mitte der Erdtheile ausgeführt, nach einem Durchstich des Isthmus von Suez die indische Welt an die südeuropäische heranrücken würde, wie der Durchschnitt von Panama den Umfang des Erdballs um ein Viertheil verkürzen und die chinesische Welt der westeuropäischen um anderthalbtausend Längenmeilen in näheren Contact bringen.

Durch Dampfschiffahrt sind die Stromsysteme in unserer Nähe, wie die kolossalsten in weitester Ferne, vom Ganges bis zum Mississippi, doppelseitig rückläufig geworden; auf dem letztern schwärmt täglich eine Flotte von mehr als 350 dieser Fahrzeuge in dessen wasserreichem Flußnetze gleich Weberschiffen umher, die überall neuen Ansatz bedingen, und durch einige 50 derselben ist schon die früherhin öde, vereinsamte, größte Seegruppe Nordamerika's vom Obern- bis zum Erie-See in ein Kulturgewässer verwandelt, der halben Größe des europäischen Mittelländischen Kulturmeeres gleich. Was die Zukunft hierin bieten kann, ist noch nicht vorauszusehen.

Eine Anlage zur Perfektibilität der verschiedenen Naturformen der Planetenrinde, ein Fortschritt ihrer Organisation für das ganze Planetenrund, wenn die Kultur sich in Harmonie mit der Natur zu setzen versteht, wäre nun wol nicht abzuweisen; sehen wir noch auf das, was in der besondern Anordnung der Gestaltung der Erdtheile im Einzelnen in dieser Hinsicht durch dieselbe fördernd oder hemmend, als Bedingung jener Entwickelungen, charakteristisch für sie sich hervorthut, wenn wir dies hier auch nur flüchtig anzudeuten im Stande sind.

Frühere Erörterungen über die horizontalen Dimensionen der Erdtheile überheben uns der Nothwendigkeit, in das Specielle ihrer Verhältnisse einzugehen. Es genüge hier daran zu erinnern, daß bei den 3 Erdtheilen der Alten Welt die vorherrschend ovale Ausbreitung Afrika's, die rhomboëdrische Asiens und die trianguläre Europa's auch dreierlei Dimensionsverhältnisse derselben bedingen, deren größte Gleichförmigkeit in Afrika (gleiche Länge und Breite in den Richtungen der Meridiane wie der Parallele) der größten

Differenz in Europa gegenübersteht, das mit doppelter, fast dreifacher Länge von Ost gegen West mit stufenweis abnehmender Breite die Spitze seines Triangels dem atlantischen Ocean zukehrt, seine größte Breite im Osten im Zusammenhang mit Asien zeigt. Afrika, ein in sich geschlossener, compakter Körperstamm ohne alle Gliederung; Asien, ein gleichfalls compakter, aber minder geschlossener, mächtiger Körperstamm mit reicher und großartiger Gliederung gegen Osten und Süden; Europa, ein nach allen Seiten aufgeschlossener und nicht nur im Süden und Westen, sondern auch im Norden wie im Innern gegliederter Körperstamm, dessen Verzweigung gleiche Bedeutung, wie der Stamm, für den Gang seiner Kulturentwickelung gewinnen konnte, die, bei dem minder kolossalen Areal und dem stets überwiegenden Naturreichthum der gesonderten Glieder gegen den Stamm, dessen Massen auch alle Vortheile der Gliederung zuführen konnte. Asiens noch mehr compakter Stamm, nicht wie der Europa's nach allen Richtungen gegen die maritime Seite aufgeschlossen, blieb in der Mitte des Continents noch unberührt von den Meereseinschnitten, die, wenn sie auch tief in ihn eindrangen, doch keine harmonische Ausgleichung zwischen den Gegensätzen von Meer zu Meer, und den ineinandergreifenden Thalformen aller Art, wie dies in Europa der Fall war, herbeiführen konnten. Daher blieb im centralen Asien noch ein mächtiger, langer und breiter Stamm dieses Erdindividuums (der compakten Masse von ganz Afrika nicht ungleich) ausgeschlossen von dem Seegen seiner reichen Gliederung, die mit ihren Ergebnissen diesen asiatischen Körperstamm noch nicht zu berühren und zu durchdringen vermochte. Die reichste Gliederung des peripherischen Asiens zeigt seine Südseite, die geringere die Nordseite, nicht ohne den dadurch gewonnenen Vorzug oder Nachtheil in beiderlei Richtungen. Die Gesammtgliederung, obwol die Einzelheiten derselben zum Theil selbst die Größe von halb Europa haben, bleibt jedoch dem Areal nach weit gegen das Areal des compakten Stammes zurück, daher diesem doch das entscheidend hemmende Uebergewicht in der geringeren Civilisation des ganzen Erdtheils verblieb, trotz seiner peripherischen, aber unter sich auf den Peninsularsystemen gesondert gebliebenen höhern Völkerentwickelungen.

Die gemeinsame compakte Mitte des asiatischen Stammes blieb daher die gleichförmige Heimath des Nomadenlebens der Völker, während auf den durch die Natur reich begabten und mannichfach ausgestatteten Gliederungen seiner Vorländer und Halbinseln, wie in China, Hinterindien, Vorderindien, Arabien, Asia minor, und selbst in den untergeordneteren derselben, sich überall Individualitäten in Land und Bewohner entwickelten, die aber mit ihren gewonnenen Kulturen noch nicht im Stande waren, die Mitte des Stammes zu durchdringen.

Die ganze Peripherie von Afrika blieb im Küstencontour ungegliedert, daher die absolut-kürzeste Entwickelung seiner Gestadelinie gegen alle andern Erdtheile, ein Verhältniß, dem der geringste Contact seines Binnenlandes mit dem Meere folgen mußte, so wie die größte Unzugänglichkeit seiner Mitte. Da alle Individualisirung von Natur- und Völkerverhältnissen seinem ungegliederten Stamme versagt war, dessen Enden nach allen Seiten, wegen Dimensionsgleichheit seiner Gestaltung, der Mitte gleich nahe oder gleich fern lagen, und die astronomisch ebenso gleichförmige Lage zu beiden Seiten des Aequators nirgends über die tropische und subtropische Klimatik in andere Gegensätze hinausragt, so sind alle Erscheinungen in diesem Erdindividuum, dem wahren continentalen Süden der Erde, in dem alle Kulminationen der Tropenwelt ihr Maximum der Höhe erreichen, doch die einförmigsten, gleichartigsten, wenn schon in sich eigenthümlichsten, doch ohne Mannichfaltigkeit der Gegensätze geblieben. Daher in der Völkerwelt dieses Erdtheils die patriarchalischen Urzustände in der menschlichen Gesellschaft gänzlich außer Berührung mit den Fortschritten der Zeit geblieben, und ihr Asyl auch noch Jahrtausende hindurch für den Entwickelungsgang einer unentschleierten Zukunft aufbewahrt zu sein scheint. — Denn nur generelle, keine individuellen Entwickelungen, weder in Pflanzen, Thieren, noch Völkerschaften oder einzelnen Menschen, zeigen sich auf diesem stationären Boden: die Palme, das Kameel und ihre Gefährten, gleichmäßig an allen

Nord- und Süd-, Ost- und West-Enden, und der vorherrschende Negerstamm, die fast ausschließlich einheimische Bevölkerung mit dem Negercharakter, in allen Richtungen in compakten Massen, wie der Erdtheil selbst in geringer, nur genereller, gemeinsamer Entwickelung zurückgeblieben, ohne hervorragende Individualitäten von Kulturen, Staatenbildungen, Völkerschaften oder Individuen, zeichnet ihn aus, selbst mit der größten Uebereinstimmung ihres gemeinsamen Sprachstammes der nur dialectologisch verschiedenen Negersprachen. Nur sporadische Küstenentwickelung macht an einzelnen begünstigtern Stellen des Erdtheils in schmalen Säumen hiervon eine geringe Ausnahme, und auch diese ist meist nur durch Ansatz und Anflug von Außen hervorgerufen.

Eine ganz andere Welt von Erscheinungen ist durch die reiche, wenn auch nur theilweise peripherische Küstenentwickelung von Asien hervorgezaubert, die in ihren Gliederungen überall individualisirt hervortritt, da jede derselben durch ihre continentalen gegenseitigen Absonderungen, aber wiederum unter sich maritimen Vermittelungen eine andere, von der Natur in Lüften, Bergen und Thälern, Strömungen, Meeresanspülungen, Windsystemen, Produktionen ausgestattete sein mußte, und so auch in ihren Bevölkerungen und Kulturen eine immer andere werden sollte, so daß hier die Individualitäten der chinesischen, malaiischen, indischen, persischen, arabischen, syrischen, kleinasiatischen Welten charakteristisch hervortreten konnten. Aber in schroffem, gemeinsamem Gegensatz gegen den noch geschlossenen Körperstamm der centralen Mitte konnte ihr Kulturfortschritt noch nicht das seit Jahrtausenden gleichartig bewegliche Leben von dessen nomadischer Bevölkerung, deren Vorfahren sich in weite westliche Räume zu verbreiten hatten und deren Stellvertreter wir heutzutag Mongolen, Turkestanen, Kirghisen, Bucharen, Kalmücken u. s. w. nennen, durchdringen, noch weniger den Norden desselben Erdtheils erreichen, dem daher, bei allem Glanz der grandiosen orientalischen Erscheinungen seiner ungeheuren Ausbreitung, die harmonische Einheit einer gemeinsam gewonnenen Civilisation fehlt. Hiezu trugen auch noch die historisch unüberschaulichen und um so schwerer durch Civilisation überwindlichen, kolossalen Naturformen, die orientalen, das Ihrige bei, sowie der überwuchernde Reichthum der mannichfaltigsten Naturgaben, die aus den klimatischen Contrasten der Naturproduktionen dieses Erdtheils in grellen Gegensätzen hervorgehen. Denn vom Aequator bis in die hohe Polarzone hin ausgebreitet, hat dieser die verschiedenartigsten Pflanzen und Thiere erzeugt, jedoch nicht blos in der Richtung der Breiten-Parallele, sondern auch, wegen seiner mächtigen Ausdehnung von Westen nach Osten, in den Abständen der Meridiane, die in eine nicht weniger grell contrastirende Ost- und Westwelt zerfallen, in der wir nur als Repräsentanten charakteristischen Gegensatzes die chinesische gegen die vorderasiatische Kulturwelt hervorzuheben brauchen. Als deren Repräsentanten in den Naturproduktionen haben wir nur die Kokos- oder Sago-Palme und den Tiger für den Osten, wie die Dattelpalme und den Löwen für den Westen anzuführen, für die Nord- und die Südwelt Asiens aber die Contraste der Moosvegetation mit den Nadelholzwäldern und dem Rennthier, gegen den Brotfruchtbaum, das Zuckerrohr, den breitblättrigen Pisang mit den Elephanten, Rhinoceroten, Tapirgestalten und Affenschaaren im Süden des Erdtheils.

Solchem unerschöpflichen Reichthum der Naturverhältnisse dieser Seite des Planeten ist auch die Mannichfaltigkeit der Völkerverhältnisse dieses Erdtheils in gleicher Art gefolgt, der, trotz seiner Aussendung von Völkerschaaren vom Anfang der Völkerzüge an und in verschiedenen Weltperioden zu seinen verschiedenen Nachbarerdtheilen hin, sich doch keineswegs erschöpfen konnte, ja immer noch unendlich reich an einheimischen Völkerindividualitäten geblieben ist, sei es in Raçen, Gestalten, Farbe, Lebensweise, Nationalitäten, religiösen, politischen, geselligen Corporationen, Staatensystemen, Kulturen, Sprachstämmen, Völkerstämmen u. a. m.; wogegen kein anderer Erdtheil, rückwärts bis zu den Uranfängen der Menschengeschichte, auch nur Analogien aufzuweisen im Stande wäre, weshalb er auch zum Vorgang und Ausgang für alle andern vom Anfange an ausgerüstet und organisirt sein mußte.

Europa ist die breite Fortsetzung von Mittelasien, die aber

in westlich fortschreitender Progression zu immer selbständigerer räumlicher Entwicklung, und durch den relativ überwiegendsten Reichthum seiner Glieder selbst darin seinen orientalen Nachbarerdtheil überbietet, daß keine hemmende centrale Form weder an Breite noch Höhe diese absolut gegenseitig von einander scheidet. Hierdurch ist eine alles ausgleichende, harmonische Entwicklung des vielgespaltenen Erdindividuums möglich geworden, die dessen Kulturcharakter schon von der ersten Schöpfungsanlage an bedingte, und der Harmonie der Form das Uebergewicht über die Macht der Materie verlieh, wodurch Europa, der kleinste der Erdtheile, doch die Herrschaft über den größten davon zu tragen bestimmt war. Wie Asien, durch alle drei Zonen gelagert, an Massen und Naturgaben überwiegend, durch seine plastischen Gestaltungen so ausgestattet war, daß es mit seiner Naturfülle und mit allen Schätzen die Nachbarerdtheile überschütten konnte vom Anfang des Werdens an, ohne selbst zu verarmen: so war Europa in den für seine Bevölkerung überschaulichern, auf die temperirte Zone beschränkten, reich gegliederten, in allen maritimen und plastischen Formen in einander wirkenden Gestaltungen, ohne die Extreme und jene Ueberfüllung, doch eben dadurch mit größter Empfänglichkeit für die Aufnahme des Fremden ausgestattet, und durch die Natur seiner Werkstätten, wie die Energie seiner Völkergeschlechter, zur Verarbeitung des Einheimischen dazu begabt, die planetarische Mitgift in dem Kulturcharakter seiner Heimath zu einer humanen Civilisation zu steigern, die durch ihre innerhalb gewonnene Harmonie als Durchgangspunkt eben die Gewähr trüge der möglichsten Empfänglichkeit und Aufnahme auch für alle andern Völkergeschlechter der weiten Erde. Daß diese Bestimmung des unendlichen Reichthums der Formen in den individuellen Entwicklungen und ihren harmonischen Ausgleichungen dieser Gesichtsseite, der europäischen, des Planeten sich in dem Fortgange der Weltgeschichte auch bewährte, ist bekannt; daß sie aber schon aus der ganzen planetarischen Anordnung seit der ersten Schöpfungsanlage auf allen Punkten hervorleuchtet, ist, da man in der Historie gewöhnlich dem Menschen und bei dieser Erscheinung dem Europäer die

Ehre allein giebt, die ihm jedoch nur zum Theil gebührt, weniger beachtet. Wir heben aus der großen Summe solcher leuchtenden Punkte hier, um der Kürze willen, nur drei charakteristische Verhältnisse in der Anordnung der Grundgestaltung Europa's hervor, nämlich dessen Küstenentwicklung, seine nördliche Gliederung, seine Inselbildung.

Die Küstenentwicklung Europa's ist verhältnißmäßig zum Areal die absolut größte aller Erdtheile; während Asien zwar 7000, da es fünfmal größer als Europa, Afrika, obschon 3mal größer, doch nur 3800 Längenmeilen erhalten hat, so würde dagegen Europa's Gestade von 5400 Längenmeilen um den ganzen größten Aequatorialkreis der Erde reichen, woraus hervorgeht, daß es, obwol in der Mitte der großen Landwelt gelegen, wegen seiner allseitigen Gliederung gegen die Seiten der durchbrechenden Meeresgassen hin unter allen Erdtheilen der Alten Welt dennoch in den relativ reichsten Contact mit der Wasserwelt überhaupt getreten ist. Zu diesem Verhältniß tritt seine begünstigte maritime Stellung zu den Bewegungsverhältnissen der Meere und der Windsysteme, wie der vorwaltende Reichthum seiner Buchten- und Hafenbildungen, deren Aufgeschlossenheiten, eine natürliche Folge seiner Gliederungen, ihm zu der Alles überflügelnden Kunst der Nautik und der allgemeinen Beherrschung der Oceane verhalf; in der für die neue Zeit die hafenreichste und gegliedertste Inselgruppe Großbritannien und Irland voransteht, wie für die alte Zeit dem in sich reichgegliedertsten Peninsularsysteme der alten Welt, Griechenland, in der Blüthezeit die Seeherrschaft des beschlossenen Mittelmeers zu Theil werden konnte. Die subpolare Gliederung Nord-Europa's durch die Binnenmeere der Ostsee und Nordsee, wie des tiefeinschneidenden Weißen Meeres, zu den verschiedenen scandinavischen Vorländern, Halbinseln und Inseln hat dieser Nordseite des Erdtheils eine ebenso reiche Entwicklung gesichert, wie seiner Südseite in den drei schön gestalteten und begabten Halbinseln Griechenland, Italien, Spanien. Dem Norden Europa's ist durch jene scandinavische Welt ein großes Uebergewicht über seinen asiatischen Nachbar zu Theil geworden, dessen flache sibirische

Nordwelt durch die völlige Versagung einer analogen Gliederung mit ihrer hemmenden Abscheidung von der höher entwickelten asiatischen Südwelt und der doppelt ungünstigen polaren Unterstellung unter das hohe, nomadisch gebliebene Centralasien, bei den unzureichenden Mitteln und Naturimpulsen einheimischer Begabung, in seinem Fortschritt der Entwicklung und Civilisation auf den Nord-Osten Europa's angewiesen war.

Endlich so ist die Inselbildung Europa's vor allen andern Erdtheilen sehr ausgezeichnet zu nennen, insofern sie, als Gestadeinseln im Bereiche des Continents, die trabantenartig umgebenden oceanischen Erweiterungen (als seine Seestationen), das Ganze auf gesteigerte Weise bereichern, da sie in relativ bedeutendem Größenverhältniß zum Stamm und den Gliedern ein weites Areal mit sehr günstiger Oberflächenbildung für zahlreiche Bevölkerungen und Kulturverhältnisse darboten, die, denen ihrer Gegengestade analog, nicht blos zu räumlicher Verdoppelung, sondern noch weit mehr zu intensiv unendlich gesteigerter Entwicklung ein Vielfaches beitragen mußten. Jedoch nicht einzelne Inselfragmente oder langgereihete oceanische Felsenketten, oder schwerzugängliche, öde Pikgestaltungen sind es; denn Süd-England ist eine natürliche, analog gebildete Fortsetzung Nordfrankreichs, ebenso Sicilien von Calabrien, Candia von Morea u. a. m. Um uns kurz zu fassen, sagen wir nur, man denke sich die großbritannische Inselgruppe von der Karte Nordwest-Europa's weggelöscht, welche Verarmung in dessen einheimischen wie transmarinen Entwicklungsgeschichten; ohne Seeland und Fünen würde die Halbinsel Jütlands zu einer bloßen Sandzunge; in der alten Zeit wäre Roms und Italiens Geschichte ohne Siciliens Kornkammer eine ganz andere geworden, und mit Creta schlugen die ägäischen wie die jonischen Inselgruppen die Brücken der Civilisation von Jonien und Vorder-Asien nach Griechenland und Hesperien.

Es würde uns hier zu weit führen, in die Folgen des völligen Inselmangels der afrikanischen Gestade, denen selbst die große Madagascar, als eine durch Meeresströmungen zu weit abgerückte, schon oceanische Insel, nicht einmal angehört, sowie in die Specialitäten der übergroßen Inselfülle der südöstlichen malaiischen, maritimen Erweiterungen Asiens, nämlich der hinterindischen sundisch-australischen Gruppe, einzugehen, welche die reichbegabteste an Individualitäten und die absolut größte des Planeten ist, die in ihrer triangulären Ausbreitung an Umfang das Areal von Europa einnimmt und in ihrer langen Inselreihe der kleinen Sundakette jenen unterbrochenen Isthmus nach Nord-Neuholland und Neu-Guinea hinüberschlägt, der in seiner Stellung zwischen 2 Continenten im Norden und Süden eine gewisse Analogie mit dem noch zusammenhängenden, dem amerikanischen Isthmus von Panama zeigt. Wir bemerken nur, daß die zu dicht gedrängte und übergroße Zahl dieser so reichbegabtesten, kolossalen Inselbildungen sie eben deshalb zu einem mehr für sich bestehenden insularischen Welttheil mit der einheimischen Bevölkerung, nämlich der der Malaien (in dem sundischen Polynesien), ganz selbständig zu sein auch befähigte, als daß sie nur als abgesprengte, abhängige Glieder des benachbarten Continents und seiner Gestadewelt betrachtet werden könnte, die dieser Selbständigkeit wegen, ihrer Nachbarschaft ungeachtet, eben darum auch von ihr weniger bereichert ward, als dies bei andern vom Continente abhängigeren Gestadeinseln der Fall sein mußte.

Die Bemerkung, die schon Strabo bei Gelegenheit von Sicilien gemacht hat, daß die Gliederungen gegen die Continente, insbesondere die Inseln, die am reichsten ausgestatteten Theile der Erde seien, bestätigt sich bei dieser Inselgruppe von Ceylon an bis Neu-Guinea, so vollständig, daß jeder der einzelnen von diesen gleichsam ein individueller, charakteristischer Naturschatz zur Function für den großen Entwicklungsgang des planetarischen Weltverkehrs in der Aequatorialzone mitgegeben erscheint: so die weißen Elephanten, Perlen, Zimmtwälder und Rubine auf Ceylon, die kolossalsten Thierformen der Rhinocerote, Tapire, Orangutangs, und die edelsten Farbestoffe und Holzarten auf Sumatra, in Banka das reichste Zinnland der Erde; Borneo das Land des Goldes, der Diamanten und hundert anderer Kostbarkeiten; Java schon bei Ptolemäus die Gersteninsel mit den reichsten Nahrungsstoffen in Kornarten, Brotfruchtbaum, Zuckerrohr; die folgenden Inseln jede mit ihrer eigenthümlichen Gewürzart, bis zu den bekannten Molucken und Neu-Guinea, wo der ächte Kampherbaum, die Sagopalmen, die Kohlpalmen mit den reichsten Nahrungsstoffen, die Paradiesvögel und so viele andere der edelsten Produktionen aller drei Naturreiche ihre einheimische, ursprünglich lokalbeschränkte, nicht auf das continentale Asien übergehende, ganz individuelle Heimath erhalten haben. Hätte da, wo das physikalische Leben des Erdballs in seiner höchsten Potenz erscheint (im innigsten Verein der Wasser-, Land- und Tropenwelt mit den reichsten Produktionen aller 3 Naturreiche), auch die höchste Steigerung einer Kulturentwicklung der Völker mit einer begabtesten Planetenstelle zusammenfallen sollen, so würde hier das Lokale dazu gewesen sein. Das Gesetz, das die Geister lenkt, war aber ein anderes, als das der Physik der Körperwelt.

Wäre ähnliche insulare Zerspaltung, ohne allen continentalen Zusammenhang, das allgemeine Princip der Erdanordnung geworden, wie wir es hier in der höchsten Steigerung erblicken (wo dann z. B. Europa's Continent von 150,000 Quadratmeilen etwa in 15 große Inseln, wie Borneo, Sumatra, Celebes, oder wie Anadoli's oder Spaniens Areal sich zerspalten haben könnte), so würde allerdings gänzliche Unverbundenheit für die Völker der Erde daraus hervorgegangen sein. In Europa's Gestaltung finden wir dagegen die günstigste Berührung und Durchdringung, wie die vollkommenste Ausgleichung der Gegensätze der flüssigen und festen Formen auf dem ganzen Planetenrund realisirt, ohne die Nachtheile jener zu starken Gliederung oder Zerreißung der sundischen Welt, welche den vollkommensten Gegensatz zu dem Mangel aller Gliederung in der größten Concentration der Massen zeigt. Zwei Extreme von Länderbildungen in der Zerreißung der Planetenrinde jenes Polynesiens, wie in der compaktesten Massenanhäufung Afrika's, die beide ungleichartig nämlich entgegengesetzt auf Natur- und Völkerverhältnisse wirkten aber beide hemmende, nachtheilige Einflüsse auf die Entwicklung der ursprünglichen Bewohner ihrer Räume ausüben mußten. Dort, im Maximum der Zerspaltung, die Malaienvölker der Sundagruppe, der am meisten in sich feindlich zerrissene Völkerstamm der Erde; hier, im Maximum der compaktesten Massen, auch die dichtgedrängtesten schwarzen Völkergruppen in den einartigsten Naturumgebungen und am einförmigsten wie am wenigsten entwickelt.

Beides relativ ungünstigere tellurische Formen für primitive Völkerentwicklung aus dem Zustande der Rohheit heraus; — zwischen beiderlei Extreme, hinsichtlich dieser Formen nicht hemmend, sondern fördernd, wurde Europa gestellt, das auch durch diese Mitgift, wie die seines geringern, überschaulichern und daher historisch frühzeitiger zu beherrschenden Areals, durch Küstenentwicklung, Gliederung, Insulirung, zu jenen oben bezeichneten Stellungen die Vervollständigung aller räumlichen Naturbedingungen erhielt zur frühzeitigsten Realisirung seiner schon in der Uranlage bedingten planetarischen Function, — nämlich als Erdindividuum, wenn schon das scheinbar ärmere an frappanten Naturschätzen, doch eine verarbeitende Werkstätte aller Gaben und Ueberlieferungen der Alten Welt, aber zugleich auch der geistig gesteigerten, das gesammte Menschengeschlecht umfassenden und organisirenden Völkerthätigkeit zu werden, in der zweiten Hälfte der Zeiten für das ganze weite Erziehungshaus der Alten wie der Neuen Welt, weil sie, da die Werkstätte für Alles am empfänglichsten war, auch am freiesten von den Naturgewalten und Naturfesseln der besondern Lokalitäten des Erdballs sich bewegen lehrte, und ihre Bevölkerungen am humansten sich entfalten konnten.

In dem Kausalzusammenhange der Erscheinungen, welche uns Natur und Geschichte zeigen, wird bei einer höhern Bestimmung des Planeten, die sich eben in jenem historischen Zusammenhange offenbart, auch eine höhere planetarische, nicht blos physikalische Organisation desselben vorauszusetzen sein; eine specifisch andere, als die bei den von ihm getragenen und auf ihm sich bewegenden Organismen, die nur für eine kurze Dauer ihr Dasein auf ihm erhielten, welche die seinige für alles irdische Dasein, für alle Zeiten überbietet. Wenn daher die in den übrigen Anschauungen gewonnene Begriffswelt des Menschen in der Anschauungsweise seiner unsymmetrisch-chaotisch scheinenden Außenseite seiner tellurischen Heimath keine Befriedigung finden kann, sondern nur unmittelbar sinnverwirrend berührt wird, so liegt dies nicht in dem Mangel einer systematischen Anordnung ihrer räumlichen Verhältnisse, die nur in einem tieferen Grunde erforscht werden kann.

Eben in der Ungleichheit der Areale wie der Formen, in dem scheinbaren Durcheinander und Gewirre für den ungeübten Blick, liegt das Geheimniß der systematischen, innern, höhern planetarischen Anordnung einer unendlichen Mannichfaltigkeit von Kräften und ihrer unsichtbaren, ineinandergreifenden Wirkungen, durch welche Natur und Geschichte ihren gestaltenden Einfluß gewinnen, gewissermaßen analog der physiologischen Thätigkeit, an welche das Leben der Organismen bei Pflanzen und Thieren gebunden erscheint.

Eben in der ungleichartigen Vertheilung und ungleichen Verbreitung der Länder- und Wasserflächen liegt, wie in den wechselnden, nothwendig sie begleitenden Temperaturen und scheinbar regellosen Windbewegungen, so auch in jenen ein systematischer Grund ihres allseitigen, Alles durchdringenden, gegenseitigen Einflusses; in den abweichenden Arealgrößen der Erdtheile liegt ein Hauptgrund zu der Macht der Bevölkerungen und der Beherrschbarkeit ihrer Einflüsse; in dem scheinbar zufälligen Nebeneinanderliegen der Massen ein höheres kosmisches Gesetz der Weltstellung, das den ganzen Entwicklungsgang des Menschengeschlechts bedingen sollte; in der scheinbar blos physischen Abtrennung der Alten von der Neuen Welt und der Continente von den Inseln eben das Motiv einer allseitigen Verbindung; in der ungleichen Begabung der Lokalitäten der mannichfaltigste Impuls zur Entwicklung und des Weltverkehrs; in der Beschränktheit des europäischen Areals und der Harmonie seiner unscheinbaren Formen die Bedingung seiner Herrschergröße wie seiner Freiheit.

In Zahlen ausgedrückt können nur direkt materielle Verhältnisse bezeichnet werden, wenn wir sagen: Europa mache von Asien nur $1/5$, von Afrika etwas über $1/3$ aus; Amerika stehe an Größe zwischen beiden, Australien unter Europa, das von den großen

Continenten etwa $^1/_{15}$ von allen Länderflächen, mit den Inselräumen nur etwa $^1/_{20}$ ausmacht. Aber diese absoluten Raumverhältnisse sind es nicht, die in der Geschichte der Erdtheile den Ausschlag gaben; hiezu gehören auch die relativen und ihre Anordnungen, denn das eine $^1/_{20}$ Theil wurde zur vorherrschenden Größe der übrigen $^{19}/_{20}$ Theile in der zweiten Hälfte der Zeiten.

Zu den verschiedenen Bedingungen dieser Erscheinung kam, als eine der wichtigsten in Beziehung auf räumliche Gestaltung, auch die Form und zumal der verschieden überwiegende Werth der Erdtheile nach ihren relativen Verhältnissen von Stamm, Gliederung, Insulirung, welche etwa folgenden Zahlenverhältnissen entsprechen:

	Stamm	Gliederung	Insulirung
bei Afrika wie	1	0	$^1/_{50}$
bei Asien	4	1	$^1/_8$
bei Europa	2	1	$^1/_{20}$

Doch dies sind nur Formeln, kürzeste Ausdrücke, welche die physischen Functionen der verschiedenen Räume unsers Planeten nach der horizontalen Gestaltung seiner Oberfläche bezeichnen können, für deren Verhältnisse wir leider noch keinen bestimmten Kanon besitzen.

Ganz andere Verhältnisse in den räumlichen Entfaltungen bietet Amerika, die Neue Welt, als Erdindividuum, indem es die Gegensätze und die Verdoppelungen der Formen der Alten Welt wiederholend, doch in andern Normalrichtungen, nicht von O. nach W., sondern von Nord nach Süd, in sich vereinigte. Da wir dies schon anderwärts in der Charakteristik des Ganzen nachgewiesen und gezeigt haben, wie der Norden Amerika's durch seine reichste polare und nordöstliche Gliederung ein großes Uebergewicht über das sibirische Nordasien davon trug; durch seine innere orographische und hydrographische Enwicklung und allseitige Radiation seiner Stromsysteme aus gemeinsamen Quellgebieten ohne hemmende Plateauformen, durch seine doppelten Binnenmeere im Süden und Norden, eine große Analogie mit Europa's Gestaltung als Mitgift erhalten, dessen reichste Gestadewelt mit Häfen und insularer Fülle gegen die atlantische, also europäische Kulturseite der Alten Welt gerichtet ist, mit der auch das maritime Gängelband der Völker, die Meeresströmung, in doppelten Hin- und Herwegen beide nord-atlantische Gestadeseiten in natürliche gegenseitige Verbindung setzte: so können wir für diesmal hier durch einige allgemeine Resultate schon zum Schluß unserer jetzigen Betrachtung gelangen.

Nord-Amerika war durch seine maritime Lage zur nothwendigen wiederholten Schiffer-Entdeckung von Europa (nicht von Asien) aus bestimmt, von wo aber durch Handreichung polarer Vorländer wol eine Bevölkerung kommen konnte. Durch die günstigste Hafenbildung, Insulirung und Küstenstellung gegen die nord-ostatlantische Westseite Europa's mit analogen Temperaturverhältnissen wurde das so hafenreiche Ostgestade Nordamerika's von Anfang an ganz vorzüglich am empfänglichsten ausgerüstet für die Aufnahme einer europäischen Civilisation. Die flache, im verjüngteren Maaßstabe realisirte, plastische Modellirung des nordamerikanischen Stammes, seines Binnenlandes, analog dem europäischen, mit nach allen Seiten aus der gemeinsamen Mitte sich sanft senkenden Stufenländern, konnte dieser Civilisation auch allseitig ohne Hemmungen ihren Fortschritt von Ost gegen West sichern.

Mit den nordwärts sanft sich senkenden Stufenländern schiffbarer Stromsysteme nach der polaren Seite, zu der reichsten Inselgruppirung und Gliederung im Polar-Meere, ist zugleich die Hinweisung gegeben, daß diese Planetenseite noch mehr als Europa dazu berufen war, die Kultur des Menschengeschlechts am frühzeitigsten und meisten gegen den Norden der Erde zu verbreiten. Schon heute, nach so kurzem Verlauf der Zeiten, ist die Civilisation der Westküste der Grönlandsgruppe bis zu 70° N.Br. vorgedrungen; die dortigen Eismeere durchschwärmen schon alljährlich Fischer und Schifferflotten, die noch vorhandenen Hemmungen der Natur werden nach Jahrhunderten der hinzugetretenen Kunst der Civilisation nicht unüberwindbar bleiben.

So war das früherhin Terra incognita gebliebene Südende

Australiens der Centralverein des größten Hafenreichthums im kleinsten Umkreis der ganzen Erde, die Tasmania-Gruppe als Mittelpunkt, mit ihrer nächsten Hafen- und Buchtenumgebung, dazu längst vorbereitet und organisirt, im kürzesten Verlauf weniger Jahrzehende die Südhemisphäre in ihren weitesten Umkreisen neu zu beleben. Beides jedoch nur in Folge der Rückwirkungen von Europa.

Der Norden Asiens war durch die Natur ursprünglich auf das Quellland seiner Stromsysteme, auf Centralasien in seinen Civilisationsanfängen angewiesen, von woher er auch seine Bevölkerungen erhielt, bis ihm der Fortschritt der Kulturverhältnisse seines Nachbarerdtheils von Osteuropa her zu Theil werden mußte, da das Meridiangebirge des Uralsystems hier keine Hemmung, sondern durch Metallschätze eine Vermittlung ward. Raumverhältnisse und Weltstellung waren die Grundlage, die einst vom Westen Asiens durch ein gleichartig das Innere der 3 Erdtheile bespülendes Mittelländisches Meer auch der Entwicklung Süd-Europa's zu Gute kamen; doch nur ein temporäres Verhältniß, das in neueren Zeiten zu einem rückwirkenden für die Levante werden mußte.

Jedem der Erdtheile war schon durch seine Gestaltung und Stellung vom Anfang des Werdens an, als Organ des planetarischen Organismus, eine eigenthümliche Function in dem Gange der Weltentwicklung zugetheilt.

Asien wurde in seinem Süden und Osten auf seine eigenen Gestade angewiesen zur höhern Entwicklung, wo seine reichsten Gliederungen; wo demnach Jahrtausende hindurch die indische Welt den belebendsten Anziehungspunkt darbot.

Die Form der begabtesten Gliederung der 3 Kulturhalbinseln Süd-Asiens, die beiden indischen und die arabische, wiederholt sich, wenn schon in kleinerem Maaßstabe, an der Südseite Europa's, an dessen 3 anders gestalteten, aber doch auch peninsularen Bildungen: Italien in der Mitte, Griechenland und Spanien zu beiden Seiten. Nur sind diese nicht mehr in der tropischen Nähe des Aequators, sondern um 20 Breitengrade weiter in die gemäßigte Zone hinaufgerückt, wodurch ihre Functionen für einen andern Länder-, Völker- und Ideenkreis schon ganz andere werden mußten.

Beide Gruppen, die in S.O.-Asien und die westlichere in Süd-Europa, jede von 3 Kulturhalbinseln mit individueller und doch gemeinsamer analoger Ausstattung physischer und geistiger Kräfte, gehören zu den größten Bereicherungen der Südenden der Erde. Durch sie hatten Asien in der heißen Zone, Europa in der gemäßigten, für die Kulturanfänge der Menschengeschichte die reichste planetarische Mitgift in der Gliederung und Entwicklung erhalten, wie sie in dem Norden Amerika's und dem Süden Vandiemenslands oder Tasmaniens gegen die polare, arctische, wie antarctische Zone hin, für die Fortsetzung der Zeiten im Schooße des Planeten noch verschleiert, doch nicht mehr verborgen liegt und schon ihre Keime treibt.

So läßt sich schon gegenwärtig das dereinstige Uebergewicht des noch jugendlichen amerikanischen Doppelcontinents in seiner wahrhaft kolossalen meridianen Entfaltung, zumal Nord-Amerika's, zunächst in der Weltstellung seiner südlichen Gliederungen, über die Halbinselbildungen Südasiens und Südeuropa's leicht voraussehen, da sich dies schon gegenwärtig in elementaren Zügen bemerklich macht, was aber dereinst noch weit glänzender hervortreten muß, wenn sein südlicher Nachbar, gleich dem nördlichen, in dem Fortschritt der Civilisation und der Kultur das Gleichgewicht erringen lernt. Denn wenn die südlichen Halbinseln Asiens sich zum Theil wenigstens nur in einen insel- und menschenleeren indischen Ocean ausdehnen, die südlichen Halbinseln Europa's aber nur meist einem unwirthbaren und schwer besiegbaren Libyen, Algerien, Mauritanien sich entgegenstrecken: so breitet sich dagegen vor den südlichen Gliederungen Nordamerika's (Carolina, Georgia, Florida, Louisiana, Texas, Mexico, Californien) ein von der Natur ebenso reichlich ausgestattetes benachbartes Gegengestade, ja das ganze dahinterliegende tropische und subtropische Süd-Amerika aus, da, wie in der Vorzeit Europa für das früher herangereifte Asien als dessen aufsteigender Occident im Westen vorlag, so dort dem vorangeschrittenen Norden Amerika's die Aussicht auf eine neue strahlende Welt der Zukunft im Süden gestellt ist. Für beide wird die vermittelnde Gruppe der Antillen mit dem Fortschritt der Zeiten gegenseitig noch mehr die Hände reichen, als dies heute der Fall ist.

Wenn die Bevorzugung der Alten Welt vergangener Jahrtausende in ihrem immer neu sich gestaltenden, historischen Fortschritt von O. nach W. durch analoge Länderräume und Temperaturen hindurch, aus einem Orient zum Occident, wie in Bevölkerungen, Verhälnissen und Kulturen aller Art, dem amerikanischen Erdtheile versagt war durch die äußere Anordnung des Planeten: so wurde dieser dagegen entschädigt durch die in der Grundanlage bedingte Möglichkeit eines frischern Entwicklungsprocesses in der entgegengesetzten Hauptrichtung des Planeten, nämlich gegen einen Norden und Süden.

Die historische Ausgleichung dieser Gegensätze durch den ganzen großen Wechsel der Klimatik von Pol zu Pol, durch alle temperirte und tropische Länderräume hindurch, wurde ihm für die Entwicklung des ganzen Menschengeschlechts zur völligen Bemeisterung seiner irdischen Heimath, als eine neu zu lösende, allerdings schwierige Aufgabe für künftige Jahrtausende gestellt, wozu ihm aber die durch vorangegangene Jahrtausende geschaffenen Kunstmittel zum Siege über die Natur aus der Alten Welt, als Mitgift für die Neue Welt, bei ihrem Werden schon in der Wiege ihrer Geschichte mit überliefert wurden.

Die reichere Ausstattung so mancher Stellen des Planeten durch die formalen Verhältnisse kann erst mit dem Verlauf der Zeiten auch auf die minderbegabten oder auf die historisch noch brach liegenden übertragen werden.

In welchem Maaße dies durch den Fortschritt planetarischer Entwicklung geschehen kann, ist uns einerseits schon durch den Gegensatz der Alten und Neuen Geschichte offenbart: auf die schlagendste und grandioseste Weise in der Belebung und Befruchtung, welche wir durch die Kunst der Weltschiffahrt auf die ganze Gestadeseite der Continente und auf alle oceanische Inselgruppen der Wasserwelt übertragen sehen, erzeugt durch ein Element der europäischen Kulturwelt.

Andrerseits läßt die größere Empfänglichkeit und mit jener wetteifernde Perfectibilität der Landwelt, nämlich der trocknen Seite der Planetenrinde, der continentalen im engern Sinne, kaum einen Zweifel mehr übrig, daß auch auf ihr die Möglichkeit gleichgroßartiger Umwandlungen durch Kunstmittel gegeben ist für neue Functionen derselben in dem Entwicklungsgange der Menschengeschichten.

Kolibri 360 GmbH
Ferdinand-Jühlke-Straße 7
99095 Erfurt, Deutschland
produktsicherheit@kolibri360.de